Karsten Schmidt

Mystery Shopping

GABLER EDITION WISSENSCHAFT

Marktorientiertes Management
Herausgegeben von Professor Dr. Michael Lingenfelder

In dieser Schriftenreihe werden Entwicklung und Anwendung wissenschaftlich fundierter Methoden und Modelle des marktorientierten Managements thematisiert. Sie dient als Forum für praxisrelevante Fragestellungen aus Handel, Dienstleistung und Industrie, die mit Hilfe theoretischer und empirischer Erkenntnisse beantwortet werden.

Karsten Schmidt

Mystery Shopping

Leistungsfähigkeit eines Instruments
zur Messung der Dienstleistungsqualität

Mit einem Geleitwort von Prof. Dr. Michael Lingenfelder

Deutscher Universitäts-Verlag

Bibliografische Information Der Deutschen Nationalbibliothek
Die Deutsche Nationalbibliothek verzeichnet diese Publikation in der
Deutschen Nationalbibliografie; detaillierte bibliografische Daten sind im Internet über
<http://dnb.d-nb.de> abrufbar.

Dissertation Universität Marburg, 2007

1. Auflage September 2007

Alle Rechte vorbehalten
© Deutscher Universitäts-Verlag | GWV Fachverlage GmbH, Wiesbaden 2007

Lektorat: Frauke Schindler / Sabine Schöller

Der Deutsche Universitäts-Verlag ist ein Unternehmen von Springer Science+Business Media.
www.duv.de

Umschlaggestaltung: Regine Zimmer, Dipl.-Designerin, Frankfurt/Main
Gedruckt auf säurefreiem und chlorfrei gebleichtem Papier
Printed in Germany

ISBN 978-3-8350-0918-9

V

Geleitwort

Durch die Optimierung der von Kunden wahrgenommenen Qualität werden eine stärkere Kundenbindung und eine höhere Rentabilität möglich. Daher verwundert es nicht, dass in den letzten dreißig Jahren eine Vielzahl an Methoden und Instrumenten in Wissenschaft und Praxis diskutiert werden, die zur Messung der Leistungsqualität dienen sollen. Wegen der spezifischen Charakteristika von Dienstleistungen sind an derartige Evaluierungstechniken besondere Anforderungen zu stellen, so dass die im Sachleistungssektor üblichen Verfahren häufig nicht ohne weiters verwendet werden können.

Mystery Shopping bildet ein relativ neuartiges Verfahren, mit dem gerade im Dienstleistungsbereich die von potentiellen Kunden wahrgenommene Qualität objektiv, reliabel und valide gemessen werden könnte. Dieses setzt allerdings die Beachtung von Konstruktionsprinzipien und bestimmten Vorgehensweisen voraus. Der Autor geht genau diesen Bedingungen auf den Grund, indem er die psychometrische Güteprüfung des Qualitätsurteils von Testkäufern unter Bezug auf die klassische Testtheorie und die Generalisierbarkeitstheorie methodologisch fundiert. Auf dieser Basis entwickelt der Bearbeiter eine Konzeption zur Prüfung der Reliabilität und Validität von Mystery Shoppern.

In einer umfangreichen empirischen Untersuchung, die mehrere, überwiegend aufeinander aufbauende (Längsschnitt-) Studien umfasst, prüft der Autor dann mittels geeigneter Koeffizienten Interrater- und Retest-Reliabilität sowie Inhalts-, Kriteriums- und vor allem Konstruktvalidität der mittels Testkäufer erhobenen Dienstleistungsqualitätsurteile.

Die vorliegende Arbeit bietet somit dem empirischen Forscher, der an der Mystery-Shopper-Methodik interessiert ist, als auch dem Praktiker, der dieses Verfahren einsetzt, eine Vielzahl an wertvollen Anregungen. Jeder, der sich mit dieser Marktforschungstechnik befasst, wird aus der Lektüre einen großen Nutzen ziehen.

Univ.-Prof. Dr. Michael Lingenfelder

Vorwort

Betrachtet man die Entwicklung des Dienstleistungssektors, so ist ein wachsender Konkurrenzdruck, insbesondere in Branchen mit hoher Wettbewerbsintensität, zu beobachten. Um diesem Konkurrenzdruck standhalten zu können, ist es für Dienstleistungsanbieter zwingend notwendig, ein hohes Maß an Dienstleistungsqualität zu offerieren. Nicht selten scheitern Dienstleistungsanbieter jedoch an der Bestimmung der von Ihnen angebotenen Dienstleistungsqualität bzw. der Ableitung und Priorisierung von Handlungsbedarfen aus Marktforschungsergebnissen. Um Dienstleistungsanbieter bei der Evaluation des von ihnen offerierten Leistungsspektrums zu unterstützen, hat die Marktforschungspraxis in der jüngeren Vergangenheit die Mystery Shopping-Methodik entwickelt. Bislang ist allerdings nicht bekannt, ob Testkäufer fähig sind, die Qualität eines Dienstleistungsanbieters reliabel und valide zu erfassen. Daher besteht die Zielsetzung dieser Arbeit darin, die Mystery Shopping-Methodik, als Instrument zur Messung der Dienstleistungsqualität, auf ihre Leistungsfähigkeit hin zu überprüfen.

Ohne die Unterstützung einer Vielzahl von Menschen wären die Durchführung der Untersuchung und das Schreiben der vorliegenden Arbeit nicht möglich gewesen. Diesen Menschen möchte ich an dieser Stelle meinen tief empfundenen Dank aussprechen. Mein besonderer Dank gilt allerdings meinem akademischen Lehrer und Doktorvater, Herrn Prof. Dr. Michael Lingenfelder. Ihm danke ich für die jederzeit konstruktive und motivierende Betreuung, aber auch für die Gewährung praxisnaher Arbeitsbedingungen und das entgegengebrachte Vertrauen im Rahmen der Entwicklung und Etablierung des Executive MBA in Health Care Management und den Marktforschungsprojekten, die ich an seinem Lehrstuhl durchführen durfte. Herrn Prof. Dr. Karlheinz Fleischer danke ich für die Übernahme des Zweitgutachtens.

Die empirische Untersuchung, die den Kern dieser Arbeit bildet, wurde als Kooperationspartner von einem großen Reisebürofranchiseunternehmen und seinen Mitarbeitern unterstützt. Dem Unternehmen danke ich für die materielle Unterstützung und den Mitarbeitern für die angenehme und kooperative Zusammenarbeit. Aufgrund der Verpflichtung zur Vertraulichkeit ist es bedauerlicherweise nicht möglich, sie namentlich zu erwähnen.

Herzlich danken möchte ich auch den vielen Studierenden, ohne deren Hilfe die erfolgreiche Durchführung der empirischen Untersuchung in der umfassenden Form nicht möglich gewesen wäre. Herrn Dipl.-Kfm. Gerrit Ellerwald, Frau Dipl.-Kffr. Marion Crede, Herrn Dipl.-

Kfm. Wolfgang Kranz, Herrn Dipl.-Kfm. Sebastian Mehl und Herrn Stefan Grünewald möchte ich ganz besonders für ihren unermüdlichen Einsatz danken.

Großen Dank verspüre ich auch gegenüber meinen Kollegen am Lehrstuhl, die mir jederzeit mit Rat und Tat zur Seite standen. Besonders hevorzuheben ist Frau Dipl.-Kffr. Ines Bott, die mich herzlich in „ihr Büro" aufgenommen hat und mir von der ersten Minute an als Freundin zur Seite stand. Danke! Besonders bedanken möchte ich mich auch bei Dr. Jan Wieseke für das kritische Korrekturlesen meiner Arbeit und die vielen hilfreichen Hinweise. Bei Herrn Dipl.-Kfm. Martin Schulze bedanke ich mich für die vielen Lehrstunden in Gröden, Kitzbühel und den anderen Strecken des alpinen Ski-Weltcups. Ich hätte nie gedacht, dass ich auf den „Brettern" mal einen Meister finde! Herrn Dipl.-Kfm. Björn Kahler, Herrn Dipl.-Kfm. Christian Ciesielski, Herrn Dipl.-Kfm. Clemens Jüttner, Herrn Dipl.-Kfm. Florian Kraus, Herrn Dipl.-Kfm. Tino Kessler-Thönes, Frau Dipl.-Kffr. Gloria Steymann, Herrn Dipl.-Kfm. Dominic Zimmer und Frau Dipl.-Kffr. Marion Crede möchte ich für die schöne Zeit am Lehrstuhl danken.

Nicht zu vergessen sei Inge Trinkl, ohne sie und ihre langjährigen Erfahrungen wäre der Lehrstuhl nicht derselbe. Vielen Dank für die angenehme Zusammenarbeit und die unermüdliche Unterstützung!

Ein besonderer Dank gilt meinen guten Freunden Dr. Jan Wieseke, Dipl.-Kfm. Thomas Lenz und Dipl.-Kfm. Tino Kessler-Thönes. Euch danke ich für die vielen inspirativen „Runden" um Gisselberg. Zudem danke ich Dir, Tino, für die vielen ausgefahrenen Bergwertungen zur Sackpfeife und die schönen Touren durchs Hinterland. Euch Dreien verdanke ich eine Promotionszeit in Marburg, an die ich mich immer gerne erinnern werde und die ich bereits jetzt vermisse!

Mein ganz besonderer, herzlicher Dank gilt meinen Eltern und meiner Oma die mir meine akademische Ausbildung ermöglicht haben und mir über all die Jahre immer zur Seite standen und mir den Rückhalt für die Bewältigung dieses Projektes gegeben haben. Ebenso großen Dank und Liebe empfinde ich für meine Freundin Isabel. Ihrer bedingungslosen Zuneigung verdanke ich das Wissen, dass es kein Hindernis gibt, das man nicht gemeinsam überwinden kann. Euch, meiner Familie widme ich dieses Buch!

Karsten Schmidt

Inhaltsverzeichnis

Abbildungsverzeichnis

Tabellenverzeichnis

Abkürzungsverzeichnis

Abb.	Abbildung
AMOS	Analysis of Moment Structures
Aufl.	Auflage
BVMS	Bundesverband Deutscher Mystery Shopping Unternehmen
bzw.	beziehungsweise
C/D	Confirmation/Disconfirmation
ca.	circa
d.h.	das heißt
df	degree of freedom
DIN	Deutsches Institut für Normung
e.V.	eingetragener Verein
ebd.	eben da
einfakt.	einfaktoriell
EN	Europäische Norm
et al.	et alii
etc.	et cetera
f.	folgende
ff.	fort folgende
G-Koeffizient	Generalisierbarkeits-Koeffizient
G-Studie	Generalisierbarkeits-Studie
GT	Generalisierbarkeits-Theorie
Hrsg.	Herausgeber
ICC	Intraklassen-Korrelation
ISO	International Organization for Standardization
Jg.	Jahrgang
just.	justiert
KTT	Klassische Testtheorie
o.V.	ohne Verfasser
PTT	Probabilistische Testtheorie
S.	Seite
SERVPERF	Service Performance
SERVQUAL	Service Quality
SPSS	Statistical Product and Service Solution
Tab.	Tabelle
u.a.	unter anderem
unjust.	unjustiert
usw.	und so weiter
vgl.	vergleiche

Vol.	Volume
z.B.	zum Beispiel
zweifakt.	zweifaktoriell

A. Mystery Shopping – Ein Instrument zur Evaluation der Dienstleistungsqualität

1. Bedeutung der Dienstleistungsqualität für den Unternehmenserfolg und Defizite klassischer Messinstrumente

In der Literatur herrscht weitgehend Einigkeit darüber, dass die Kundenzufriedenheit den betriebswirtschaftlichen Erfolg eines Unternehmens nachhaltig positiv beeinflusst.[1] Kundenzufriedenheit wird wiederum in starkem Maß durch die Dienstleistungsqualität bestimmt, die dem Kunden während der Dienstleistungsinteraktion geboten wird. Diese Annahme kann nicht nur aufgrund zahlreicher Beispiele erfolgreicher Unternehmen, sondern auch anhand umfassender empirischer Studien zur Kausalkette Qualität – Kundenzufriedenheit – Unternehmenserfolg empirisch bestätigt werden.[2] Die besondere Bedeutung der zuvor benannten Kausalkette wird dadurch unterstrichen, dass der Ertragswert eines Kunden bei ausschließlicher Betrachtung des Erstkaufs nur relativ gering ist und sein Ertragspotential erst durch langfristige Kundenbindung ausgeschöpft werden kann. Darüber hinaus ist die Tatsache zu berücksichtigen, dass die Akquisition eines Neukunden durchschnittlich das Fünf- bis Sechsfache der Kosten verursacht, die für Pflege und Erhaltung des bestehenden Kundenstammes aufzubringen sind.[3] Außerdem ist zu bedenken, dass die mit einer hohen Qualität einhergehende Zufriedenheit eine Reduzierung der Preiselastizität beim Kunden,[4] eine Erhöhung des „cross selling"-Potentials des Anbieters[5] und die verstärkte Neigung zufriedener Kunden, die Vorteile eines Produktes oder einer Dienstleistung anderen Konsumenten mitzuteilen,[6] nach sich ziehen. Folglich ist es für einen Dienstleistungsanbieter von zentraler Bedeutung, regelmäßig die Qualität des offerierten Leistungsspektrums zu überprüfen.

Aufgrund dieser Erkenntnis wurde eine Vielzahl wissenschaftlicher Arbeiten publiziert, die sich mit der Operationalisierung des Dienstleistungsqualitätskonstruktes und der Güteprüfung

---

[1] Vgl. Cronin/Taylor (1992), S. 55 ff., und Brady/Cronin (2001), S. 34 ff.

[2] Für einen Überblick vgl. Hermann (1995), S. 237 ff., Bruhn/Georgi (1998), S. 98 ff. Studien, die einen solchen Nachweis im Bereich touristischer Dienstleistungen liefern, finden sich bei Augustyn/Ho (1998), S. 71 ff.

[3] Vgl. Augustyn/Ho (1998), S. 73, und Siefke (1998), S. 4.

[4] Eine Reduzierung der Preiselastizität ist dadurch gekennzeichnet, dass zufriedene Konsumenten eine höhere Bereitschaft zeigen, mehr für eine Leistung zu zahlen und nicht bei einer Preiserhöhung sofort zu einem Wettbewerber mit einem preisgünstigeren Angebot abzuwandern. Vgl. hierzu Hermann (1995), S. 241, und Matzler/Stahl (2000), S. 635.

[5] Die Erhöhung des „cross selling"-Potentials führt bei zufriedenen Kunden zu der Neigung, größere Mengen und unter Umständen auch andere Leistungen aus dem Sortiment eines Anbieters zu beziehen. Vgl. hierzu Anderson/Fornell/Lehmann (1994), S. 55 ff., Hermann (1995), S. 241, und Matzler/Stahl (2000), S. 634 f.

[6] Die Mund-zu-Mund Werbung ist durch eine hohe Glaubwürdigkeit gekennzeichnet und erleichtert auf diese Weise die Akquisition neuer Kunden. Vgl. Hermann (1995), S. 241, und Matzler/Stahl (2000), S. 635.

vorliegender Ansätze beschäftigen.[7] Eine wesentliche Gemeinsamkeit dieser Studien besteht darin, dass die Qualität des Dienstleistungsangebotes entweder mit Hilfe von schriftlichen oder aber mündlichen Kundenbefragungen erfasst wurde. Vernachlässigt wurden dabei allerdings eine Reihe grundlegender Nachteile der verschiedenen Kundenbefragungsmethoden. Neben dem hohen Kostenaufwand bei häufig wenig aussagekräftigen und detaillierten Ergebnissen stehen folgende nachteilige Aspekte einer Kundenbefragung zur Bewertung der Dienstleistungsqualität entgegen:[8]

- Vielfach wurde beim Einsatz von Kundenbefragungstechniken festgestellt, dass eine erhebliche Diskrepanz zwischen dem tatsächlichen und dem von der Auskunftsperson berichteten Verhalten bzw. der erlebten Situation besteht.[9] Diese Unstimmigkeiten sind auf verschiedene Gründe, wie z.B. kognitive Dissonanzen, bewusst falsche Auskünfte aufgrund der Annahme von sozialer Erwünschtheit oder aber Vergessen, zurückzuführen.[10]

- Beabsichtigt man detaillierte Berichte über das Verkaufsgespräch zu erhalten und zugleich mögliche Verzerrungseffekte durch ein Vergessen von Details zu vermeiden, ist eine zeitnahe Befragung der Kunden unumgänglich.[11] Dieser Forderung kann bei einer schriftlichen Kundenbefragung nur schwerlich Rechnung getragen werden.[12] Indessen sind bei mündlichen Interviews nicht selten die begrenzten sprachlichen Fähigkeiten vieler Auskunftspersonen ursächlich verantwortlich für eine nur eingeschränkte Gewinnung quantitativer und qualitativer Informationen. Diese Einschränkung gilt in besonderem Maße für die intangiblen und somit schwer beschreibbaren Elemente einer Dienstleistung.[13]

- Schließlich ist bei Kundenbefragungen zur Evaluation der Qualität von Dienstleistungsunternehmen die Gefahr von Deckeneffekten[14] und einer sogenannten Anspruchsinflation[15] gege-

---

[7] Vgl. Babakus/Boller (1992), S. 253 ff., und Voss et al. (2004), S. 212 ff.
[8] Vgl. Wieseke/Schmidt/Lingenfelder (2006), S. 42 ff.
[9] Vgl. Wilson (2001), S. 722.
[10] Vgl. Matzler/Kittinger-Rosanelli (2000), S. 225, und Finn (2001), S. 310.
[11] Zur Bedeutung des Befragungszeitpunktes vgl. Haller (1995), S. 125.
[12] Hingegen ist bei Interviews am Point-of-Sale der erhöhte Zeit- und Kostenaufwand zu berücksichtigen. Zur Gedächtnisproblematik im Rahmen der Evaluation von Dienstleistungssituationen vgl. insbesondere Morrison/Colman/Preston (1997), S. 349 ff.
[13] Vgl. Matzler/Kittinger-Rosanelli (2000), S. 225, und Wilson (2001), S. 722.
[14] Es wird von Deckeneffekten gesprochen, wenn Auskunftspersonen auf einer Zufriedenheitsskala im Durchschnitt Werte nahe dem Skalenmaximum angeben. Zu dieser Problematik vgl. Wieseke/Lingenfelder (2003). Meist sind solche Deckeneffekte gepaart mit einer niedrigen Rücklaufquote, so dass nicht länger von einer verlässlichen Interpretationsbasis ausgegangen werden darf. Krüger-Strohmayer (2000) berichtet von einer solchen Kundenbefragung in der Reisebürobranche. Bei einer Response-Rate von 16 Prozent betrug die durchschnittliche Zufriedenheit 4,06 auf einer Skala von 1 bis 5.
[15] Die Gefahr von Anspruchsinflation besteht insbesondere beim Einsatz sogenannter Zweikomponentenansätze (wie z.B. der SERVQUAL-Ansatz), in denen neben dem Dienstleistungsqualitätsurteil auch die Bedeutung der jeweiligen Qualitätsmerkmale erhoben wird. Vgl. hierzu Hentschel (1992), S. 116. Außerdem führt der Wunsch nach einer detaillierten und vollständigen Messung unter Verwendung von Bedeutungsgewichten vielfach zu Reaktanz- und Ermüdungserscheinungen bei den Probanden. Vgl. Siefke (1998), S. 112. Den zuvor aufgezeigten Problemen kann aber beispielsweise begegnet werden, indem man die Auskunftsperson

ben. Diese beiden Effekte ziehen eine nur begrenzte Interpretierbarkeit bzw. Generalisierbarkeit der Untersuchungsergebnisse nach sich.

Die aufgezeigten Kritikpunkte der Kundenbefragung haben viele Dienstleistungsanbieter dazu veranlasst, u.a. neue Datenerhebungsinstrumente zu entwickeln und einzusetzen.[16] Ein Konzept, das sich in der Praxis wachsender Beliebtheit erfreut,[17] aber in der wissenschaftlichen Literatur bislang nur selten diskutiert und auf seine Leistungsfähigkeit hin überprüft wurde, ist die Methode des Mystery Shoppings.[18] Im Zentrum der vorliegenden Arbeit steht daher die Beantwortung der Frage, ob die Mystery Shopping-Methodik ein probates Datenerhebungsverfahren darstellt, das in der Lage ist, die aufgezeigten Defizite der klassischen Kundenbefragungstechniken zu überwinden.

2. Gegenwärtiger Entwicklungstand der Mystery Shopping-Methodik

Im Gegensatz zur Konsumentenbefragung wird beim Einsatz von Testkäufern zur Evaluation der Dienstleistungsqualität nicht das Kundenempfinden zur Interaktion mit dem Dienstleistungsanbieter ermittelt. Vielmehr wird versucht, durch Dritte, am Dienstleistungsprozess unbeteiligte Beobachter die Empfindungen eines (Test-) Kunden im Hinblick auf seine Erfahrungen mit dem Dienstleistungsangebot bzw. seine Wahrnehmung bezüglich der Dienstleistungsqualität objektiv zu eruieren.[19]

Bereits in den 70er Jahren wurde das Konzept des Mystery Shoppings von ca. 35 Prozent aller größeren Banken in den USA angewandt.[20] Derzeit wird die Mystery Shopping-Methodik insbesondere zur Evaluation der Dienstleistungsqualität in sehr wettbewerbsintensiven Branchen, wie der Tourismusbranche und dem Einzelhandel, eingesetzt.[21]

---

bittet, eine vorgegebene Punktsumme auf die festgelegten Qualitätsindikatoren so zu verteilen, dass diese Verteilung ihren Präferenzen bei der Bildung eines Dienstleistungsqualitätsgesamturteils entspricht. Vgl. Schütze (1992), S. 176. Dieses Verfahren eignet sich jedoch lediglich für eine begrenzte Zahl von Qualitätsmerkmalen. Daher besteht die Notwendigkeit, vorab eine Auswahl unter den zu evaluierenden Merkmalen vorzunehmen.

[16] Vgl. Wieseke/Schmidt/Lingenfelder (2006), S. 42 ff.
[17] „Inzwischen hat sich in Deutschland ein Markt für Mystery Shopping etabliert, der sich nach Schätzungen des Bundesverbandes Deutscher Mystery Shopping Unternehmen (BVMS) auf insgesamt 50 Millionen Euro beläuft. Eine Explosion des Gesamtmarktes auf 150 Millionen Euro wird für das Jahr 2007 prognostiziert". Deckers (2003), S. 34.
[18] Vgl. Platzek (1997), S. 364, Wilson (1998), S. 148, und Matzler/Kittinger-Rosanelli (2000), S. 225.
[19] Vgl. Bruhn (1997), S. 63 f., Ecken (1998), S. 34, und Matzler/Kittinger-Rosanelli (2000), S. 222.
[20] Vgl. Leeds (1995), S. 17.
[21] Vgl. o.V. (2003), S. 34.

Trotz des verstärkten Einsatzes der Mystery Shopping-Methodik in der Marktforschungspraxis wurde dieser Ansatz bislang kaum einer nachhaltigen Güteprüfung unterzogen.[22] In der wissenschaftlichen Literatur existieren lediglich drei empirische Studien, die sich in Teilen mit der Prüfung von Reliabilität und Validität der Mystery Shopping-Methodik auseinandersetzen:

1. *Finn/Kayandé* (1999) konnten unter Einsatz der Generalisierbarkeitstheorie nachweisen, dass Testkäufer bei der Beurteilung objektiver Kriterien deutlich reliablere Ergebnisse liefern als tatsächliche Kunden. Außerdem konnten sie zeigen, dass professionelle Testkäufer im Vergleich zu gut geschulten Studenten Ergebnisse von sehr geringer Konsistenz liefern.[23]

2. In einer weiteren Studie konnte *Finn* (2001) zusätzliche Erkenntnisse über die Güte von Testkaufdaten gewinnen. Er stellte fest, dass der Einsatz von Testkunden zur Beurteilung des Mitarbeiterverhaltens beim Verkauf von Gebrauchsgütern in Einzelhandelsgeschäften eine brauchbare Alternative zur Kundenbefragung darstellt.[24]

3. Schließlich konnte *Haas* (2003) in seiner Studie dokumentieren, dass Testkunden in der Lage sind, einen deutlich höheren Teil der Varianz ihres Beratungszufriedenheitsurteils zu erklären, als es realen Kunden möglich ist.[25]

Eine vergleichbare Entwicklung wie die Mystery Shopping-Methodik hat in jüngerer Vergangenheit die leistungsdiagnostische Forschung zur Güte von Assessment Center-Beurteilungen durchlaufen.[26] Im Rahmen der Wirksamkeitsprüfung dieser Methodik bediente sich die Wissenschaft wiederkehrend der Komponenten der Klassischen Testtheorie. Besonderes Augenmerk galt dabei den Koeffizienten der Interrater-, der Retest- Reliabilität sowie der Kriteriums- und der Konstruktvalidität.[27] Spiegelt man speziell diese Erkenntnisse der Leistungsdiagnostik mit dem Status quo der Forschung zur Mystery Shopping-Methodik, so ist festzustellen:

---

[22] Vgl. Haas (2003), S. 24, Finn/Kayandé (1999), S. 195 ff., und Wieseke/Schmidt/Lingenfelder (2006), S. 42 ff.
[23] Vgl. Finn/Kayandé (1999), S. 195 ff.
[24] Vgl. Finn (2001), S. 310 ff.
[25] Vgl. Haas (2003), S. 24 ff.
[26] Assessment Center greifen im Rahmen der Personalbeurteilung ebenso wie die Mystery Shopping-Methodik auf geschulte Beobachter zurück. Insofern ist die leistungsdiagnostische Forschung zur Güte von Assessment Center-Beurteilungen mit der Entwicklung des Testkaufverfahrens vergleichbar.
[27] Vgl. Arthur et al. (2003), S. 125 ff., und Woehr/Arthur (2003), S. 231 ff.

1. Dass bis zum jetzigen Zeitpunkt keine Befunde darüber vorliegen, ob verschiedene Mystery Shopper ein gemeinsam erlebtes Dienstleistungsangebot ähnlich bzw. gleich beurteilen (Interrater-Reliabilität). Diese Erkenntnis ist unerlässlich, um sicherzustellen, dass keine (Fehl-) Entscheidungen auf Basis von nicht repräsentativen Einzelurteilen getroffen werden.

2. Ebenfalls ist nicht bekannt, ob das Dienstleistungsqualitätsurteil von Mystery Shoppern zeitliche Konsistenz besitzt (Retest-Reliabilität). Jedoch sind Informationen über die zeitliche Konsistenz notwendig, um beispielsweise den Erfolg von Interventionsmaßnahmen im Dienstleistungsangebot überprüfen und bewerten zu können.

3. Darüber hinaus besteht ein Informationsdefizit in Bezug auf die Kriteriumsvalidät der Dienstleistungsqualitätsmessung durch Mystery Shopper. Dieses Wissen ist allerdings für die Unternehmensführung von besonderer Bedeutung. Sollte das Dienstleistungsqualitätsurteil von Mystery Shoppern in einem korrelativen Zusammenhang mit dem zukünftigen wirtschaftlichen Erfolg eines Unternehmens stehen, so kann die Erfolgsrelevanz einzelner Interventionen für das Dienstleistungsangebot prognostiziert werden.

4. Schließlich existieren keine Erkenntnisse darüber, ob Mystery Shopper eine konstruktvalide Messung der Dienstleistungsqualität mit Hilfe der gegenwärtig vorliegenden Operationalisierungsansätze (z.B. SERVPERF oder Phasenmodell der Dienstleistungsqualität) leisten können. Sollte die von den Testkunden wahrgenommene Zusammensetzung des Dienstleistungsqualitätskonstruktes der theoretisch postulierten entsprechen, so können auf Basis der bestehenden Operationalisierunansätze handlungsrelevante Anpassungen im Leistungsspektrum abgeleitet werden.

3. Zielsetzung und Vorgehensweise der Untersuchung

Die zuvor aufgezeigten Forschungslücken ergeben sich aus einer Konstellation, die vergleichbar ist mit der Auseinandersetzung zwischen den Erkenntnistheorien des kritischen Rationalismus und denen des logischen Positivismus. Der logische Positivismus, der auf *Auguste Comte* zurückgeht, beruht auf der Prämisse, dass lediglich zweifelsfreie Tatsachen dem wissenschaftlichen Erkenntnisgewinn dienen dürfen. Folglich werden im logischen Positivismus aus einer endlichen Zahl von Beobachtungen Theorien und Verfahrensvorschriften induktiv, nach dem Motto: „Gelobt sei, was klappt" entwickelt.[28] Einen anderen Weg geht *Popper*, der mit seiner Forschungsmethodologie des kritischen Rationalismus bei den Problemen des logischen Positivismus ansetzt. Er kritisiert an diesem, dass Theorien aus vorliegenden Beobachtungen entwickelt und gleichzeitig anhand derselben Beobachtungen auf ihre Gültigkeit hin überprüft werden.[29] Dabei moniert *Popper* insbesondere, dass es keine guten Kriterien gibt,

---

[28] Vgl. Janich (2000), S. 82 f.
[29] Vgl. Popper (1994), S. 225 ff.

die bestimmen, welche Beobachtungen zur Festigung einer Theorie bzw. Verfahrensvorschrift herangezogen werden. Für *Popper* muss die Akzeptanz von Theorien rational begründet werden. Dafür ändert er die Behandlung von Theorien und Hypothesen gänzlich ab. Zu Beginn wird eine Theorie entwickelt[30] und anschließend systematisch überprüft, beispielsweise durch Experimente oder Beobachtungen. Stimmen die Vorhersagen der Theorie mit den Ergebnissen der Empirie überein, so gilt die Theorie als „vorläufig" bestätigt.[31]

Eine ähnliche Auseinandersetzung wie die zwischen den verschiedenen Erkenntnistheorien herrscht auch bei der Entwicklung der Mystery Shopping-Methodik zwischen Wissenschaft und Praxis. Eine Fülle von Publikationen der Marktforschungspraxis zeigen, dass viele Praktiker bei der (Weiter-) Entwicklung der Mystery Shopping-Methodik dem logisch positivistischen Ansatz folgen. In einem theorielosen Entwicklungsprozess versuchen sie durch Trial-and-Error einen Wissensgewinn zu generieren.[32]

Infolge dieses bislang wenig theoriegeleiteten Entwicklungsprozesses verfolgt die vorliegende Arbeit das generelle Anliegen, ein Konzept für den erfolgreichen Einsatz der Mystery Shopping-Methodik zur Dienstleistungsqualitätsmessung abzuleiten und diesen Ansatz anschließend anhand der erhobenen Testkaufdaten auf seine Reliabilität und Validität hin zu überprüfen. Dadurch soll dem beschriebenen Trial-and-Error-Prozess der Marktforschungspraxis entgegengewirkt und ein Anknüpfungspunkt für weitere Forschungsarbeiten gelegt werden.

Aus der generellen Zielsetzung lassen sich folgende Forschungsfragen ableiten, die es im Rahmen der vorliegenden Arbeit zu beantworten gilt:

1. **Welche Voraussetzungen müssen erfüllt sein, damit Mystery Shopper bei der Evaluation der Dienstleistungsqualität handlungsrelevante Informationen über das Leistungsspektrum eines Dienstleistungsanbieters erheben können?** Dazu bedarf es der Kenntnis und Kontrolle derjenigen Einflussfaktoren, die die Güte des Dienstleistungsqualitätsurteils von Testkäufern beeinflussen.

---

[30] Dabei ist Popper gleichgültig, wie diese Theorie bzw. Verfahrensvorschrift entwickelt wird.
[31] Vgl. Albert (2000), S. 15.
[32] Vgl. hierzu die Arbeiten von Deckers (2003), S. 34 ff., Collins, (2003), S. 30 ff., Stücken (2003), S. 45 ff., und Höhner (2003), S. 51 ff.

2. Welche Reliabilität besitzt das Dienstleistungsqualitätsurteil von Testkäufern, wenn die Voraussetzungen für den erfolgreichen Einsatz der Mystery Shopping-Methodik erfüllt werden? Es liegt nahe, dass das Urteil über die Zuverlässigkeit der Mystery Shopping-Methodik bei der Dienstleistungsqualitätsmessung von der Ausprägung verschiedener Beurteilungskriterien abhängig ist. Daher ist es hilfreich, zunächst ein Prüfschema zu entwickeln, dessen Koeffizienten geeignet sind, insbesondere die Interrater- und die Retest-Reliabilität von Testkaufurteilen zu bewerten.

3. Welche Validität besitzt das Dienstleistungsqualitätsurteil von Testkäufern, wenn die Voraussetzungen für den erfolgreichen Einsatz der Mystery Shopping-Methodik erfüllt werden? Ebenso wie die Reliabilitätsprüfung basiert auch das Validitätsattest auf unterschiedlichen Beurteilungskriterien und deren Ausprägung. Folglich ist für die Beantwortung dieser Fragestellung das Schema zur Reliabilitätsprüfung um diejenigen Komponenten der Validitätsprüfung zu erweitern, die es ermöglichen, insbesondere die Kriteriums- und Konstruktvalidität der Testkaufurteile zu bewerten.

Mit diesen Fragestellungen ist der weitere Gang der Untersuchung bereits vorgezeichnet. In Abschnitt B wird zunächst ein Prüfschema für die Beantwortung der Frage nach der Reliabilität und Validität des Dienstleistungsqualitätsurteils von Testkäufern generiert. Die Zielgrößen der Reliabilitäts- und Validitätsprüfung werden dabei auf Grundlage der Klassischen Testtheorie (KTT) abgeleitet. Das für die Verlässlichkeitsprüfung entwickelte Teilschema unterscheidet zunächst die „at a point in time"- von den „over time"-Koeffizienten der Reliabilität. Beide Gruppen von Koeffizienten dienen der Beurteilung des Zufallsfehlers bei der Evaluation der Dienstleistungsqualität durch Testkäufer. Dabei werden die „at a point in time"-Koeffizienten zur Bewertung des Zufallsfehlers von Testkaufurteilen anhand der Intrarater- und der Interrater-Reliabilität herangezogen. Demgegenüber sollen die „over time"-Koeffizienten die Verlässlichkeit von Testkaufurteilen mit Hilfe der Retest-Reliabilität quantifizieren. Anschließend werden die Inhalts-, die Kriteriums- und die Konstruktvalidität als Maße für den systematischen Messfehler im Dienstleistungsqualitätsurteil von Mystery Shoppern aus der KTT deduziert. Alle zuvor genannten Maße zur Güteprüfung von Testkaufurteilen werden mit empirischen Befunden aus der Forschungspraxis untermauert, so dass am Ende Schwellenwerte für ein Reliabilitäts- und Validitätsattest zur Verfügung stehen.

Die Betrachtung potentieller Messfehler, die das Dienstleistungsqualitätsurteil von Testkäufern beeinflussen, und die Herleitung von Reliabilitäts- und Validitätskoeffizienten zur Quantifizierung dieser Messungenauigkeiten bereiten den Boden für Abschnitt C. Hier werden zunächst die klassischen Datenerhebungsinstrumente und ihre inhärenten Vor- bzw. Nachteile bei der Evaluation der Dienstleistungsqualität diskutiert. Dabei werden insbesondere diejenigen Datenerhebungsinstrumente berücksichtigt, die mit dem Einsatz subjektiver Messansätze korrespondieren. Zu diesen Erhebungsinstrumenten zählen zum einen die schriftliche Befragung, und zum anderen das Interview. Im Verlauf der kritischen Auseinandersetzung mit diesen subjektiven Messansätzen sowie den traditionell eingesetzten Datenerhebungstechniken lassen sich Defizite identifizieren, welche hauptsächlich auf die charakteristischen Besonderheiten einer Dienstleistung zurückzuführen sind. Abschließend wird unter Berücksichtigung potentieller Messfehlereinflüsse der Mystery Shopping-Methodik sowie an den Schwächen der subjektiven Messansätze und ihrer korrespondierenden Datenerhebungsinstrumente anknüpfend die Vorteilhaftigkeit von Testkäufern für die Evaluation der Servicequalität von Dienstleistungsunternehmen herausgearbeitet. Dabei werden zwölf Voraussetzungen für den erfolgreichen Ablauf einer Mystery Shopping-Studie dargestellt, deren Einhaltung insbesondere die Reliabilität und Validität des Dienstleistungsqualitätsurteils von Testkäufern gewährleisten kann.

Basierend auf diesen Grundlagen beschäftigt sich Abschnitt D mit der Vorgehensweise der in dieser Arbeit durchgeführten empirischen Untersuchung. Den Anwendungskontext bildet dabei ein Beispiel aus der Reisebürobranche. Konkret soll mit Hilfe von Testkäufern die Dienstleistungsqualität einer im Franchisesystem organisierten Reisebürokette evaluiert werden. Dieses Anwendungsgebiet wurde gewählt, weil der Tourismussektor aufgrund seiner Wettbewerbsintensität derzeit eines der häufigsten Einsatzgebiete der Mystery Shopping-Methodik in der Marktforschungspraxis darstellt.[33] Infolge dessen erfordert der Einsatz von Testkäufern zur Evaluation der Dienstleistungsqualität zunächst eine theoretische Fundierung der Dienstleistungsqualitätsmessung im Reisebüro. Hierfür wird sowohl eine statische als auch eine dynamische Interpretation des C/D-Paradigmas angestrengt, wobei die in den verschiedenen Interpretationsansätzen verorteten Einflussgrößen jeweils mit Hilfe von Messindikatoren operationalisiert und somit einer empirischen Analyse zugänglich gemacht werden.

Anschließend werden die eingesetzten Datenerhebungsinstrumente in ihrem Anwendungskontext und die in die Auswertung einfließende Stichprobe näher beschrieben. Besondere Aufmerksamkeit gilt dabei dem Vorgehen zur Kontrolle bzw. Elimination der identifizierten

---

[33] Vgl. hierzu die Ausführungen in Abschnitt A.2. dieser Arbeit.

Messfehlereinflüsse, die das Güteurteil über die Eignung der Mystery Shopping-Methodik zur Evaluation der Dienstleistungsqualität negativ beeinträchtigen können.

In Abschnitt E gilt es, das Dienstleistungsqualitätsurteil der Testkäufer auf Reliabilität und Validität hin zu überprüfen. Die statistische Güteprüfung wird dabei anhand des in Abschnitt B hergeleiteten Schemas vollzogen, wobei die empirischen Befunde der Reliabilitäts- und Validitätsprüfung dargestellt, erläutert und diskutiert werden.

Den Gegenstand von Abschnitt F bildet einerseits die Zusammenfassung der Untersuchungsergebnisse. Andererseits werden Limitationen der vorliegenden Arbeit aufgezeigt, anhand derer Hinweise für die zukünftige Forschung abgeleitet werden. Schließlich werden Handlungsempfehlungen für die Marktforschungspraxis generiert, die aus den Erfahrungen der durchgeführten Testkaufstudien resultieren. Einen Überblick über den Aufbau der Untersuchung liefert Abbildung A-1.

10

Abschnitt A. Mystery Shopping – Ein Instrument zur Evaluation der Dienstleistungsqualität	
Hauptziele:	• Skizzierung des Stellenwertes der Dienstleistungsqualität für den Unternehmenserfolg und der Defizite klassischer Messinstrumente • Darstellung des gegenwärtigen Entwicklungsstandes der Mystery Shopping-Methodik • Identifikation von Forschungslücken • Bestimmung der Forschungsziele sowie der Vorgehensweise der Untersuchung

↓

Abschnitt B. Methodologische Fundierung der psychometrischen Güteprüfung des Dienstleistungsqualitätsurteils von Mystery Shoppern	
Hauptziel:	Herleitung eines Prüfschemas zur Beurteilung der Reliabilität und Validität des Dienstleistungsqualitätsurteils von Mystery Shoppern auf Basis der Klassischen Testtheorie
Inhalte:	• Darstellung der Klassischen Testtheorie als methodologisches Fundament zur Güteprüfung des Dienstleistungsqualitätsurteils von Mystery Shoppern • Deduktion von Reliabilitäts- und Validitätskoeffizienten aus der Klassischen Testtheorie

↓

Abschnitt C. Messansätze und korrespondierende Datenerhebungstechniken zur Messung der Dienstleistungsqualität	
Hauptziel:	Kritische Gegenüberstellung der subjektiven und objektiven Messansätze sowie deren korrespondierende Datenerhebungstechniken
Inhalte:	• Skizzierung der subjektiven Messansätze und korrespondierender Datenerhebungstechniken • Identifikation von Kritikpunkten an den subjektiven Messansätzen sowie den traditionellen Datenerhebungstechniken der Dienstleistungsqualitätsmessung • Darstellung der Vorteilhaftigkeit der objektiven Messansätze und insbesondere der Mystery Shopping-Methodik bei der Dienstleistungsqualitätsmessung • Erläuterung eines Konzeptes mit zwölf Voraussetzungen für den erfolgreichen Einsatz der Mystery Shopping-Methodik zur Evaluation der Dienstleistungsqualität

↓

Abschnitt D. Konzeption einer empirischen Untersuchung zur Beurteilung der Leistungsfähigkeit des Mystery Shopping-Konzepts	
Hauptziel:	Entwicklung eines Designs zur empirischen Überprüfung der Reliabilität und Validität des Dienstleistungsqualitätsurteils von Testkäufern
Inhalte:	• Operationalisierung der Dienstleistungsqualitätsmessung im Reisebüro • Darstellung der Vorgehensweise im Rahmen der empirischen Untersuchung • Erläuterung des Vorgehens zur Kontrolle bzw. der Elimination identifizierter Messfehlereinflüsse, die das Güteurteil über die Eignung der Mystery Shopping-Methodik zur Evaluation der Dienstleistungsqualität negativ beeinträchtigen • Beschreibung der Untersuchungsstichproben und des Rücklaufs

↓

Abschnitt E. Reliabilität und Validität des Dienstleistungsqualitätsurteils von Mystery Shoppern im Spiegel empirischer Befunde	
Hauptziel:	Empirische Überprüfung der Reliabilität und Validität des Dienstleistungsqualitätsurteils von Testkäufern anhand des in Abschnitt B hergeleiteten Prüfschemas
Inhalte:	• Überprüfung der Reliabilität und Validität des Dienstleistungsqualitätsurteils von Mystery Shoppern anhand des Prüfschemas aus Abschnitt B • Diskussion der Untersuchungsergebnisse

↓

Abschnitt F. Zusammenfassung der Untersuchungsergebnisse, Implikationen, Restriktionen und Ansatzpunkte für künftige Forschungsaktivitäten	
Hauptziel:	• Vermittlung eines Überblicks über zentrale Ergebnisse der Untersuchung • Ableitung von Handlungsempfehlungen • Ausblick

Abb. A-1: Gang der Untersuchung

B. Methodologische Fundierung der psychometrischen Güteprüfung des Dienstleistungsqualitätsurteils von Mystery Shoppern

Im Folgenden soll ein Prüfschema für die Beantwortung der Frage nach der Reliabilität und Validität des Dienstleistungsqualitätsurteils von Testkäufern generiert werden. Die methodologische Fundierung dieses Konzepts bedient sich der Klassischen Testtheorie (KTT). Hierbei werden zunächst Reliabilitätskoeffizienten für die Bewertung des inhärenten Zufallsfehlers der Mystery Shopping-Methodik abgeleitet. Anschließend werden aus der KTT die Inhalts-, die Kriteriums- und die Konstruktvalidität als Maße für den systematischen Messfehler deduziert. Zum Abschluss werden die erläuterten Gütekriterien für die Reliabilitäts- und Validitätsprüfung in einem tabellarischen Schema zusammengetragen.

1. Gegenstand der Testtheorie

Ein Test wird in der Verhaltensforschung benötigt, um beispielsweise zu prüfen, ob sich Eigenschaften oder Leistungen von Personen aufgrund des Wirkens bestimmter Einflussfaktoren ändern. Solche Informationen über die Wirkung bestimmter Einflussfaktoren könnten – wie im Alltag üblich – verbal, dem subjektiven Eindruck nach, beschrieben werden. Allerdings erschweren einige Nachteile dieses pragmatische Vorgehen:[34]

1. Die Beurteilung der Einflussfaktoren und deren Wirkung auf den Untersuchungsgegenstand sind von den Eigenschaften des Beurteilers abhängig. Je nach Wertesystem des Beurteilers resultieren verschiedene Beschreibungen für die Einflussfaktoren und den Untersuchungsgegenstand. Eine Beschreibung,[35] die wissenschaftlichen Anforderungen genügen soll, muss aber objektiv sein. Das bedeutet, dass alle möglichen Beurteiler bei ihrer Beschreibung zum gleichen Ergebnis gelangen müssten.

2. Allgemeingültige Wirkungszusammenhänge können für einen Untersuchungsgegenstand nur abgeleitet werden, wenn die Erkenntnisse auf einer ausreichend großen Stichprobe basieren. Eine verbale Beschreibung der beobachteten Eigenschaften ist jedoch wegen des großen Aufwandes nur begrenzt durchführbar. Darüber hinaus ist der Forscher aufgrund der resultierenden Unübersichtlichkeit und fehlenden Vergleichbarkeit der Ergebnisse nicht in der Lage, solche Wirkungszusammenhänge abzuleiten.

---

[34] Vgl. hierzu und zum folgenden Kranz (2001), S. 2 f.
[35] Es ist die Rede von einer Beschreibung, die eine Messung ersetzen soll.

3. Statistische Methoden, die es ermöglichen, die Beziehung zwischen mehreren Variablen zu analysieren, bedürfen einer Datenbasis, deren Erhebung spezifischen Anforderungen (wie beispielsweise der Vergleichbarkeit des Beurteilungsprozesses und der Ergebnisse verschiedener Rater) genügt.[36] Diese Bedingungen sind jedoch nur dann erfüllt, wenn die zur Datengewinnung eingesetzten Messprozeduren bekannt sind.

4. Aufgrund des Wunsches nach Einsatz statistischer Methoden zur Analyse der Ursache-Wirkungsbeziehung zwischen mehreren Variablen ist die verhaltenswissenschaftliche Forschung folgerichtig bestrebt, möglichst quantitative Aussagen über die Eigenschaften des jeweiligen Untersuchungsgegenstandes zu erheben. Voraussetzung hierfür ist allerdings die Messbarkeit der Variablen.

Eine objektive, umfassende, quantitative Aussagen liefernde und auf ihre Güte überprüfbare Messung verhaltenswissenschaftlicher Zusammenhänge der oben beschriebenen Art ist bei einer Vielzahl von latenten Variablen (wie z.B. der Dienstleistungsqualität von Reisebüros) nicht möglich. Daher bedient sich die Forschung zur Messung dieser latenten Variablen bzw. der Wirkungszusammenhänge zwischen diesen Konstrukten des psychometrischen Tests. Der psychometrische Test ist nach *Lienert/Raatz* ein wissenschaftliches Routineverfahren zur Untersuchung eines oder mehrerer empirisch abgrenzbarer Eigenschaftsmerkmale. Sein Ziel besteht darin, eine möglichst quantitative Aussage über den relativen Grad der Merkmalsausprägung zu treffen.[37]

Die sozialwissenschaftliche Methodenlehre verfügt über zwei konträre Auffassungen des testtheoretischen Begriffs. Ein Ansatz bezeichnet das Ziehen von Konklusionen, basierend auf Stichprobendaten als „Testtheorie", da Hypothesen getestet bzw. einer Prüfung unterzogen werden.[38] Demgegenüber betrachtet die geläufigere Begriffsauffassung die Theorie über den psychometrischen Test selbst als Testtheorie. Die Literatur unterscheidet in diesem Zusammenhang Tests im engeren und weiteren Sinne. Psychometrische Tests im engeren Sinne sind Verfahren, die verhindern, dass das Testergebnis vom Probanden willentlich in eine gewünschte Richtung verfälscht wird. Hingegen subsumiert ein Test im weiteren Sinne Frage-

---

[36] Voraussetzung für den Einsatz statistischer Methoden ist die Transformation der erhobenen Aussagen in quantitative Daten. Diese Forderung ist ursächlich für den Appell nach einer Vergleichbarkeit des Beurteilungsprozesses und der Ergebnisse der Auskunftspersonen. Bei verbalen Beschreibungen ist diese Vergleichbarkeit zumeist nicht gegeben. Folglich resultieren erhebliche Interpretationsspielräume beim Forscher, die die Kodierung der Daten und somit auch den Einsatz statistischer Methoden bei der Datenanalyse erschweren.

[37] Vgl. Lienert/Raatz (1998), S. 1. Rost (2004) erweitert diese Definition, indem er einen theoretischen Rahmen für qualitative Aussagen fordert, der kategoriale Aussagen über die individuelle Ausprägung eines Merkmals bereitstellt.

[38] Vgl. Rost (2004), S. 17, und Bühner (2004), S. 15.

bögen, standardisierte Interviews, Beobachtungen und letztlich auch die Methode des Mystery Shoppings.[39] Da sich die vorliegende Arbeit mit der Reliabilitäts- und Validitätsprüfung des Dienstleistungsqualitätsurteils von Mystery Shoppern auseinandersetzt, ist das zugrunde liegende testtheoretische Begriffsverständnis das des psychometrischen Tests im weiteren Sinne.

1.1. Grundlegende Begriffe der Klassischen Testtheorie

Der Begriff Test ist in der verhaltenswissenschaftlichen Forschung mit einer mehrfachen Bedeutung belegt. Er bezeichnet:[40]

1. ein Verfahren zur Untersuchung einer Merkmalseigenschaft,
2. den Vorgang der Untersuchungsdurchführung,
3. die Gesamtheit der zur Durchführung notwendigen Hilfsmittel,
4. eine Untersuchung mit Stichprobencharakter und
5. ein mathematisch-statistisches Prüfverfahren.

Diese Beschreibung wird von Lienert/Raatz konkretisiert, indem sie einen Test als „wissenschaftliches Routineverfahren zur Untersuchung eines oder mehrerer empirisch abgrenzbarer Eigenschaftsmerkmale(s) mit dem Ziel einer möglichst quantitativen Aussage über den relativen Grad individueller Merkmalsausprägungen"[41] definieren. Wie die vorstehende Definition zeigt, wird der Testbegriff fast ausschließlich als Bezeichnung für ein Verfahren zur Untersuchung einer oder mehrerer Merkmalseigenschaften benutzt. Diesem Verständnis folgend stellt ein Test eine Sammlung von Aufgaben, die auch als Items (Fragen, Statements etc.) bezeichnet werden, dar. Aus den Antworten bzw. Reaktionen der Auskunftspersonen auf die Items wird schließlich, nach meist klaren Verrechnungsregeln, ein Gesamtergebnis ermittelt.[42]

Die so ermittelten Informationen über ein Unternehmen bzw. dessen Umwelt werden vielfach zur Steuerung und Kontrolle desselben eingesetzt. Beispielsweise verfolgt ein Franchisegeber bei der Steuerung seines Franchisesystems mit der Durchführung von Tests das Ziel, die Dienstleistungsqualität eines (potentiellen) Franchisenehmers quantitativ zu beschreiben, um die „Treffsicherheit" einer Entscheidung (z.B. geeignet/ungeeignet für die Aufnahme in die Gruppe der Franchisenehmer, Zuordnung zu verschiedenen Trainingsmaßnahmen etc.) zu erhöhen. Ein solcher Test kann jedoch nur dann die Entscheidungsfindung im Unternehmen unterstützen und die Treffsicherheit einer Entscheidung verbessern, wenn die Messung der

---

[39] Vgl. Rost (2004), S. 17.
[40] Vgl. hierzu und im folgenden Kranz (2001), S. 1.
[41] Lienert/Raatz (1998), S. 1.

Testapplikation dem Beurteilungsgegenstand Zahlen so zuordnet, dass die Eigenschaften der Zahlen bzw. die Relation zwischen diesen derjenigen der Merkmalsträger entspricht.

Die Messtheorie, die sich mit der Sicherung dieser Forderung beschäftigt, ist folgendermaßen definiert: „Die Messtheorie untersucht die Bedingungen für die Messbarkeit von Eigenschaften und damit die Frage, welche empirischen Sachverhalte durch welche numerischen Strukturen adäquat abgebildet werden können."[43] Nach dieser Definition spricht man bereits von einer Messung, wenn die Beobachtung von Relationen zwischen Objekten, Elementen einer numerischen Menge zugeordnet werden kann. Diese müssen noch keine Zahlen sein, die ebenfalls diese Beziehung aufweisen. In den meisten Fällen spricht man jedoch erst dann von einer Messung, wenn diese Beobachtungen durch Zahlen festgehalten werden.[44]

Messen bezeichnet daher „[…] die Bestimmung der Ausprägung einer Eigenschaft eines (Mess-) Objektes […] und erfolgt durch eine Zuordnung von Zahlen zu Messobjekten."[45] Idealerweise sollte es eine Messung ermöglichen, dass die Eigenschaften der Zahlen den Lokalisationen der Merkmalsträger auf einer mindestens intervallskalierten Skala entsprechen.[46]

1.2. Alternative testtheoretische Modelle

Testtheorien, die sich als Theorien über psychologische Tests verstehen, sind die Klassische Testtheorie (KTT) und die Probabilistische Testtheorie (PTT).[47] Die KTT, die den Gegenstand von Kapitel B.2. bildet, beschäftigt sich mit den unterschiedlichen Bestandteilen des Messwerts.[48] Demgegenüber setzt sich die PTT mit der Frage auseinander, wie das Testergebnis eines oder mehrerer Probanden von einem oder mehreren zu erfassenden psychischen Merkmal(en) abhängt. Die Grundannahme der PTT ist, dass die Reaktionen auf Items lediglich Indikatoren für latente Eigenschaften, Fähigkeiten, Merkmale oder Verhaltensdispositionen sind. Vor diesem Hintergrund betrachtet die PTT die Lösungswahrscheinlichkeit für ein bestimmtes Item als Resultat der Fähigkeit bzw. der Merkmalsausprägung eines Probanden

---

[42] Vgl. Schiel (2004), S. 20.
[43] Orth (1999), S. 286 ff.
[44] Vgl. Bortz (1999), S. 27 ff., und Schiel (2004), S. 21.
[45] Orth (1974), S. 7.
[46] Bei einer Messung sollte mindestens Intervallskalenniveau angestrebt werden, da es sich dabei um die Voraussetzung für starke parametrische Tests handelt. Ordinalskalenniveau lässt nur „größer-kleiner" Aussagen zu, wobei streng genommen die Berechnung von Mittelwert, Standardabweichung und Varianz verboten ist. Vgl. hierzu Kranz (2001), S. 11 und insbesondere die Ausführung in Kapitel B.2.2.1.2.2 dieser Arbeit.
[47] Vgl. Bühner (2004), S. 15.
[48] Die KTT besagt, dass sich der beobachtete Wert (x) aus der Summe von wahrem Wert (t) und dem Fehlerwert der Messung (e) zusammensetzt.

und der Schwierigkeit des Items.[49] Aufgrund der Existenz einer Vielzahl probabilistischer Modelle und der Tatsache, dass die Wahl des richtigen Modells unter anderem von der Skalenqualität und der Anzahl der Antwortkategorien abhängt, soll im Folgenden nur exemplarisch auf das am weitesten verbreitete dichotome Rasch-Modell eingegangen werden.

Das dichotome Rasch-Modell beschäftigt sich mit nominalskalierten Items. Folglich kann die Antwort eines Probanden auf ein Item nur einen von zwei Werten annehmen (z.b. Ja/Nein oder Richtig/Falsch). Ein Rasch-Modell und somit auch das verwendete Testverfahren besitzt Gültigkeit unter der Voraussetzung, dass der Summenwert[50] etwas über den Ausprägungsgrad einer latenten Variablen aussagt. Besitzt das Modell Gültigkeit, so ist der Summenwert eines Probanden eine erschöpfende Statistik für den Probandenparameter und der Summenwert eines Items eine erschöpfende Statistik für den Itemparameter.[51] Der Summenwert eines Probanden ist eine erschöpfende Statistik, wenn sie alle Informationen über den Parameter eines Probanden enthält. Analog dazu gilt für den Itemparameter, dass dessen Itemschwierigkeit unabhängig von der Auskunftsperson ist, welche die Aufgabe gelöst hat. Somit ist ein Item genau dann als guter Indikator für eine latente Variable zu betrachten, wenn die in diesem Item abgebildete Leistung des Probanden ausschließlich auf das Wirken der beobachteten Variablen zurückzuführen ist und nicht auf andere Störvariablen. Die zuvor dargestellten Annahmen sind für die Testkonstruktion und die anschließende Güteprüfung mit Hilfe der PTT äußerst wichtig, da sie eine präzise Definition von Item- bzw. Testhomogenität vermitteln.[52] Diese Eigenschaft wird durch die lokale statistische Unabhängigkeit formalisiert. Zwei Items sind genau dann als statistisch unabhängig zu bezeichnen, wenn für jeden Probanden die Lösungswahrscheinlichkeit für beide Items statistisch dem Produkt der Einzellösungswahrscheinlichkeit entspricht. Dabei bedeutet lokale statistische Unabhängigkeit aber nicht, dass die beiden Items nicht miteinander korrelieren; sie stellt lediglich sicher, dass die Korrelation zwischen den beiden Items nur auf die Wirkung der latenten Variablen zurückzuführen ist.[53]

Um schließlich die „Modellgeltung" - und somit die Güte des eingesetzten Testverfahrens - bestimmen zu können, muss die Existenz von Rasch-Homogenität überprüft werden. Einen ersten Hinweis auf Rasch-Homogenität liefert der sogenannte grafische Modelltest. Im Ver-

---

[49] Vgl. Bühner (2004), S. 17.
[50] Dieser wird der PTT zufolge aus den mit Zahlenwerten kodierten Itemantworten der Auskunftspersonen, die als Indikator für die latente Variable dienen, gebildet.
[51] Vgl. Rost (2004), S. 108 ff.
[52] Vgl. Bühner (2004), S. 35 f.

lauf dieses Tests wird die Stichprobe in zwei oder mehr Gruppen aufgeteilt. Daran anschließend berechnet man für jede Unterstichprobe und jedes Item einen Schwierigkeitsparameter und trägt diese in einem Streudiagramm gegeneinander auf. Sollten die Punkte der resultierenden Punktwolke nur geringfügig von der Winkelhalbierenden abweichen, so gilt dies als Stichprobenunabhängigkeit der Items und kann als Indiz für Rasch-Homogenität gewertet werden.[54] Eine weitere Möglichkeit der Prüfung auf Rasch-Homogenität sind Signifikanztests, wie beispielsweise der Likelihood-Quotiententest,[55] in denen die Hypothese getestet wird, inwieweit das propagierte Modell als tragfähig erscheint.[56]

Gegenüber der PTT ist die KTT momentan die Basis der meisten verhaltenswissenschaftlichen Testverfahren.[57] Diese Tatsache ist insbesondere auf die der PTT inhärenten Nachteile zurückzuführen. Es gestaltet sich oft schwierig, modellkonforme Items für die Probabilistische Testtheorie zu generieren. Darüber hinaus spricht neben der einfachen Anwendbarkeit der KTT auch die Tatsache, dass sich die nach KTT konzipierten Tests in Wissenschaft und Praxis durchgesetzt haben, für ihre Verwendung.[58]

2. Verwendung der Klassischen Testtheorie zur Güteprüfung der Mystery Shopping-Methodik

Allgemein können zur Beurteilung der Güte von Messinstrumenten bzw. -methoden mehrere Kriterien herangezogen werden. Diese Gütekriterien werden in der Literatur untergliedert in Haupt- und Nebengütekriterien (vgl. Abbildung B-1). Die Hauptgütekriterien setzen sich aus Indikatoren der Objektivität, Reliabilität und Validität zusammen. Demgegenüber dienen die Normierung, Vergleichbarkeit, Ökonomie und Nützlichkeit einer Testmethode als Nebengütekriterien.[59] Die Frage der Objektivität eines Messinstrumentes ist jedoch, ebenso wie die Überprüfung der meisten Nebengütekriterien, nur mit Hilfe von Plausibilitätsüberlegungen zu beantworten.

---

[53] Vgl. Bühner (2004), S. 40.
[54] Vgl. Moosbrugger (2002), S. 79.
[55] Für eine ausführliche Darstellung vgl. Rost (2004), S. 331 ff.
[56] Vgl. Bühner (2004), S. 39 f.
[57] Rost zufolge basieren 95 Prozent aller gegenwärtig eingesetzten Tests auf der Grundlage der Klassischen Testtheorie. Vgl. dazu Rost (2004), S.11, und Stumpf (1996), S. 416.
[58] Vgl. Bühner (2004), S. 41, und Amelang/Zielinski (2002), S. 62 f.
[59] Vgl. Bühner (2004), S. 28 ff.

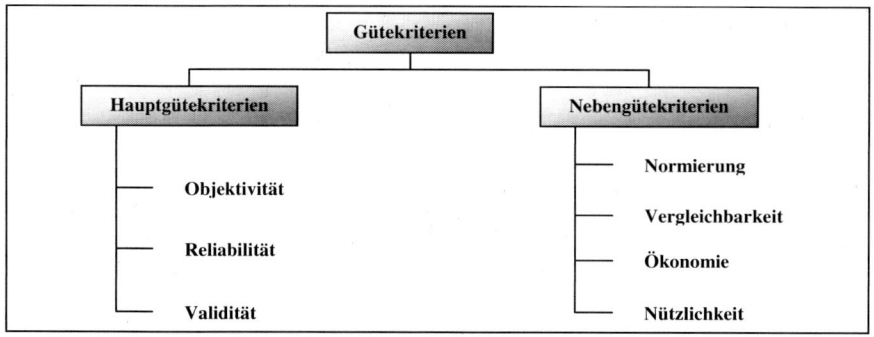

Quelle: In Anlehnung an Bühner (2004), S. 35.

Abb. B-1: Haupt- und Nebenkriterien der Gütebeurteilung psychometrischer Tests

Da das Ziel der vorliegenden Arbeit darin besteht, den inhärenten Messfehler des Dienstleistungsqualitätsurteils von Testkäufern zu quantifizieren, bildet die Klassische Testtheorie den Gegenstand der weiteren Betrachtungen. Die KTT beschäftigt sich ausschließlich mit der Überprüfung der Reliabilität und Validität eines Messinstruments. Dabei ist es die Aufgabe der mittels KTT hergeleiteten Reliabilitätskoeffizienten, den Zufallsfehler eines Messinstrumentes zu quantifizieren. Hingegen beurteilen die Validitätskoeffizienten den der Messung inhärenten systematischen Fehler. Vor diesem Hintergrund gilt ein Messverfahren dann als reliabel, wenn es genaue Werte liefert. Die Genauigkeit wird hierbei als Reproduzierbarkeit von Zahlen bei mehrfacher Messung desselben Eigenschaftsmerkmals bei demselben Merkmalsträger aufgefasst. Von Validität eines Messinstrumentes wird hingegen gesprochen, wenn selbiges wirklich misst, was zu messen intendiert wurde.[60]

Der KTT zufolge ist eine Messung genau dann fehlerfrei, wenn der gemessene Wert dem unbekannten „wahren" Wert entspricht. Eine gänzlich fehlerfreie Messung ist jedoch in der Praxis nicht möglich. Daher gilt es eine Übereinkunft zu treffen, in welcher Höhe eine Messverzerrung durch Zufallsfehler (Reliabilität) einerseits und systematische Fehler (Validität) andererseits akzeptiert werden kann. Mit dem Ziel, eine solche Übereinkunft zu formulieren, geht die KTT von der Annahme aus, dass sich der Messwert aus der Summe des „wahren" Wertes, des systematischen Fehlers (gemessen mit Hilfe der Validitätskoeffizienten) und des Zufallsfehlers (gemessen mit Hilfe der Reliabilitätskoeffizienten) zusammensetzt.[61]

---

[60] Vgl. Nieschlag/Dichtl/Hörschgen (1997), S. 721 ff.
[61] Vgl. Bagozzi (1998), S. 73, und Balderjahn (2003), S. 131.

Dieser Erkenntnis folgend sollen in den anschließenden Abschnitten Reliabilitäts- bzw. Validitätskoeffizienten hergeleitet werden, die es ermöglichen, die Güte des Dienstleistungsqualitätsurteils von Mystery Shoppern zu bewerten. Die potenziellen Einflussfaktoren, die den „wahren" Wert eines Merkmalsträgers verzerren, sind dabei formgebend für die Gütekoeffizienten.

2.1. Messfehleraxiome der Klassischen Testtheorie

Wie bereits angedeutet, setzt sich die KTT mit der Frage auseinander, „[…] wie aus einer Anzahl von Verhaltensbeobachtungen (x_{vi}) von Versuchspersonen (Vp) v in bestimmten Situationen (i) auf die wahre Ausprägung (true score = t_{vi}) eines […] Eigenschaftsmerkmals […] geschlossen werden kann."[62] Folglich beschäftigt sich die KTT mit der Darstellung und Kontrolle desjenigen Anteils der Variabilität von Testergebnissen, der auf Einflussfaktoren zurückzuführen ist, die nicht kontrolliert wurden bzw. deren Einfluss im konkreten Anwendungskontext nicht gefragt war. Diese variablen Anteile der Testergebnisse werden als Messfehler bezeichnet. Daher kann die KTT auch als Messfehlertheorie betrachtet werden, deren Axiome die Ableitung praxisrelevanter Sätze zur Vereinfachung bzw. Lösung von Messungenauigkeitsproblemen erlauben.[63]

Ein vereinfachtes Beispiel aus dem Anwendungskontext dieser Arbeit soll dies verdeutlichen:

> Der Inhaber eines Reisebüros bewirbt sich mit seinem Unternehmen um die Mitgliedschaft in einer als Franchisesystem geführten Reisebürokette. Vor der Aufnahme eines Reisebüros in die Franchisekette wird das Reisebüro zuerst auf seine Dienstleistungsqualität hin überprüft. Eine „Mystery Shopping-Agentur" hat dabei die Frage zu beantworten, inwiefern das Bewerber-Reisebüro ein vorgegebenes Maß an Dienstleistungsqualität besitzt. Der im Reisebüro durchgeführte Testkauf ergibt einen beobachteten Wert für die Dienstleistungsqualität von 95.[64] Aufgrund der Größe des beobachteten Wertes soll die Entscheidung – Aufnahme in das Franchisesystem oder Ablehnung des Reisebüros – getroffen werden. Die Entscheidungsregel der Geschäftsführung der Reisebürokette lautet, dass Reisebüros mit einem „wahren" Wert kleiner 100 nicht in die Gruppe der Mitgliedsunternehmen aufgenommen werden.[65]

---

[62] Mossbrugger (1999), S. 311.
[63] Vgl. Schiel (2004), S. 24 ff.
[64] Das Zustandekommen dieses Messwertes soll im Rahmen dieses Beispiels vernachlässigt werden, da es für die weitere Argumentation unbedeutend ist.

Die Testkauf-Agentur muss sich aufgrund der zu erwartenden Konsequenzen für das Bewerber-Reisebüro, die Reisebürokette sowie für die Agentur selbst die Frage stellen, inwieweit der aus den Beobachtungen erhaltene Wert (95) dem „wahren" Wert entspricht und somit unter der Anforderung (Dienstleistungsqualität = 100) liegt.

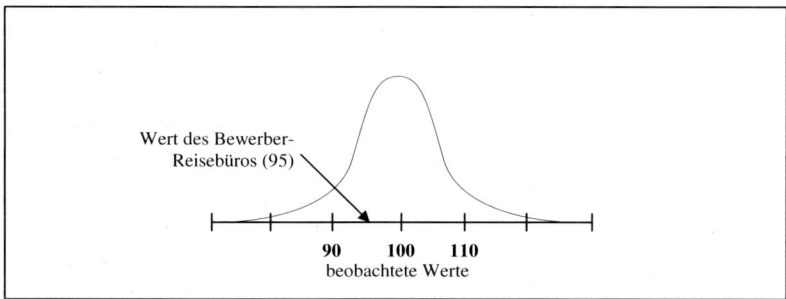

Abb. B-2: Lage des Bewerber-Reisebüros in der Grundgesamtheit aller Bewerber

Wie Abbildung B-2 zeigt, weicht das Bewerber-Reisebüro (95) vom gewünschten Wert (100) ab. Geht man davon aus, dass der zur Auswahl eingesetzte Test fehlerfrei misst, wäre der beobachtete Wert (95) mit dem „wahren" Wert identisch. Auf dieser Informationsbasis müsste das Bewerber-Reisebüro abgelehnt werden. Diese Entscheidung wäre aber nur dann vertretbar, wenn der Test fehlerfrei messen würde. Ausgehend von dem Wissen um die Existenz bereits oben angedeuteter Störeinflüsse, scheint eine fehlerfreie Messung nicht realisierbar zu sein. Das hat zur Folge, dass allein aufgrund des Testergebnisses des Reisebüros (95) nicht verlässlich genug angenommen werden kann, dass der „wahre" Wert des getesteten Reisebüros kleiner ist als der geforderte Wert von 100.

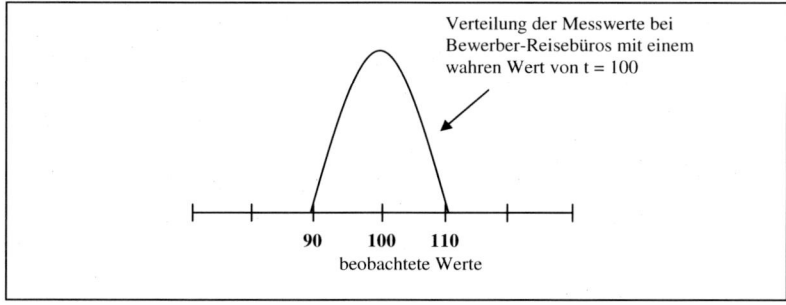

Abb. B-3: Verteilung der Messwerte bei Bewerber-Reisebüros mit einem „wahren" Wert von t = 100

Abbildung B-3, die eine fiktive Verteilung der Messwerte bei Bewerber-Reisebüros mit einem „wahren" Wert von 100 abbildet, resultiert aus einer mehrfachen Beurteilung desselben Reisebüros mittels ein und desselben Tests. Besitzt ein Bewerber-Reisebüro also einen „wahren" Wert von 100, so erhält man bei wiederholter Messung des Reisebüros teils kleinere und teils größere Werte als 100,

---

[65] Der im Beispiel gewählte Grenzwert von 100 und der Verlauf der Kurve in Abbildung B-2 resultieren aus den langjährigen Erfahrungen der Geschäftsführung dieser Franchisekette.

wobei die Mehrzahl der Werte dicht bei 100 liegen. Folglich lässt sich für das Bewerber-Reisebüro festhalten: Je weiter der beobachtete Wert (95) vom Mittel (100) dieser Verteilung entfernt ist, desto eher ist anzunehmen, dass sein „wahrer" Wert kleiner 100 ist. Würde es sich also um eine kleine Differenz handeln, könnte man diese eher durch einen Messfehler erklären. Wäre der Geschäftsführung die Größe der Fehlervarianz für einzelne Bereiche des „wahren" Wertes bekannt,[66] könnte sie die Wahrscheinlichkeit, mit der der beobachtete Wert vom „wahren" Wert abweicht, berechnen. Wenn diese Wahrscheinlichkeit, eine Fehlentscheidung zu treffen, kleiner ist als ein festgelegter Wert, kann der Entscheidungsträger annehmen, dass der beobachtete Wert (95) aus einer Verteilung mit einem kleineren, „wahren" Wert stammt. Wäre also die Größe des Messfehlers bekannt, könnte die Geschäftsführung der Reisebürokette eine fundierte Entscheidung treffen.

Vor dem Hintergrund des vorstehenden Beispiels wird deutlich, dass es das Ziel allen Messens ist, mit möglichst geringem Messfehler die „wahre" Merkmalsausprägung eines Beurteilungsobjektes im beobachteten Wert zu erfassen. Aufgrund dieser Erkenntnis sollen nun Koeffizienten für die Messgenauigkeit der Mystery Shopping-Methodik abgeleitet werden. Diese sollen die durchschnittliche Streuung sowohl des Zufallsfehlers als auch des systematischen Messfehlers quantifizieren.

Das Fundament der Klassischen Testtheorie bilden die Messfehleraxiome.[67] Sie enthalten alle Grundannahmen über den möglichen Messfehler, den „wahren" Merkmalswert und verhelfen außerdem zu der Möglichkeit, die Messgenauigkeit eines Tests zu definieren bzw. zu evaluieren.[68] Axiom A1, das als Existenzaxiom bezeichnet wird, besagt, dass der „wahre" Wert (t_{vi}) einer Person v in Beobachtungssituation i als Erwartungswert einer Messung von x_{vi} existiert. Die Begründung hierfür liegt in der Annahme, dass jede Antwort einer Auskunftsperson die Realisierung eines Zufallsexperiments darstellt. Somit ist die Antwort einer Auskunftsperson als Zufallsvariable zu betrachten, deren Eintrittswahrscheinlichkeit für jeden möglichen Wert dieser Variable bekannt ist. Infolgedessen lässt sich der Erwartungswert der Zufallsvariablen, der im Rahmen der KTT als „wahrer" Wert t bezeichnet wird, berechnen.[69]

---

[66] Hierbei handelt es sich lediglich um eine theoretische Annahme, da der wahre Wert nicht bestimmbar ist und nur die beobachteten Werte vorliegen.

[67] Die Axiome der klassischen Testtheorie stellen Annahmen über die verwendeten Variablen und über ihre Beziehung untereinander dar. Sie widersprechen sich nicht, erscheinen plausibel und sind nicht nachweisbar. Vgl. hierzu Kranz (2001), S. 69.

[68] Vgl. Meyer (2004), S. 185.

[69] Vgl. Schiel (2004), S. 24, Kranz (2001), S. 62 ff., und Yousfi (2003), S. 2.

A1 $\qquad\qquad\qquad t_{vi} = E(x_{vi})$

t_{vi} = wahrer Wert einer Person v in der Beobachtungssituation i

x_{vi} = Messwert einer Person v in der Beobachtungssituation i

Dieses erste Axiom der KTT setzt implizit voraus, dass der Erwartungswert der entsprechenden Zufallsvariablen existiert. Nimmt man weiterhin an, dass auch das zweite Moment dieser
Zufallsvariablen existiert und endlich ist, so kann nachgewiesen werden, dass neben dem Erwartungswert auch die Varianz der Zufallsvariablen existiert und ebenso endlich ist.[70] Die
zuvor aufgezeigte, implizite Annahme besitzt zwar empirischen Gehalt, jedoch ist es in praktischen Anwendungen aufgrund der Natur der Variablen meist angemessen, sie vorauszuset-
zen.[71]

Die Zusammensetzung des beobachteten Messwertes aus dem „wahren" Wert und einem Fehlerwert der Messung wird in der KTT als Verknüpfungsaxiom (A2) bezeichnet. Man geht
davon aus, dass die Antworten eines Probanden bei der Testbearbeitung aufgrund zufälliger
Umstände (Überschätzung oder Unterschätzung) verfälscht werden können. Der beobachtete
Wert (x_{vi}) setzt sich daher aus dem „wahren" Wert (t_{vi}) und einem Fehlerwert der Messung
(e_{vi}) additiv zusammen.[72]

A2 $\qquad\qquad\qquad x_{vi} = t_{vi} + e_{vi}$

e_{vi} = Messfehler der Messung an Person v in Beobachtungssituation i

Ergänzend hierzu wird angenommen, dass bei der Konstruktion sowie der Anwendung eines
Tests keine Korrelation der Fehlerwerte beliebiger Items bzw. beliebiger Auskunftspersonen
existiert. Zudem darf auch der Messfehler nicht systematisch vom „wahren" Wert des Probanden und/oder von anderen Messfehlern desselben bestimmt werden.[73] Folglich gilt:

A3 $\qquad\qquad\qquad \rho(e_{vi}, e_{wi}) = 0$ (Die Messfehler e der Messungen in Beobachtungssituation i von den Personen v und
w sind unkorreliert, wenn v ≠ w ist)

---

[70] Vgl. Krauth (1995), S. 17 ff.
[71] Vgl. Yousfi (2003), S. 2.
[72] Bei Axiom A2 handelt es sich nicht um ein Axiom im mathematischen Sinne. Es wird lediglich der Messfehler $e_{vi} := x_{vi} - t_{vi}$ definiert.
[73] Vgl. Schiel (2004), S. 25.

A4 $\rho(e_{vi},e_{vj}) = 0$ (Die Messfehler e der Messungen in der Beobachtungssituation i und j von derselben
Person v sind unkorreliert, für $i \neq j$)

A5 $\rho(e_{vi},e_{wj}) = 0$ für $v \neq w$ und $i \neq j$ (Messfehler für verschiedene Personen und verschiedene Situationen
sind unkorreliert)

Aus der Verknüpfung von Axiom 1 und 2 sowie der Unkorreliertheit der Fehler ergibt sich, dass der Messfehler (e) den Erwartungswert Null besitzt $[E(e_{vi}) = 0]$. Testet man eine Person zum gleichen Zeitpunkt unendlich oft und versetzt sie vor jeder weiteren Messung wieder in ihren Ausgangszustand zurück, so sind die ermittelten Messfehler einmal positiv und ein anderes Mal negativ. Insgesamt verteilen sich die Messfehler jedoch so, dass deren Durchschnitt bei unendlicher Wiederholung gegen Null geht.

Ausgehend von den Axiomen der KTT kann nur der Messwert (x_{vi}) empirisch beobachtet werden. Dieser Messwert x_{vi} setzt sich, wie zuvor diskutiert, aus der Summe von „wahrem" Wert und Messfehler zusammen. Aufgrund der Tatsache, dass sich der Anwender der KTT für die Güte des von ihm verwendeten bzw. einzusetzenden Testverfahrens interessiert, muss er den inhärenten Messfehler des Tests kennen bzw. abschätzen. Zur Bewerkstelligung dieser Aufgabe, der Schätzung des Messfehlers, sind unterschiedliche Koeffizienten entwickelt worden, die den Gegenstand der folgenden Kapitel bilden.

2.2. Testgütekriterien und Konzepte zur Quantifizierung des Messfehlers

2.2.1. Reliabilitätskoeffizienten zur Prüfung der Zuverlässigkeit des Dienstleistungs- qualitätsurteils von Mystery Shoppern

Der KTT folgend ist die Reliabilität ein Maß für die Höhe der Verzerrung des Messergebnisses durch den Zufallsfehler. Dabei versteht man „unter der Reliabilität oder Zuverlässigkeit eines Tests […] den Grad der Genauigkeit, mit dem er ein bestimmtes Persönlichkeitsmerkmal oder [Eigenschaftsmerkmal] misst, gleichgültig, ob er dieses Merkmal auch zu messen beansprucht (welches eine Frage der Validität ist)."[74]

---

[74] Lienert/Raatz (1998), S. 9.

Die Zuverlässigkeit eines Tests wird dabei durch den Wert des Reliabilitätskoeffizienten ausgedrückt.[75] In der KTT werden diese Koeffizienten (r) als Quotient aus der Varianz des „wahren" Wertes (s_t^2)[76] und der Messwertvarianz (s_x^2) bestimmt.[77]

$$(B-2.1) \qquad r = \frac{s_t^2}{s_x^2} \qquad \text{oder} \qquad r = 1 - \frac{s_e^2}{s_x^2}$$

Das so ermittelte Ergebnis ist gleichbedeutend mit dem Quadrat der Korrelation zwischen dem Messwert und dem „wahren" Wert. Da der „wahre" Wert jedoch nicht direkt beobachtbar und somit auch nicht messbar ist, kann per Definition die Schätzung der Reliabilität nicht unmittelbar erfolgen. Dafür existieren in der Literatur verschiedene methodische Zugänge.[78] Einen Überblick bzw. einen Klassifizierungsansatz der Reliabilitätskoeffizienten liefert Abbildung B-4.

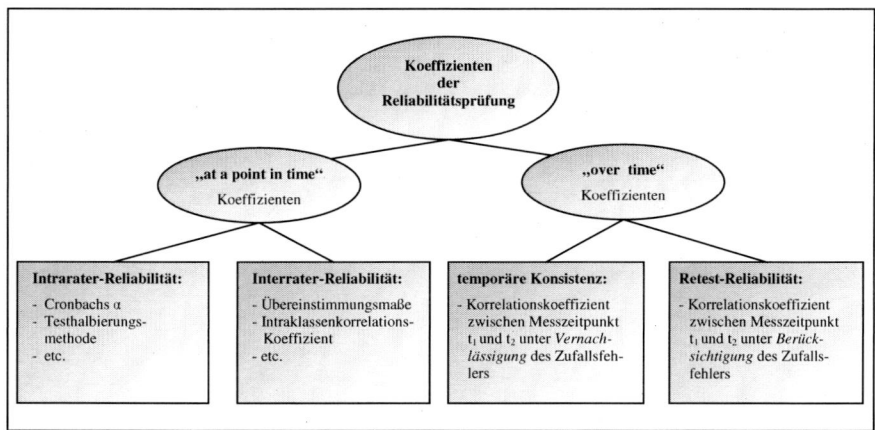

Abb. B-4: Koeffizienten der Reliabilitätsprüfung

Die Koeffizienten der Reliabilitätsprüfung können in verschiedene Gruppen unterteilt werden. Man unterscheidet grundsätzlich die Gruppe der "at a point in time"- von derjenigen der "over time"-Koeffizienten.[79] Wie Abbildung B-4 zeigt, können die "at a point in time"-Koeffizienten weiter untergliedert werden in ein Urteil über die Intrarater-Reliabilität (z.B. Cronbachs α) und eines der Interrater-Reliabilität (z.B. Intraklassenkorrelations-Koeffizient).

---

[75] Vgl. Meyer (2004), S. 200.
[76] $S_e^2 = S_x^2 - S_t^2$ und bezeichnet die Varianz des Messfehlers.
[77] Vgl. Lienert/Raatz (1998), S. 175.
[78] Vgl. Schiel (2004), S. 33.

Demgegenüber lassen sich die "over time"-Koeffizienten einerseits in die Prüfung der temporären Konsistenz (z.b. Korrelationskoeffizient zwischen zwei Testkaufurteilen mit einer zeitlichen Differenz größer Null) und andererseits in die Retest-Reliabilität (z.b. Korrelationskoeffizient zwischen zwei Testkaufurteilen mit einer zeitlichen Differenz größer Null, bei dem zusätzlich der Zufallsfehler durch die Kontrolle externer Effekte minimiert werden soll) unterteilen. Diese Differenzierung zwischen den verschiedenen „over time"-Koeffizienten ist insbesondere für die Zuverlässigkeitsprüfung der Mystery Shopping-Methodik von besonderer Bedeutung. Kommt diese Methodik beispielsweise zur Messung der Dienstleistungsqualität bei einem auszubildenden Expedienten erstmals im zweiten und anschließend im dritten Lehrjahr zum Einsatz, so werden mit großer Wahrscheinlichkeit unterschiedliche Messwerte dieser Person zu beiden Messzeitpunkten ermittelt. Dieses Faktum würde bei einer Zuverlässigkeitsbeurteilung nach dem Koeffizienten der temporären Konsistenz zur Unterschätzung der Reliabilität der angewandten Testmethodik führen,[80] da die Schwankung der Messergebnisse auf den Lerneffekt und nicht auf den Messfehler zurückzuführen ist.

Besonders zu beachten ist an der in Abbildung B-4 dargestellten Systematisierung, dass die Koeffizienten der Reliabilitätsprüfung von der Intrarater- bis hin zur Retest-Reliabilität stetig wachsende Anforderungen an die Zuverlässigkeit eines Messinstruments bzw. einer Messmethode stellen. Daher sollte die Aufmerksamkeit bei der Reliabilitätsprüfung einer Messmethodik zunächst den „at a point in time"-Koeffizienten gelten, bevor man im Rahmen einer „follow up"-Studie die Reliabilität einer Messmethode „over time" analysiert.[81]

Um die unterschiedlichen Reliabilitätskoeffizienten trotz der mehrfach aufgezeigten Probleme adäquat schätzen zu können, existieren in der Literatur Praktikabilitätsüberlegungen für das Vorgehen im Rahmen der Reliabilitätsprüfung. Von einer repräsentativen Probanden-Stichprobe aus der Grundgesamtheit G oder einer Teilgruppe T werden:[82]

- mindestens zwei Messwerte x
- aus ähnlichen,

---

[79] Vgl. Sturman/Cheramie/Cashen (2005), S. 269ff.

[80] In diesem Fall würde die Reliabilität der Testmethodik trotz der definitionsgemäßen Elimination aller Störgrößen unterschätzt.

[81] Ursächlich dafür ist, dass ein Messinstrument, das durch interne Inkonsistenz gekennzeichnet ist, keine temporäre Konsistenz besitzen kann. Folglich sollte zunächst die interne Konsistenz gesichert werden, bevor sich der Forscher der Überprüfung der temporären Konsistenz widmet.

[82] Vgl. hierzu Meyer (2004), S. 207.

- gleichzeitig oder zeitlich versetzt erhobenen Indikatorstichproben (Tests oder Testteile) benötigt.

2.2.1.1. „At a point in time"-Koeffizienten der Reliabilität

2.2.1.1.1. Koeffizienten der internen Konsistenz

Ein Messinstrument wird als konsistent bezeichnet, wenn mindestens zwei parallel vorgenommene Messungen gleiche Messwerte ergeben.[83] „Unabhängig von den Bedingungen der Testpraxis liegt die Bedeutung der internen Konsistenz als Reliabilitätsmaß darin, dass eine Aussage über die Grenzen der Messfehler eines Testresultats [bzw. über die Itemhomogenität] getroffen wird [...]."[84] Um zwei oder mehr Messwerte für die Reliabilitätsschätzung zu erhalten bzw. diese für selbige zu nutzen, existieren in der Literatur grundsätzlich zwei Methoden: Zum einen die Testhalbierungsmethode[85] und zum anderen die Konsistenzanalyse.[86]

Die Testhalbierungsmethode teilt die Items eines Tests in zwei gleich große Hälften. Dies kann nach Zufall geschehen oder nach der Odd-Even-Methode. Bei der Odd-Even-Methode werden den Items Rangnummern zugewiesen.[87] Anschließend teilt man die Items in zwei Gruppen, indem die eine Gruppe Items mit gerader Rangnummer umfasst und die andere Gruppe diejenigen Items mit einer ungeraden Rangnummer. Basierend auf diesen zwei Gruppen wird eine Aussage über die Reliabilität des vorliegenden Tests anhand des Roulon-Koeffizienten (B-2.2) getroffen. Dieser setzt die Varianz der Differenzen zwischen den Items der gebildeten Gruppen ins Verhältnis zur Messwertevarianz des Gesamttests.[88] Abschließend wird der ermittelte Quotient, der auf den Zahlenbereich von [0,1] beschränkt ist, von Eins subtrahiert. Das hat zur Folge, dass ein Wert des Roulon-Koeffizienten nahe Null als hohe Messungenauigkeit interpretiert werden kann, wohingegen ein Wert nahe Eins hohe Messgenauigkeit signalisiert.[89]

---

[83] Vgl. Nieschlag/Dichtl/Hörschgen (1997), S. 722.
[84] Vgl. Schiel (2004), S. 36.
[85] Die Testhalbierungsmethode wird in der Literatur auch als Split-half-Methode bezeichnet.
[86] Vgl. Meyer (2004), S. 221 ff.
[87] Für die Vergabe der Rangnummern existieren verschiedene Verfahrensweisen, die an dieser Stelle nicht weiter diskutiert werden sollen.
[88] Für die Bestimmung der Varianz der Differenzen zwischen den Items der gebildeten Gruppen und der Messwertevarianz des Gesamttests vgl. Bühner (2004), S.122 und Meyer (2004), S. 224 f.
[89] Vgl. Meyer (2004), S. 224 f.

(B-2.2)
$$\rho_{12} = 1 - \frac{\sigma_D^2}{\sigma_X^2}$$

σ_D^2 = Varianz der Differenzen zwischen den Items der gebildeten Gruppen

σ_X^2 = Messwertevarianz des Gesamttests.

Demgegenüber wird bei der Konsistenzanalyse jedes Item als eigener Testteil aufgefasst. Dadurch stehen für die Reliabilitätsschätzung ebenso viele Messwerte wie Testteile bzw. Items zur Verfügung. Der bekannteste Reliabilitätsschätzer dieser Art ist der α-Koeffizient von Cronbach (B-2.3).[90]

(B-2.3)
$$\alpha = \frac{k}{k-1} \left(1 - \frac{\sum_{i=1}^{k} \sigma_i^2}{\sigma_X^2} \right)$$

k = Anzahl der Items des Gesamttests.

σ_i^2 = Varianz der Beobachtungsergebnisse zu Item i.

σ_X^2 = Messwertevarianz des Gesamttests.

Cronbachs α stellt eine Adaption des Roulon-Koeffizienten für mehr als zwei Testteile (Items) dar und wird ebenso wie dieser interpretiert. Das bedeutet, dass Werte des α - Koeffizienten nahe Null als hohe Messungenauigkeit und Werte nahe Eins als hohe Messgenauigkeit interpretiert werden. In der Literatur ist jedoch umstritten, ab welchem Mindestwert des Koeffizienten eine ausreichende Reliabilität vorliegt. Häufig werden Werte von 0,70 und höher gefordert. Bei Studien mit einem explorativen Charakter gelten bereits Werte von 0,60 als akzeptabel.[91]

Auf Grundlage der Item-to-Total-Korrelation ist es möglich, einzelne Indikatoren zu beurteilen.[92] Hierfür wird die Korrelation zwischen einem Indikator und der Summe aller dem jewei-

---

[90] Vgl. Meyer (2004), S. 229.
[91] Vgl. Nunnally (1978), S. 245 f.
[92] Vgl. Churchill (1979), S. 68.

ligen Faktor zugeordneten Indikatoren ermittelt.[93] Um eine Unabhängigkeit dieser Korrelation von dem jeweils betrachteten Item zu erreichen, kommt häufig die korrigierte Item-to-Total-Korrelation zum Einsatz, bei der der betreffende Indikator nicht in die Berechnung einfließt.[94] Aufgrund der Betrachtung einzelner Items bietet sich die Item-to-Total-Korrelation insbesondere bei einem unbefriedigenden Cronbachs α-Wert als Eliminationskriterium für Indikatoren an.[95] *Churchill* macht den Vorschlag, bei Faktoren, die ein Cronbachs α von unter 0,70 aufweisen, die Reliabilität durch die Elimination der zugehörigen Indikatorvariablen mit der jeweils niedrigsten Item-to-Total Korrelation sukzessive zu erhöhen.[96]

2.2.1.1.2. Koeffizienten der Interrater-Reliabilität

Zur Prüfung der Zuverlässigkeit von Testverfahren werden verschiedene Maßzahlen der Interrater-Reliabilität unterschieden. Diese Maßzahlen basieren auf unterschiedlichen Annahmen und statistischen Theorien. Folglich liefern sie unterschiedliche Ergebnisse. Wie bereits mehrfach angedeutet wurde, besteht ein Hauptziel der vorliegenden Arbeit darin, ein umfassendes Prüfschema für die Beurteilung der Reliabilität und Validität des Dienstleistungsqualitätsurteils von Testkäufern zu entwickeln. Da das zu entwickelnde Schema über das konkrete Anwendungsbeispiel hinaus einsetzbar sein soll, werden nachfolgend verschiedene Zuverlässigkeitsmaße für die Konsistenz von zwei oder mehr Raterurteilen aufgezeigt. Die Auswahl des für den jeweiligen Anwendungsfall geeigneten Zuverlässigkeitsmaßes wird dabei von dem verwendeten Skalenniveau determiniert.

Bei der Diskussion und Verwendung dieser Zuverlässigkeitsmaße wird vielfach keine eindeutige sprachliche Abgrenzung vorgenommen. Häufig werden die Bezeichnungen „Interrater-Übereinstimmung" und „Interrater-Reliabilität" synonym verwendet.[97] Eine solch synonyme Verwendung ist jedoch nicht gerechtfertigt. Um zwischen den Begriffen Interrater-Übereinstimmung und Interrater-Reliabilität differenzieren zu können, müssen zunächst die verschiedenen Skalenniveaus der Datenbasis thematisiert werden.[98] Grundsätzlich lassen sich vier verschiedene Skalenniveaus unterscheiden:[99]

---

[93] Vgl. Homburg (1998), S. 86.
[94] Vgl. Nunnally (1978), S. 279 f.
[95] Dabei wird jeweils der Indikator mit der niedrigsten Item-to-Total-Korrelation eliminiert. Vgl. hierzu insb. Churchill (1979), S.68.
[96] Vgl. Churchill (1979), S.68.
[97] Vgl. dazu beispielsweise Perreault/Leigh (1989), S. 135 ff., Semler/Wittchen/Joschke/Zaudig/von Geiso/Kaiser/von Cranch/Pfister (1987), S. 214 ff., Rust/Cooil (1994), S. 1 ff., und Kolb (2004), S. 335.
[98] Vgl. Asendorpf/Wallbott (1979), S. 244, und Wirtz/Casper (2002), S. 33.

1. **Nominalskalenniveau:** Objekten mit gleicher Merkmalsausprägung werden gleiche Werte zugewiesen und Objekten mit verschiedener Merkmalsausprägung werden verschiedene Werte zugewiesen.

2. **Ordinalskalenniveau:** Von jeweils zwei Objekten wird dem Objekt mit der größeren Merkmalsausprägung der größere Wert zugewiesen, d.h. es erfolgt eine Zuweisung von Rangziffern.

3. **Intervallskalenniveau:** Die Relation der zwischen zwei numerischen Messwerten bestehenden Differenz entspricht derjenigen Differenz zweier real gegebenen Merkmalsausprägungen.

4. **Verhältnisskalenniveau:** Kann ergänzend zu den obigen Bedingungen von der Existenz des Nullpunktes ausgegangen werden, so entspricht die Relation zwischen zwei Messwerten der gleichen zwischen den Merkmalsausprägungen.

Ausgehend von den verschiedenen Skalenniveaus ist es möglich, eine inhaltliche Abgrenzung zwischen dem Begriff der Interrater-Übereinstimmung und dem der Interrater-Reliabilität vorzunehmen. Kommen nominalskalierte Kategoriensysteme zum Einsatz, wiegen alle Nichtübereinstimmungen der Rater gleich schwer. Daten auf Nominalskalenniveau sind also dadurch gekennzeichnet, dass nur dann ein hohes Maß an Zuverlässigkeit attestiert werden kann, wenn sich mehrere Rater bei der Kategorienzugehörigkeit jedes beliebigen Merkmalsträgers einig sind und lediglich selten zu differierenden Urteilen kommen. Folglich kann die Reliabilitätsentscheidung für nominalskalierte Daten ausschließlich auf Grundlage der Übereinstimmung der Raterurteile gefällt werden.[100] Demgemäß sind die Maße der Übereinstimmung zwischen Ratern definiert als „[…] Aussage darüber, inwieweit verschiedene Rater verschiedene [Merkmalsträger] jeweils exakt gleich beurteilen. Eine vollkommene Übereinstimmung ist dann gegeben, wenn jeder einzelne [Merkmalsträger] von allen Ratern den gleichen Wert zugewiesen bekommt; für verschiedene [Merkmalsträger] können und sollten natürlich Unterschiede in den vergebenen Werten bestehen."[101]

Entgegen dem Verständnis von Übereinstimmungsmaßen beurteilt die Interrater-Reliabilität das Ausmaß, indem jeder einzelne Merkmalsträger von den verschiedenen Beurteilern ähnlich weit unter bzw. über dem Durchschnitt der untersuchten Stichprobe liegend eingeschätzt wird.[102] Dieses Verständnis der Interrater-Reliabilität impliziert, dass selbige nur für mindes-

---

[99] Vgl. hierzu und im folgenden Bortz (1999), S. 20 ff.
[100] Vgl. Wirtz/Caspar (2002), S. 34.
[101] Wirtz/Caspar (2002), S. 34.
[102] Vgl. Wirtz/Caspar (2002), S. 36.

tens ordinalskalierte Datensätze bestimmt werden kann.[103] Demgegenüber können Übereinstimmungsmaße für Datenbasen jedes Skalenniveaus bestimmt werden. Ursächlich hierfür ist, dass bei der Berechnung von Übereinstimmungsmaßen lediglich die Gleichheit bzw. Ungleichheit von Rater-Urteilen berücksichtigt wird. Die zugrunde liegende Datenbasis wird unabhängig von ihrem tatsächlichen Skalenniveau als nominalskaliert betrachtet und ebenso behandelt. Das hat zur Folge, dass bei nicht nominalskalierten Daten Informationen verloren gehen, wenn Übereinstimmungsmaße für die Zuverlässigkeitsprüfung verwendet werden.[104]

Bevor sich die folgenden Abschnitte inhaltlich mit den verschiedenen Zuverlässigkeitsmaßen der Raterübereinstimmung bzw. der Interrater-Reliabilität beschäftigen, gibt Tabelle B-1 einen Überblick über die in der Literatur diskutierten Koeffizienten.[105]

Koeffizient	Skalenniveau	Quelle
Prozentuale Übereinstimmung	Nominalskalenniveau	- Bunch/Littlefair (1988) - Perreault/Leigh (1989) - Kaplan/Johnson (1992) - Grayson/Rust (2001) - Wirtz/Casper (2002) - Krippendorf (2004)
Cohens κ	Nominalskalenniveau	- Cohen (1960) - Light (1971) - Fleiss/Cohen (1973) - Hubert (1977) - Frick/Semmel (1978) - Asendorpf/Wallbott (1979) - Kaye (1980) - Brennen/Prediger (1981) - Collis (1985) - Tanner/Young (1985) - Übersax (1987) - Thompson/Walter (1988 a,b) - Zwick (1988) - Perreault/Leigh (1989) - Posner/Sampson/Caplan/ Ward/ Cheney (1990) - Greve/Wentura (1997) - Wirtz/Casper (2002) - Krippendorf (2004) - Mayer/Nonn/Osterbrink/Evers (2004)

---

[103] ebd.

[104] Trotz des resultierenden Informationsverlustes kann der Einsatz von Übereinstimmungsmaßen sinnvoll sein, wenn die absolute Übereinstimmung der Urteile die Forschungsfragestellung entscheidend determiniert.

[105] Die Tabelle beinhaltet ausschließlich Quellen, die die angegebenen Maße im Rahmen der Zuverlässigkeitsprüfungen von zwei oder mehr Raterurteilen über ein Untersuchungsobjekt diskutieren. Maße wie beispielsweise die Spearman-Rangkorrelation werden ebenso für andere Sachverhalte verwendet, was im Rahmen des vorliegenden Untersuchungsgegenstandes jedoch nicht von Relevanz ist.

Fortsetzung von Tabelle B-1.

Scotts π	Nominalskalenniveau	- Scott (1955) - Fleiss (1971) - Krippendorf (2004)
Kendalls τ	Mindestens Ordinalskalenniveau	- Lienert (1973) - Conover (1980) - Wirtz/Casper (2002)
Intraklassen τ	Mindestens Ordinalskalenniveau	- Lienert (1973) - Bortz (1996)
Williams index of agreement	Mindestens Ordinalskalenniveau	- Williams (1976) - Posner/Sampson/Caplan/ Ward/Cheney (1990)
Spearman-Rangkorrelation ρ	Mindestens Ordinalskalenniveau	- Wirtz/Casper (2002)
Finn-Koeffizient	Mindestens Ordinalskalenniveau	- Finn (1970) - Asendorpf/Wallbott (1979) - Wirtz/Casper (2002).
Produkt-Moment-Korrelation	Mindestens Ordinalskalenniveau	- Cicchetti (1994) - Root (1987) - Bers / Smith (1990) - Lundberg/Westermark/Rasch (1990) - Rothstein (1990) - Wirtz/Casper (2002)
Durchschnittliche Interkorrelation	Mindestens Ordinalskalenniveau	- Wirtz/Casper (2002)
Generalisierte Formel für gemittelte Ratings	Mindestens Ordinalskalenniveau	- Ebel (1951)
Intraklassen-Korrelationskoeffizient	Mindestens Ordinalskalenniveau	- Bartko (1966, 1974, 1976) - Fleiss/Cohen (1973) - Werner (1976) - Asendorpf/Wallbott (1979) - Shrout/Fleiss (1979) - Collis (1985) - Alsawalmeh/Feldt (1992) - McGraw/Wong (1996) - Tinsley/Weiss (1975, 2000) - Wirtz/Casper (2002) - Rousson/Gasser/Seifert (2002, 2003)
Generalisierbarkeitskoeffizient	Mindestens Ordinalskalenniveau	- Cronbach/Gleser/Nanda/Rajaratnam (1972) - Finn/Kayandé (1997)

Tab. B-1: Zuverlässigkeitsmaße der Raterübereinstimmung bzw. der Interrater-Reliabilität

2.2.1.1.2.1. Beurteilerübereinstimmung als Zuverlässigkeitsmaß für nominalskalierte Daten

Die Übereinstimmungsmaße für nominalskalierte Daten geben an, inwieweit die Rater verschiedene Merkmalsträger jeweils exakt gleich beurteilen. Die beobachtete Übereinstimmung kann auf verschiedene Weise definiert werden:[106]

1. **Perfekte Übereinstimmung** besteht dann, wenn alle Rater ein identisches Urteil abgeben. Diese strengste Definition von Übereinstimmung verlangt, dass alle Rater das Untersuchungsobjekt der gleichen Kategorie zuweisen.

2. **Paarweise Übereinstimmung** besteht immer dann, wenn zwei Rater in der Kategorisierung des Untersuchungsobjektes übereinstimmen.

Grundsätzlich muss berücksichtigt werden, dass Übereinstimmungen, die aus einer übereinstimmenden Nichtzuordnung resultieren, nicht in die Zuverlässigkeitsprüfung einbezogen werden dürfen. Ursächlich dafür ist, dass raterübergreifende Nichtzuordnungen bei nominalskalierten Items zumeist auf die eingeschränkten Differenzierungsmöglichkeiten der Beurteiler zurückzuführen sind.[107]

Das einfachste Maß für die Überprüfung der perfekten bzw. paarweisen Übereinstimmung stellt die „prozentuale Übereinstimmung" dar. Sie gibt den prozentualen Anteil der Fälle an, in denen zwei bzw. alle Rater in ihrem Urteil übereinstimmen.[108] Wenn mehr als zwei Rater ein Objekt beurteilen, kann die prozentuale Übereinstimmung entweder für alle Rater gemeinsam oder für einzelne Rater-Paare berechnet werden.[109] Der Nachteil der „prozentualen Übereinstimmung" ist, dass die durch den Zufall zu erwartende Übereinstimmung nicht berücksichtigt wird. Verantwortlich hierfür ist die Annahme, dass jedes mögliche Raterurteil mit einer gleich großen Eintrittswahrscheinlichkeit belegt ist.

Diesem Manko der prozentualen Übereinstimmung wirken die Koeffizienten Scotts π und Cohens κ entgegen. Sie geben an, inwieweit die tatsächlich beobachtete Übereinstimmung positiv von der Zufallserwartung abweicht. Hierbei unterscheiden sich die beiden Maße ledig-

---

[106] Vgl. hierzu und im folgenden Hubert (1977), S. 296.
[107] Vgl. Friede (1981), S. 3.
[108] Vgl. Grayson/Rust (2001), S. 72 f.
[109] Vgl. Wirtz/Casper (2002), S. 47.

lich im Verständnis dessen, was als Zufallserwartung angesehen wird. Die Berechnungsformel, die beiden Koeffizienten zugrunde liegt, lautet:[110]

(B-2.4)
$$\kappa = \pi = \frac{P_0 - P_e}{1 - P_e}$$

P_0 = Anteil der Fälle, in denen die Rater identische Urteile abgegeben haben.

P_e = Anteil der Übereinstimmungen bei zufälligem Raterverhalten.

Der Wertebereich von Scotts π und Cohens κ liegt im Intervall [-1,1]. In der Literatur werden Werte im Bereich von 0,60 (bzw. 0,75) und höher als eine gute Übereinstimmung interpretiert.[111]

2.2.1.1.2.2. Zuverlässigkeitsmaße für ordinalskalierte Daten

Im Gegensatz zu den Übereinstimmungsmaßen basieren die Zuverlässigkeitsmaße der Interrater-Reliabilität auf der Informationsbasis mindestens ordinalskalierter Daten. Sie resultieren aus dem Korrelationskoeffizient zwischen zwei bzw. mehreren raterspezifischen Rangordnungen, die durch die Beurteilung eines Merkmalsträgers durch verschiedene Beurteiler zustande kommen. Die Korrelationskoeffizienten weisen akzeptable Werte auf, wenn die raterspezifisch gebildeten Rangordnungen ähnlich sind bzw. einander exakt entsprechen.[112]

Für ordinalskalierte Daten sind die Spearman-Rangkorrelation ρ und Kendalls Konkordanzkoeffizient ω die am weitesten verbreiteten Maße. Die Spearman-Rangkorrelation ρ wird berechnet, indem die von den Ratern gebildeten Rangordnung über die bewerteten Merkmalsträger miteinander korreliert werden. Dieses Vorgehen ist auf die Urteile zweier Rater begrenzt. Der Spearman-Rangkorrelations-Koeffizient ρ berechnet sich wie folgt:[113]

---

[110] Vgl. Grayson/Rust (2001), S. 72 f.
[111] Vgl. Fleiss/Cohen (1973), S. 615, und Frick/Semmel (1978), S. 170.
[112] Vgl. Wirtz/Casper (2002), S. 47.
[113] Vgl. Hartung (1999), S. 79 f.

(B-2.5)

$$\rho = 1 - \frac{6\sum\limits_{i=1}^{n} d_i^2}{n(n^2-1)}$$

n = Anzahl der Merkmalsträger

d_i = Differenz zwischen den von beiden Ratern für Merkmalsträger i vergebenen Rangplätzen

Der Wertebereich ist von Null bis Eins festgelegt. Eine perfekte Zuverlässigkeit der Rater-Urteile ist gegeben, wenn der Wert Eins erreicht wird. In der Literatur werden Werte von 0,70 und höher als akzeptabel interpretiert.[114]

Kendalls Konkordanzkoeffizient ω ist eng mit der Spearman-Rangkorrelation ρ verbunden. Für die Zuverlässigkeitsprüfung wird der Varianzanteil zwischen den von den Beurteilern festgelegten Rangplätzen der verschiedenen Merkmalsträger an der Gesamtvarianz der Rangplätze verwendet. Kendalls Konkordanzkoeffizient ω bestimmt sich nach folgender Rechenregel:

(B-2.6)

$$\omega = \frac{12\sum\limits_{i=1}^{n}(r_i - \bar{r})^2}{b^2(k^3-k)} \text{ , mit } r_i = \sum\limits_{j=1}^{b} r_{ij} \text{ und } \bar{r} = \frac{1}{n}\sum\limits_{i=1}^{n} r_i$$

r_{ij} = Rangplatz, den Merkmalsträger i bei Rater j einnimmt
b = Anzahl der Rater
k = Anzahl der Kategorien
n = Anzahl der Merkmalsträger

Der Wertebereich und dessen Interpretation entsprechen dem der Spearman-Rang-Korrelation.[115]

2.2.1.1.2.3. Interrater-Reliabilität als Zuverlässigkeitsmaß für intervallskalierte Daten

Für ein Zuverlässigkeitsattest von Raterurteilen auf Intervallskalenniveau muss die relative Lage der Werte für die jeweiligen Merkmalsträger ähnlich zum Mittelwert der Rater sein.[116] Liegen intervallskalierte Ratingwerte vor, so stellt die Intraklassenkorrelation (ICC) die angemessene Methode zur Reliabilitätsbestimmung dar. In der Literatur existieren drei ver-

---

[114] Vgl. Bühl/Zöfel (2005), S. 249ff.
[115] Vgl. Wirtz/Casper (2002), S. 135 ff.
[116] Vgl. Wirtz/Casper (2002), S. 157.

schiedene Maße des ICC, die auf den Annahmen der Klassischen Testtheorie basieren. Diese Maße können ähnlich wie die Produkt-Moment-Korrelation interpretiert werden. Entgegen der Produkt-Moment-Korrelation, die einen linearen Zusammenhang zweier Messwertreihen annimmt, fußt der ICC jedoch auf dem Fundament des varianzanalytischen Modells.[117]

Die Produkt-Moment-Korrelation ist besonders für die Zusammenhangsanalyse von Merkmalen geeignet, die unterschiedliche Maßeinheiten bzw. Skalen aufweisen. Beispielsweise ist die Produkt-Moment-Korrelation ein geeignetes Maß dafür, wie gut das Dienstleistungsqualitätsurteil über ein Reisebüro (auf einer Skala von 1 sehr gut bis 7 sehr schlecht) den wirtschaftlichen Erfolg der entsprechenden Verkaufsstelle (in Umsatz pro Mitarbeiter) vorhersagen kann. Demgegenüber stellt der ICC das geeignetere Maß dar, wenn für dasselbe Merkmal mehrere vorliegende Messwertreihen miteinander korreliert werden, die die gleiche Maßeinheit bzw. Skala besitzen.

Die Intraklassen-Korrelationskoeffizienten lassen sich in justierte und unjustierte Maße gruppieren. Der justierte ICC ($ICC_{just.}$) setzt die Varianzgleichheit der verschiedenen Raterurteile voraus. Im Vergleich mit der Produkt-Moment-Korrelation fehlt im Modell des $ICC_{just.}$ der Steigungsparameter bzw. wird implizit gleich Eins gesetzt. Somit kann ein $ICC_{just.}$ von Eins nur erreicht werden, wenn die Varianzen beider Raterurteile gleich sind. Die Mittelwerte der Raterurteile dürfen für eine perfekte Reliabilität jedoch verschieden sein. Entgegen dem $ICC_{just.}$ verrechnet das strengere Modell des unjustierten ICC ($ICC_{unjust.}$) auch die Mittelwertunterschiede zwischen den Beurteilern zulasten der Reliabilitätsschätzung. Dem Modell des $ICC_{unjust.}$ folgend kann eine perfekte Reliabilitätsschätzung ($ICC_{unjust.} = 1$) nur erreicht werden, wenn zusätzlich zur Varianzhomogenität auch die Gleichheit der Mittelwerte der Rater gegeben ist.[118]

---

[117] Vgl. Wirtz/Nachtigall (1998), S. 126.

Für die Bestimmung der Interrater-Reliabilität besitzt der ICC zwei wesentliche Vorteile gegenüber der Produkt-Moment-Korrelation, die auf den genannten Modelleigenschaften basieren.

1. Der ICC kann für beliebig viele Rater gemeinsam berechnet werden. Folglich besteht keine Notwendigkeit, wie beispielsweise bei der Ermittlung von Cohens κ,[119] die Korrelation für jedes Raterpaar separat zu berechnen.

2. Ein weiterer Vorteil begründet sich in der Tatsache, dass verschiedene ICCs berechnet werden können. Der eine Reliabilitätskoeffizient berücksichtigt Mittelwertunterschiede zwischen Ratern und verrechnet diese als Fehlerquellen ($ICC_{unjust.}$). Demgegenüber schätzt die andere Alternative die Reliabilität, indem sie diese zuvor vom Effekt unterschiedlicher Ratermittelwerte bereinigt ($ICC_{just.}$).

Der zuletzt genannte Vorteil des ICC ist insbesondere auf sein varianzanalytisches Fundament zurückzuführen. Gemäß der varianzanalytischen Terminologie kann der aus Mittelwertunterschieden zwischen den Beurteilern resultierende Varianzanteil wahlweise als Teil des Messfehlers oder als systematischer Effekt betrachtet werden.

Den bisher beschriebenen Eigenschaften der Reliabilität folgend, kann der Grundgedanke des varianzanalytischen Modells der Reliabilität folgendermaßen zusammengefasst werden:

„Eine Ratingskala kann nur dann sinnvoll verwendet werden, wenn verschiedene Rater dasselbe Objekt ähnlich einschätzen und jeder Rater unterschiedliche Personen unterschiedlich beurteilt. Die Unterschiede in den Ratings werden von der Varianz des Merkmals, dessen Ausprägung anhand der Skala gemessen werden soll, und der Varianz eines unsystematischen Fehlers erzeugt. Als Störeinflüsse, die den Fehler verursachen, wird all das verrechnet, was Rater dieselbe Person unterschiedlich einschätzen lässt. Ist der Effekt der Störfaktoren klein, wird also das Urteil der Rater fast ausschließlich von den gleichen systematischen Unterschieden zwischen den Personen bestimmt, bezeichnet man ein Messinstrument als zuverlässig oder reliabel."[120]

Das varianzanalytische Modell der Interrater-Reliabilität unterscheidet zwischen einer ein- und einer zweifaktoriellen Lösung. Der Unterschied zwischen dem ein- und dem zweifaktoriellen Modell der Interrater-Reliabilität besteht in den Komponenten, aus denen sich die Fehlervarianz zusammensetzt.

---

[118] Vgl. Wirtz/Casper (2002), S. 158.
[119] Vgl. hierzu insbesondere die Ausführungen in Kapitel B.2.2.1.2.2.2. dieser Arbeit.
[120] Wirtz/Casper (2002), S. 168.

Im einfaktoriellen Modell der Interrater-Reliabilität (ICC$_1$) werden alle Varianzanteile, die sich nicht durch den Unterschied zwischen den „wahren" Werten der beurteilten Merkmalsträger erklären lassen, als Teil der Fehlervarianz angesehen. Somit ist dieses Modell dann zu verwenden, wenn die Merkmalsträger von jeweils unterschiedlichen Beurteilergruppen geratet werden.[121] Gemäß dem ICC$_1$ wird die Interrater-Reliabilität mit nachstehender Gleichung geschätzt:[122]

(B-2.7)   **ICC$_1$** $$\hat{\rho}_{einfakt.,unjust.} = \frac{MS_{zw} - MS_{inn}}{MS_{zw} + (k-1)MS_{inn}}$$

MS_{zw} = Varianz zwischen den Merkmalsträgern

MS_{inn} = Varianz innerhalb der Merkmalsträger

k = Anzahl der Rater

Die Signifikanz der Abweichung des Wertes von $\rho = 0$ wird mittels der F-verteilten Größe $F_{emp.} = \frac{MS_{zw}}{MS_{inn}}$ getestet. Der zugehörige theoretische $F_{krit.}$-Wert ist in der Tabelle der F-Verteilungen nachzuschlagen und mit dem empirischen Wert ($F_{emp.}$) zu vergleichen. Sollte der empirische Wert den theoretischen Wert übersteigen, so kann der ermittelte ICC als statistisch gesichert betrachtet werden.[123]

Beim Einsatz des zweifaktoriellen Modells müssen alle Merkmalsträger von denselben Ratern beurteilt werden. Demzufolge kann die Varianz, die nicht auf die Unterschiede zwischen den Merkmalsträgern zurückgeht, weiter aufgespalten werden. Hierdurch ermöglicht es die zweifaktorielle Lösung, die Varianz, die auf unterschiedliche Mittelwertstendenzen der Beurteiler zurückzuführen ist, wahlweise als Komponente des Fehlers zu betrachten (ICC$_2$) oder diese

---

[121] Bei dem ICC$_1$ handelt es sich um einen Koeffizienten, der den Einsatz wechselnder Rater bzw. die daraus resultierende Fehlervarianz bei der Bestimmung der Interrater-Reliabilität berücksichtigt. Folglich kommt der ICC$_1$ im Rahmen der Interrater-Reliabilitätsprüfung ausschließlich bei k ≥ 3 Ratern zum Einsatz. Vgl. Murray/Blitstein (2003), S. 83 f.

[122] Die verschiedenen Varianzkomponenten, die der Bestimmung des ICC$_1$, ICC$_2$ und ICC$_3$ dienen, werden jeweils mit Hilfe entsprechender mittlerer Quadratsummen (Abweichungsquadrate relativiert am Freiheitsgrad) geschätzt. Zu deren praktischer Bestimmung vgl. Wirtz/Caspar (2002), S. 173 f., und McGraw/Wong (1996), S. 34.

[123] Vgl. Nieschlag/Dichtl/Hörschgen (1997), S. 792 f.

aus dem Fehlerterm auszuschließen (ICC$_3$). Der ICC$_2$, respektive ICC$_3$, bestimmt sich wie folgt:[124]

(B-2.8)   ICC$_2$ $$\hat{\rho}_{zweifakt.,unjust.} = \frac{MS_{zw} - MS_{res}}{MS_{zw} + (k-1)MS_{res} + \dfrac{k(MS_{rat} - MS_{res})}{n}}$$

(B-2.9)   ICC$_3$ $$\hat{\rho}_{zweifakt.,just.} = \frac{MS_{zw} - MS_{res}}{MS_{zw} + (k-1)MS_{res}}$$

MS_{zw} = Varianz zwischen den Merkmalsträgern

MS_{res} = Residualvarianz

MS_{rat} = Varianz zwischen den Ratern

k = Anzahl der Rater

n = Anzahl der Merkmalsträger

Die Signifikanz der Abweichung des Reliabilitätsschätzers von $\rho = 0$ wird analog zum ICC$_1$ durch die F-verteilte Größe $F_{emp.} = \dfrac{MS_{zw}}{MS_{res}}$ getestet.[125]

Tabelle B-2 gibt einen zusammenfassenden Überblick der Eigenschaften und inhaltlichen Bedeutung der drei Intraklassen-Korrelationskoeffizienten. Allgemein gilt dabei nach den zugrunde liegenden Modellen $\rho_{zweifakt.,just.} > \rho_{zweifakt.,unjust.}$ und $\rho_{einfakt.,unjust.}$, wenn die Varianz der Raterurteile größer Null ist sowie $\rho_{zweifakt.,unjust.} > \rho_{einfakt.,unjust.}$, wenn der Interaktionseffekt zwischen Merkmalsträger und Rater größer Null ist.

---

[124] Vgl. McGraw/Wong (1996), S. 34 ff.

ICC	Modell		Reliabilitätsdefinition
unjustiert (ICC$_1$)	einfaktoriell		$\hat{\rho}_{\text{einfakt., unjust.}} = \dfrac{MS_{zw} - MS_{inn}}{MS_{zw} + (k-1)MS_{inn}}$
unjustiert (ICC$_2$)	zweifaktoriell	Ratervarianz ist Teil der Fehlervarianz	$\hat{\rho}_{\text{zweifakt., unjust.}} = \dfrac{MS_{zw} - MS_{res}}{MS_{zw} + (k-1)MS_{res} + \dfrac{k(MS_{rat} - MS_{res})}{n}}$
justiert (ICC$_3$)		Ratervarianz ist kein Teil der Fehlervarianz	$\hat{\rho}_{\text{zweifakt., just.}} = \dfrac{MS_{zw} - MS_{res}}{MS_{zw} + (k-1)MS_{res}}$

Quelle: In Anlehnung an Wirtz/Casper (2002), S. 171.

Tab. B-2: Klassifizierung der drei Intraklassen-Korrelationskoeffizienten der Interrater-Reliabilität

Um den Einsatz des am besten geeigneten ICCs gewährleisten zu können, müssen die folgenden Anwendungskriterien für die Intraklassen-Korrelation berücksichtigt werden (vgl. Tabelle B-3):[126]

1. Wurden die Merkmalsträger jeweils von unterschiedlichen Ratern beurteilt, so kann mit dem ICC$_1$ lediglich ein einfaktorielles, unjustiertes Zusammenhangsmaß berechnet werden. Sind hingegen alle Merkmalsträger von denselben Personen beurteilt worden, so ist der Einsatz des ICC$_2$ vorteilhafter, da die Merkmalsvarianz präziser geschätzt wird. Darüber hinaus ist der ICC$_1$ gegenüber dem ICC$_2$ mit dem Nachteil behaftet, dass sie im Allgemeinen die Reliabilität der Raterurteile unterschätzt.

2. Weiter ist zu beachten, dass im einfaktoriellen Fall des ICC$_1$ die Varianzhomogenität der Raterurteile zu überprüfen ist, da der ICC$_1$ bei weniger als 10 Beurteilern durch die Verletzung dieser Annahme verzerrt sein kann. Um die Varianzhomogenität nachweisen zu können, muss vorausgesetzt werden, dass das Rating nicht durch die Interaktion des Raters mit den beurteilten Merkmalsträgern determiniert wird.[127]

3. Die Entscheidung darüber, ob ein justiertes oder unjustiertes Zuverlässigkeitsmaß berechnet werden soll, besitzt in der Praxis höchste Priorität. Der ICC$_{\text{unjust.}}$ ist das geeignete Zuverlässigkeitsmaß, wenn eine Entscheidung gemäß der absoluten Werte auf der verwendeten Ratingskala getroffen werden soll. Ein Beispiel soll dies verdeutlichen:

---

[125] Vgl. Wirtz/Casper (2002), S. 183.
[126] Vgl. Murray/Blitstein (2003), S. 79 ff., und zu den Anwendungskriterien die Ausführungen von Wirtz/Casper (2002), S. 189 ff.
[127] Eine Überprüfung dieser Annahme sollte entweder mittels Tukey´s Additivitätstest oder der differenzierten Trennschärfeanalyse durchgeführt werden. Zur Bestimmung dieser Koeffizienten mit Hilfe von SPSS vgl. die Ausführungen von Diehl/Staufenbiel (2001), S. 259 ff.

Die Testkauf-Agentur A vergibt im Durchschnitt, verglichen zu Testkauf-Agentur B, deutlich schlechtere Dienstleistungsqualitätsurteile, obwohl die Dienstleistungsqualität der beurteilten Reisebüros objektiv gleich ist. Bereinigt ein Franchisegeber sein Reisebüronetz um alle diejenigen Reisebüros, deren Dienstleistungsgesamtqualität unterhalb von 3 (auf einer Skala von 1 „sehr gut" bis 7 „sehr schlecht") liegt, so werden alle Reisebüros, die von der Testkauf-Agentur A beurteilt werden, bei der Bereinigung des Reisebüronetzes ungerechtfertigter Weise benachteiligt. In diesem Fall ist ein unjustierter ICC das geeignete Reliabilitätsmaß, da der Mittelwertunterschied der Testkaufurteile als Fehlerquelle zu betrachten ist, welcher die Zuverlässigkeit der Beurteilungen systematisch beeinträchtigt.

Demgegenüber ist der $ICC_{just.}$ das angemessene Zuverlässigkeitsmaß, wenn die Mittelwertunterschiede zwischen den Beurteilern nicht zu Abweichungen in der Entscheidung führen. Für die Zuverlässigkeitsentscheidung ist lediglich wichtig, dass alle Rater in Relation zu ihrem eigenen Mittelwert die gleichen Merkmalsträger verlässlich als „besser" bzw. „schlechter" beurteilen.

Der im vorangegangenen Beispiel angeführte Franchisegeber entscheidet sich nun, die jeweils 20 schlechtesten Reisebüros von beiden Testkauf-Agenturen aus dem Reisebüronetz auszuschließen. Dass beide Testkauf-Agenturen ein unterschiedliches Grundniveau in der Beurteilung der Dienstleistungsgesamtqualität aufweisen, ist für die Entscheidung des Franchisegebers unerheblich. Nur die relativen Qualitätsurteile der beiden Testkauf-Agenturen werden als Informationsbasis herangezogen. Somit ist im vorliegenden Beispiel der justierte ICC das korrekte Reliabilitätsmaß.

ICC	Modelljustierung	Zerlegung der Varianz	Eigenschaften der Raterstichprobe	Interpretation
ICC_1	unjustiert	einfaktoriell	Die Merkmalsträger können jeweils von unterschiedlichen Ratern beurteilt worden sein.	Die absoluten Skalenwerte werden unabhängig vom jeweiligen Rater interpretiert.
ICC_2	unjustiert	zweifaktoriell	Alle Merkmalsträger müssen von denselben Ratern beurteilt worden sein. Nur wenn die Raterstichprobe eine zufällige Auswahl der Rater aus der Population darstellt, ist der ICC_2 ein Reliabilitätsmaß.	
ICC_3	justiert	zweifaktoriell	Alle Merkmalsträger müssen von allen Ratern beurteilt worden sein. Nur wenn die Reliabilitätsaussage ausschließlich für die Rater, die tatsächlich der Untersuchungsstichprobe angehören, gelten soll, ist der ICC_3 ein Reliabilitätsmaß.	Die Skalenwerte werden relativ zu den übrigen Werten (zum Mittelwert), die (den) der jeweilige Rater vergeben hat, interpretiert.

Tab. B-3: Entscheidungskriterien bei der Anwendung der Intraklassen-Korrelation

Der Akzeptanzbereich, der eine brauchbare Schätzung der Interrater-Reliabilität durch den ICC attestiert, wird in der Literatur mit einem Wert von mindestens 0,40 angegeben.[128] Außerdem gilt eine angemessene Interrater-Reliabilität als entscheidende Anforderung für die Aggregation von Einzelurteilen.[129]

Neben den allgemein akzeptierten Intraklassen-Korrelationskoeffizienten werden in der Literatur eine Vielzahl weiterer Maße zur Beurteilung der Interrater-Reliabilität diskutiert. Als alternative Koeffizienten zur Bestimmung der Interrater-Reliabilität sind beispielsweise die Produkt-Moment-Korrelation, die durchschnittliche Interkorrelation, die Finn-Koeffizienten und die generalisierte Formel für gemittelte Ratings zu nennen.[130] Es bleibt jedoch festzuhalten, dass für die Ermittlung der Interrater-Reliabilität die ICCs wegen ihrer varianzanalyti-

---

[128] Vgl. hierzu die Synopse im Anhang dieser Arbeit und insbesondere Gatewood/Thornton/Hennessey (1990), S. 331 ff., die von 0,40 ausgehen. Demgegenüber interpretieren Greve/Wentura (1997), S. 42, einen ICC von 0,70 und Rousson/Gasser/Seifert (2003), S. 617, einen Wert dieses Koeffizienten von 0,75 als akzeptabel.
[129] Vgl. Domsch/Gerpott (1986), S. 116.
[130] Für eine ausführliche Darstellung dieser Koeffizienten vgl. die Ausführungen von Wirtz/Casper (2002), S. 229 ff.

schen Grundlage und ihrer flexiblen Anwendungsmöglichkeit grundsätzlich diesen Koeffizienten vorzuziehen sind.[131]

2.2.1.2. „Over time"-Koeffizienten der Reliabilität

Im Gegensatz zu den in Querschnittsstudien angewandten „at a point in time"-Koeffizienten der Reliabilität sind „over time"-Koeffizienten im Anwendungskontext von Längsschnittuntersuchungen wiederzufinden.[132] Wie schon erörtert, beurteilen die „at a point in time"-Koeffizienten die Reliabilität einer Messmethode anhand von Paralleltestungen zu einem Messzeitpunkt. Demgegenüber bewerten die „over time"-Koeffizienten die Reliabilität, indem dasselbe Messinstrument einer Stichprobe von Auskunftspersonen mit einem gewissen Zeitabstand mindestens zweimal vorgelegt wird. Durch dieses Vorgehen erhält man (mindestens) zwei Messwerte X_1 und X_2 je Auskunftsperson. Die Korrelation dieser beiden Messwerte stellt den Schätzwert der Reliabilität „over time" dar.[133] Der Schätzwert ermittelt sich nach dem Korrelationskoeffizienten von Bravais Pearson:

(B-2.10)
$$r_{x_1 . x_2} = \frac{\frac{1}{n}\sum_{i=1}^{n}(x_{i1} - \overline{x}_1)(x_{i2} - \overline{x}_2)}{\sqrt{\frac{1}{n}\sum_{i=1}^{n}(x_{i1} - \overline{x}_1)^2}\sqrt{\frac{1}{n}\sum_{i=1}^{n}(x_{i2} - \overline{x}_2)^2}}$$

$r_{x_1 . x_2}$ = korrelativer Zusammenhang zwischen den Testkaufurteilen von Messzeitpunkt 1 und 2

x_{i1} = Testkaufurteil der Auskunftsperson i zum Messzeitpunkt 1

x_{i2} = Testkaufurteil der Auskunftsperson i zum Messzeitpunkt 2

$\overline{x}_1$ = Mittelwert aller Auskunftspersonen zum Messzeitpunkt 1

$\overline{x}_2$ = Mittelwert aller Auskunftspersonen zum Messzeitpunkt 2

n = Anzahl der Auskunftspersonen

Die Schätzung der „over time"-Koeffizienten führt zu einem positiven Reliabilitätsattest, wenn die Messwiederholung bei Konstanz der zu messenden Merkmalseigenschaft zu gleichen Messwerten führt. In der Literatur wird die Untergrenze für eine akzeptable Reliabilität „over time" mit Werten zwischen 0,30 und 0,60 angegeben.[134]

---

[131] Vgl. Wirtz/Casper (2002), S. 230.
[132] Vgl. Kromrey (2002), S. 69.
[133] Vgl. Meyer (2004), S. 232.
[134] Vgl. Lam/Woo (1997), S. 386, und insbesondere die Synopse im Anhang II der vorliegenden Arbeit.

42

Die Gruppe der „over time"-Koeffizienten differenziert sich in einen Schätzer der temporären Konsistenz und einen der Retest-Reliabilität. Eine solche Unterscheidung zwischen temporärer Konsistenz und Retest-Reliabilität ist aus zwei Gründen notwendig: Einerseits ist diese Differenzierung für die Analyse dynamischer, verhaltenswissenschaftlicher Prozesse unentbehrlich. Zum anderen dient sie der Klärung einer vielfach widersprüchlichen Verwendung zuvor genannter Begriffe.[135] Die Ausführungen in Abschnitt B.2.1. haben gezeigt, dass sich die Genauigkeit einer Messung durch das Wirken zweier unterschiedlicher Messfehler reduziert. Einerseits wird das Messergebnis durch die Existenz von Zufallsfehlern und andererseits das Wirken von systematischen Fehlern beeinflusst.

Der Zufallsfehler lässt sich in einen sampling-, random-response-, item-specific- und „transient-error" aufspalten. Für die weiteren Überlegungen soll der „transient-error" in den Mittelpunkt der Betrachtungen gerückt werden. Der „transient-error" stellt einen Messfehler dar, „[…] that occurs because the items at a given point in time may be affected similarly by some influence that varies over time […]".[136] Die Größe dieses Messfehlers wird vom eingesetzten Messinstrument, der Auskunftsperson, dem Beurteilungsgegenstand und dem Zusammenspiel dieser Elemente determiniert.[137] Infolge der Wirkung dieses „transient-errors" kommt es zu einer Reduktion der temporären Konsistenz, die Sturman/Cashen/Cheramie als „[…] correlation between performance measures at different points of time" definieren.[138] Um der systematischen Unterschätzung der Reliabilität durch die temporäre Konsistenz zu begegnen, bedarf es der Kontrolle bzw. des Ausschlusses jener Einflussfaktoren, die das Messergebnis einer zeitlichen Beeinflussung unterwerfen.[139]

Das Konzept der Retest-Reliabilität berücksichtigt das Defizit der temporären Konsistenz, indem es „ […] the level of test-retest reliability of performance defines as the relationship between performance measures over time after removing the effects of performance instability."[140] Demnach ist die Korrelation zwischen zwei (oder mehr) Urteilen an verschiedenen Messzeitpunkten nur dann als Schätzer der Retest-Reliabilität zu interpretieren, wenn die zeitlich versetzt erhobenen Messwerte X_1 und X_2 das Ergebnis paralleler und lokal stochastisch unabhängiger Messungen sind. Erinnerungs-, Gewöhnungs-, Trainings- sowie Antizipationsein-

---

[135] Vgl. Sturman/Cashen/Cheramie (2005), S. 270 ff.
[136] Sturman/Cashen/Cheramie (2005), S. 271.
[137] Vgl. Green (2003), S. 88 ff.
[138] Sturman/Cashen/Cheramie (2005), S. 271.
[139] Vgl. Meyer (2004), S. 232.

flüsse dürfen den Messwert X_2 nicht beeinflussen, da sie zu einer Verletzung der Unabhängigkeitsvoraussetzung führen. Die Forderung nach Unabhängigkeit der Messungen ist nur einzuhalten, wenn zwischen der ersten und zweiten Messung genügend Zeit verstreicht.[141] Ein entsprechend langes Zeitintervall zwischen Messzeitpunkt X_1 und X_2 ist allerdings für ein anderes Problem verantwortlich. Der „wahre" Wert des Beurteilungsgegenstandes kann im Zeitablauf eine Veränderung erfahren. Für ein positives Reliabilitätsattest muss der „wahre" Wert im Zeitablauf jedoch nahezu unverändert bleiben. Externe Einflussfaktoren, wie z.b. reifungsbedingte (Berufsaus- und Weiterbildung)[142] oder einschneidende Ereignisse (Branchen- oder Wirtschaftsentwicklung), rufen eine Veränderung der latenten Variablen, welche die Testantworten beeinflussen, hervor. Eine Minimierung des Risikos der Veränderung des „wahren" Wertes impliziert die Forderung, ein möglichst kurzes Zeitintervall zwischen die erste und zweite Messung zu legen. Durch die Berücksichtigung dieses Postulats verstößt der Forscher jedoch gegen die Forderung nach einem entsprechend langen Zeitabstand zwischen erster und zweiter Messung.[143] Dieser „avoidance-avoidance-Konflikt" spiegelt sich in Tabelle B-4 und der Synopse im Anhang II der vorliegenden Arbeit wider. Die dort zusammengetragenen Studien lassen keine einheitliche Meinung über den optimalen zeitlichen Abstand zwischen der ersten und zweiten Messung bei der Schätzung der Retest-Reliabilität einer Messmethodik erkennen.

---

[140] Sturman/Cashen/Cheramie (2005), S. 271.

[141] Vgl. Meyer (2004), S. 232.

[142] Bereits 1960 zeigte Humphreys in einer Studie, dass die Korrelation zwischen „performance"-Messungen abnimmt, wenn der Zeitraum zwischen den Messzeitpunkten zunimmt. Diese Ergebnisse können mit der frühen Erkenntnis von Ghiselli (1956) kommentiert werden, der feststellte: „[…] it is apparent that the performance of workers does change as they learn and develop on the job."

[143] Vgl. Meyer (2004), S. 232.

Nr.	Autoren	Forschungs-bereich	Retest-Intervall	Fallzahl	Retest-Korrelation
1	Malhotra (1981)	Skalenentwicklung zur Messung von Self-, Person- und Product-Concepts	4 Wochen	n = 135 Studenten	0.68 - 0.80
2	Shimp/Bearden (1982)	wahrgenommenes finanzielles Risiko	3 Wochen	n = 44 Studenten	0.57
3	Richins (1983)	Durchsetzungs-fähigkeit von Konsumenten	2 Wochen	n = 112 Studenten	0.83
4	Shimp/Sharma (1987)	Ethnozentrische Tendenz von Konsumenten	5 Wochen	n = 145 Studenten	0.77
5	Beatty/Kahle (1988)	Einstellung ggü. Softdrinks	4 Wochen	n = 187 Studenten	0.56 - 0.77
6	Bearden/Netemeyer/Teel (1989)	Informationsmakler	3 Wochen	n = 35 Studenten	0.75 - 0.79
7	Zinkhan/Burton (1989)	Brand reinforcement	4 Wochen	n = 100 Nutzer	0.87 - 0.97
8	Lam/Woo (1997)	SERVQUAL	1 Woche / 2 Monate / 1 Jahr	n = 195 Studenten	0.33 - 0.82 / 0.27 - 0.85 / 0.13 - 0.82
9	Finn/Kayandé (1999)	Mystery Shopping	10 Tage	n = 6 Mystery Shopper, führten 96 Testkäufe in 16 Geschäften durch.	0.60 - 0.84 (G-Koeffizient)

Quelle: In Anlehnung an Lam/Woo (1997), S. 387.

Tab. B-4: Synopse zur Wahl der Zeitdifferenz zwischen t_1 und t_2 im Rahmen der Bestimmung der Retest-Reliabilität

2.2.1.3. Einflussfaktoren der Reliabilität

Allen methodischen Zugängen zur Reliabilitätsbeurteilung ist gemeinsam, dass sie sich im Verlauf der Zuverlässigkeitsschätzung der beobachteten Werte bedienen. Wie jedoch der KTT zu entnehmen ist, kann der beobachtete Wert fehlerbehaftet sein.[144]

Den Axiomen der KTT zufolge ist es kein Widerspruch, dass Personen mit verschiedenen „wahren" Werten auch verschieden hohe Fehlervarianzen aufweisen können. Diese Konstellation spiegelt sich nach der KTT in verschieden hohen Messwertvarianzen wider.[145] Die Größe der Messwertvarianz (s_x^2) ist dabei einerseits auf verschiedene Ausprägungen des „wahren" Wertes (s_t^2) zurückzuführen. Andererseits ist die Größe der Messwertvarianz aber auch abhängig von der Fehlervarianz (s_e^2). Aus den Axiomen der KTT lässt sich ableiten:[146]

(B-2.11) $\qquad s_x^2 = s_t^2 + s_e^2 \quad$ oder $\quad s_t^2 = s_x^2 - s_e^2$

Aus diesem Zusammenhang und der bereits oben in Gleichung B-2.1 abgebildeten Beziehung zwischen der Varianz des „wahren" Wertes und der Messwertvarianz resultiert, dass der Reliabilitätskoeffizient einer Messung mit zunehmender Messfehlervarianz bei konstanter Messwertvarianz ab- bzw. mit wachsender Varianz des „wahren" Wertes bei ebenfalls konstanter Messwertvarianz zunimmt.[147]

Nun kann aber weder die Varianz des „wahren" Wertes noch die Fehlervarianz direkt ermittelt werden. Lediglich die Messwertvarianz, die in Abhängigkeit zur Beschaffenheit der betrachteten Stichprobe steht, kann empirisch erfasst werden. Folglich wird die Reliabilitätsschätzung von der gewählten Stichprobe beeinflusst.[148]

Neben den zuvor erörterten Determinanten der Reliabilität werden in der Literatur weitere Faktoren diskutiert. Diese in Tabelle B-5 zusammengefassten Faktoren bergen ebenso meist reliabilitätsmindernde wie auch -erhöhende Effekte:[149]

---

[144] Vgl. Balderjahn (2003), S. 131, und Schiel (2004), S. 33.
[145] Vgl. Schiel (2004), S. 34.
[146] Vgl. Kranz (2001), S. 84 ff.
[147] Vgl. Schiel (2004), S. 34, und Kranz (2001), S. 89.
[148] Es handelt sich bei diesen Elementen um unbekannte Größen.

Einflussfaktor	Fehlerquelle	Beispiele
Testleiter	Fehler bei der Testvorgabe und Durchführung	• unverständliche Instruktionen • überbetont freundliches oder unfreundliches Verhalten sowie • ein Verhalten, das eine Atmosphäre der Hektik und Unentspanntheit erzeugt
	Kenntnislücken bei der Ergebnisinterpretation	*selbsterklärend*
	Erwartungen des Testleiters an die Testergebnisse	• Rosenthal-Effekt
Auskunftsperson	Bereitschaft der Auskunftsperson, bei Nichtwissen zu raten	*selbsterklärend*
	Orientierung der Auskunftsperson an sozialen Normen	• Phänomen der sozialen Erwünschtheit • Anwesenheit Dritter beispielsweise am Arbeitsplatz oder am POS
	Psychische Verfassung der Auskunftsperson	• Motivation • Voreingenommenheit
	Körperliche Verfassung der Auskunftsperson	• Ermüdung • Gesundheitszustand
	Vertrautheit der Auskunftsperson mit der Testsituation oder mit ähnlichen Situationen	• durch Teilnahme an einem Panel • Mitgliedschaft in der Schober-Datenbank
	Erwartung der Auskunftsperson an die Testergebnisse	• self fulfilling prophecy
Situative Einflüsse	Art der Testdurchführung	• Labor- oder • Feldstudien
	Merkmale des Untersuchungsraums	• Beleuchtung • Geräuschpegel
Testmerkmale	Art und Aussehen des Tests	• Papier- und Bleistift-Test • Computer-Test • Verhaltensstichprobe • projektives Verfahren
	Art der Aufgabenbearbeitung und des Antwortschemas	• offene vs. geschlossene Fragen • direkte vs. indirekte Fragen
	Suggestive Formulierung der Items	*selbsterklärend*

Quelle: In Anlehnung an Meyer (2004), S. 236 f.

Tab. B-5: Reliabilitätsmindernde bzw. -erhöhende Einflussfaktoren

Ob sich diese Einflussfaktoren im Einzelfall reliabilitätserhöhend oder -mindernd auswirken, lässt sich nicht mit Bestimmtheit sagen und da die Effekte nicht immer bekannt sind, sollte sich der Testanwender an folgende Regel halten:[150]

> Sind die Testergebnisse fehlerbehaftet, darf der empirische Reliabilitätskennwert nicht als Reliabilitätsschätzung interpretiert werden. Darüber hinaus sollte sich der Testanwender nach einer weniger anfälligen Testmethodik umsehen, wenn sich die Verdachtsmomente für unkontrollierbare Einflüsse auf die Testergebnisse häufen.

---

[149] Vgl. Meyer (2004), S. 236 f.
[150] Vgl. Meyer (2004), S. 237.

Abschließend bleibt festzuhalten, dass eine Vielzahl unterschiedlicher Reliabilitätskoeffizienten für die Zuverlässigkeitsprüfung einer Messmethodik zur Verfügung stehen. Abbildung B-4 lieferte eine Systematisierung der verschiedenen Methoden zur Reliabilitätsschätzung. Die dort abgebildeten Methoden erfassen die Reliabilität zwar ausnahmslos auf Basis einer Messwiederholung, jedoch liegt jedem Koeffizienten eine andere Messfehlerquelle zugrunde.[151] Folglich darf ein Reliabilitätsattest nicht auf der Interpretation einzelner Koeffizienten basieren. Stattdessen muss der gesamte anwendbare Kanon[152] an Reliabilitätskoeffizienten für die Analyse konsultiert werden.[153] *Sturman/Cheramie/Cashen* kommentieren dies, indem sie konstatieren: „[…] when researchers use only a measure of internal consistency, they will underestimate the total amount of unreliability of a measure."[154] Diese Aussage wird zusätzlich von der Forderung getragen, dass „[…] the different sources of error create the need for different types of reliability estimates, each accounting for a different source of error."[155]

2.2.2. Validitätskoeffizienten zur Prüfung der Gültigkeit des Dienstleistungsqualitätsurteils von Mystery Shoppern

Gemäß der KTT ist die Validität ein Maß für die Höhe der Messverzerrung durch Wirkung des systematischen Messfehlers. Dabei gilt „[ein Test als valide], wenn dasjenige Persönlichkeitsmerkmal oder diejenige [Merkmalseigenschaft], das bzw. die er messen oder vorhersagen soll, tatsächlich misst oder vorhersagt."[156] Ein höchst reliabler Test kann fehlerfrei messen, aber dennoch über einen geringen Interpretationswert verfügen, wenn keine Beziehung zum Kriterium besteht. Daher gilt die Reliabilität eines Tests auch lediglich als hinreichende Bedingung für die Validität eines Testverfahrens.[157]

Diese Aussage soll die Bedeutung der Reliabilität in keiner Weise schmälern, da selbige als hinreichende Voraussetzung für eine ausreichend hohe Validität zu betrachten ist. Stattdessen soll sie darauf hinweisen, dass die Korrelation zwischen dem Testwert und dem „wahren"

[151] Vgl. Schiel (2004), S. 36, und Kranz (2001), S. 84 ff.
[152] Die für die Reliabilitätsprüfung einsetzbaren Koeffizienten werden von der Beschaffenheit der Datenbasis determiniert.
[153] Vgl. Wirtz/Caspar (2002), S. 23 ff.
[154] Sturman/Cheramie/Cashen (2005), S. 271.
[155] Sturman/Cheramie/Cashen (2005), S. 271.
[156] Lienert/Raatz (1998), S. 10.
[157] Vgl. Schiel (2004), S. 39.

Wert die obere Grenze für die Korrelation mit anderen Variablen darstellt bzw. dass ein Test-verfahren nicht höher mit einer anderen Variablen korrelieren kann als mit sich selbst.[158]

Bevor der folgende Abschnitt auf die unterschiedlichen Validitätskoeffizienten eingeht, soll zunächst ein Beispiel aus dem Anwendungskontext der vorliegenden Arbeit die praktische Bedeutung der Validität einer Testmethodik hervorheben. Es wird gezeigt, welchen Einfluss die Beziehung zwischen Basisrate[159] und Selektionsrate[160] auf die Forderung nach Validität einer Testmethodik nimmt.

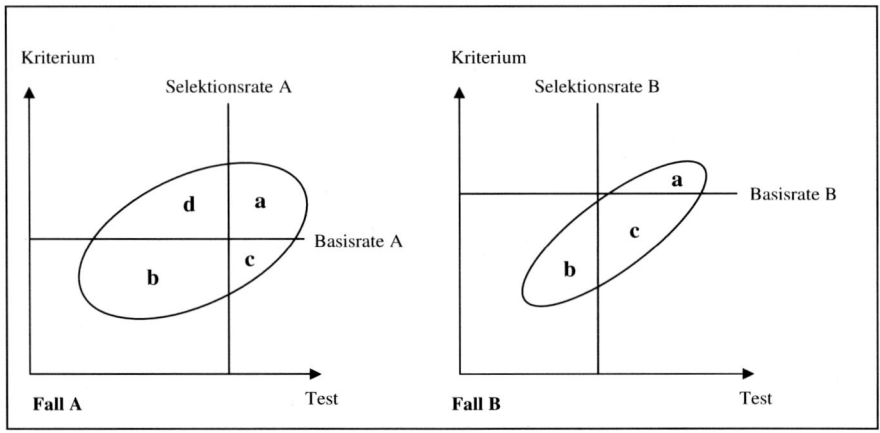

Quelle: In Anlehnung an Schiel (2004), S. 45.

Abb. B-5: Selektionsprozess bei zwei unterschiedlich validen Tests

Eine als Franchisesystem geführte Reisebürokette ist auf der Suche nach neuen Mitgliedsun-ternehmen. Vor der Aufnahme eines Bewerbers in die Franchisekette wird das Reisebüro zu-erst auf seine Dienstleistungsqualität hin überprüft. Die in Abbildung B-5 dargestellten Ellip-sen[161] beschreiben die Stärke des Zusammenhangs zwischen dem der Reisebüroauswahl zugrunde liegenden Test und dem beurteilten Kriterium. Demnach ist die Validität des Tests in Fall A niedriger als diejenige des Tests in Fall B. Die senkrechte Linie stellt einen Grenze zwischen den angenommenen[162] und den abgelehnten[163] Reisebüros dar. Diese Grenze ist

---

[158] Vgl. Kranz (2001), S. 84 ff.
[159] Die Basisrate bezeichnet den Prozentsatz der geeigneten Elemente (z.B. Reisebüros) an der Gesamtzahl der zu untersuchenden Elemente (Angebotsquote).
[160] Die Selektionsrate bezeichnet den Prozentsatz der Elemente (z.B. Reisebüros), die von allen untersuchten Elementen ausgewählt werden sollen (Bedarfsquote).
[161] Die Ellipsen repräsentieren die Messwertverteilung der Reisebüros, die am Auswahlprozess teilgenommen haben.
[162] Die angenommenen Bewerber-Reisebüros befinden sich auf der rechten Seite der senkrechten Linie.

durch eine spezifische, fest vorgegebene Selektionsrate fixiert. Demgegenüber repräsentiert die waagrechte Linie die Basisrate.[164] Diese trennt die potentiell geeigneten von den ungeeigneten Bewerber-Reisebüros. Das bedeutet, dass die Flächen a und b die zu Recht ausgewählten bzw. abgelehnten Reisebüros repräsentieren, wohingegen die Flächen c und d die fälschlicherweise nicht abgelehnten bzw. nicht aufgenommenen Reisebüros kennzeichnen.[165] Die Bedeutung der Validität eines Tests wird dann ersichtlich, wenn man im Fall A die Selektions- und die Basisrate verschiebt. Alternativ könnte anstelle des Tests im Fall A auch ein Test höherer Validität, wie im Fall B, genutzt werden. Durch die beschriebenen Handlungsoptionen ändert sich der Anteil richtiger und falscher Entscheidungen. Aus dieser Überlegung können nun folgende Konsequenzen für die praktische Bedeutung eines Ausleseverfahrens abgeleitet werden:[166]

- Im Fall einer hohen Basis- (viele potenziell geeignete Reisebüros, z.B. 90 %) und einer niedrigen Selektionsrate (geringer Prozentsatz auszuwählender neuer Franchisepartner) sind unter Kosten-Nutzen-Aspekten Verfahren niedriger Validität als akzeptabel zu betrachten, da schon bei einer zufälligen Auswahl eine hohe Erfolgsquote (Anteil der geeigneten Reisebüros unter den Selektierten) erzielt werden kann. (Fall A)

- Demgegenüber sind im Fall einer niedrigen Basis- und einer hohen Selektionsrate unter Kosten-Nutzen-Aspekten Testverfahren mit hoher Validität zu bevorzugen. Diese Tatsache resultiert daraus, dass ein Verfahren mit hoher Validität im Vergleich zu einer zufälligen Auswahl die Erfolgsquote der Entscheidung signifikant erhöht. Es besteht aber durchaus die Gefahr, dass trotz des Einsatzes von Verfahren mit hoher Validität nicht-geeignete Reisebüros ausgewählt werden können. (Fall B)

Als Fazit ist festzuhalten, dass die Entscheidung über den Einsatz eines hochvaliden Tests im Vergleich zu einer anderen niedrigvaliden Methodik in Abhängigkeit zu der Selektionsrate und dem Anteil der geeigneten Kandidaten (Basisrate) steht.[167] Folglich kann im Fall einer hohen Basisrate und einer niedrigen Selektionsrate unter Kosten-Nutzen-Gesichtspunkten auf den Einsatz eines hochvaliden Messinstruments verzichtet werden, wohingegen im umgekehrten Fall die Verwendung eines hochvaliden Tests unumgänglich ist.

---

[163] Die abgelehnten Bewerber-Reisebüros liegen auf der linken Seite der senkrechten Linie.
[164] Die potentiell geeigneten Reisebüros befinden sich oberhalb der Basisrate, wohingegen sich die potentiell ungeeigneten Reisebüros unterhalb der waagerechten Linie befinden.
[165] Zu den vorherigen Ausführungen vgl. insb. Schiel (2004), S. 44 ff., und Staufenbiel/Rösler (1999), S. 488 ff.
[166] Vgl. hierzu und im Folgenden Schiel (2004), S. 45 f.
[167] Vgl. Lienert/Raatz (1998), S. 389 ff.

Für die Überprüfung der Validität eines Testinstruments stehen verschiedene Methoden zur Verfügung. *Bortz/Döring* bezeichnen diese Methoden auch als Arten der Validität.[168] Die bedeutendsten Arten der Validitätsprüfung sind die Inhalts-, die Kriteriums- und die Konstruktvalidität.

2.2.2.1. Inhaltsvalidität

Bei der Inhaltsvalidität handelt es sich um ein nicht formalisiertes Konzept, das dem subjektiven Ermessen weite Spielräume lässt. Ausgangspunkt für eine Inhaltsvalidierung ist die genaue Definition eines theoretischen Begriffs. Die Operationalisierung eines derartigen Begriffs besitzt dem Konzept nach genau dann Gültigkeit, wenn alle seine verschiedenen Aspekte durch die gewählte Operationalisierung abgedeckt werden. Infolgedessen werden alle Items eines Messinstrumentes daraufhin überprüft, ob sie sich tatsächlich auf die durch die Definition vorgegebenen Aspekte beziehen und diese vollständig abdecken. D.h., dass man eine inhaltliche Analyse der einzelnen Items durchführt.[169]

> Betrachtet man beispielsweise die Entwicklung eines Messinstruments zur Evaluation der Dienstleistungsqualität einer Reisebürokette, so soll dieses Instrument etwa die Aspekte Freundlichkeit des Personals, Vielfalt des Angebots, Ausstattung des Ladenlokals und die Zahlungsmodalitäten (wie z.B. Ratenzahlung) umfassen. Ein solches Instrument wird in der Regel aus einem Set von Fragenbatterien bestehen, die sich auf diese Aspekte beziehen bzw. beziehen sollen. Wären unter diesen Fragen nun solche, die sich nicht auf die genannten Aspekte bezögen, dann würden diese die Inhaltsvalidität beeinträchtigen und müssten eliminiert werden. Würde man andererseits keine Fragen zum Aspekt Zahlungsmodalitäten stellen, dann würde das Instrument den definitorisch vorgegebenen Bedeutungsumfang von Dienstleistungsqualität nicht voll abdecken, was ebenfalls die Inhaltsvalidität mindern würde.

Die Beurteilung der Inhaltsvalidität ist als subjektiv zu bezeichnen, da keine objektiven Kriterien für das Validitätsattest existieren. Demgemäß kann der Validitätsgrad nur verbal als z.B. niedrig, befriedigend oder hoch angegeben werden, aber nicht in Form eines Zahlenwertes. Ein Test wird dann als inhaltsvalide bezeichnet, wenn die verwendete Messung eines Konstrukts selbiges in seinem theoretischen Bedeutungsinhalt gänzlich repräsentiert. Somit bezeichnet die Inhaltsvalidität den Grad der inhaltlich-semantischen Übereinstimmung des Testverfahrens mit der zugrunde liegenden theoretisch-begrifflichen Ebene des Konstrukts.[170]

---

[168] Vgl. Bortz/Döring (2002), S. 185.
[169] Vgl. hierzu und im folgenden Schnell/Hill/Esser (1992), S. 163.
[170] Vgl. Hildebrandt (1998), S. 89.

Die Inhaltsvalidität wird häufig durch Expertengutachten attestiert.[171] Entgegen der einfachen Ermittlung der Inhaltsvalidität bildet das Fehlen eines objektivierbaren, quantitativen Validitätswertes den Hauptkritikpunkt dieser Vorgehensweise.[172]

2.2.2.2. Kriteriumsvalidität

Die Kriteriumsvalidität gibt an, „[…] inwieweit die zu validierende Messung eines Konstruktes mit der Messung eines externen Kriteriums, dem so genannten Außenkriterium, von dem bekannt ist, dass es das Konstrukt valide erfasst bzw. dass es in einem validen kausalen Zusammenhang mit dem Konstrukt steht, übereinstimmt."[173] In Abhängigkeit vom Zeitpunkt, zu dem das Außenkriterium erhoben wird, unterteilt man die Kriteriumsvalidität weiter in die Konkurrenz- und die Prognosevalidität. Bei der Konkurrenzvalidität wird das Außenkriterium zeitgleich zur Durchführung des zu validierenden Tests erhoben. Diese Methode wird häufig verwendet, um neue Messinstrumente zu validieren. Als Außenkriterium wird ein bereits auf Validität geprüftes Instrument zur Messung desselben Konstruktes verwendet (z.B. Kundenbefragung vs. Mystery Shopping-Methodik). Demgegenüber erfasst die Prognosevalidität die Fähigkeit eines Tests, ein anderes kausal eng verknüpftes Phänomen in der Zukunft vorherzusagen. Die zu validierende Messung und die Messung des Außenkriteriums beziehen sich somit auf verschiedene Konstrukte, die zu unterschiedlichen Zeitpunkten erhoben werden (z.B. Dienstleistungsqualitätsurteil und Umsatz).[174]

Die Kriteriumsvalidität quantifiziert den systematischen Fehler eines Messinstrumentes, indem sie den korrelativen Zusammenhang zwischen der zu validierenden Messung eines Konstrukts und der aktuellen (Konkurrenzvalidität) bzw. der zukünftigen Messung (Prognosevalidität) des Außenkriteriums ermittelt. Sie stellt also ein Gütemaß für den Zusammenhang zwischen Messwert und definiertem Außenkriterium dar.[175] Für das Kriteriumsvaliditätsattest wird in der Literatur ein Mindestwert des Korrelationskoeffizienten, dessen Wertebereich zwischen minus Eins und Eins liegt, von ± 0,30 und höher/niedriger gefordert.[176]

---

[171] Aufgrund dieses Vorgehens wird die Inhaltsvalidität in der Literatur auch vielfach als face validity bezeichnet.
[172] Vgl. Balderjahn (2003), S. 131.
[173] Balderjahn (2003), S. 131.
[174] Vgl. Balderjahn (2003), S. 131 f.
[175] Vgl. Schiel (2004), S. 40.
[176] Vgl. hierzu die Synopse von Arthur et al. (2003).

Obgleich ihrer besonderen Bedeutung ist die Kriteriumsvalidität mit einigen praktischen Problemen behaftet. Es ist darauf hinzuweisen, dass die zeitversetzte Erfassung von Prädiktor und Kriterium durch instabile äußere Bedingungen problematisch für die empirische Bestimmung der Prognosevalidität ist. Instabile äußere Bedingungen werden speziell durch Fluktuation innerhalb der Stichprobe, Kosten, Greifbarkeit nur geeigneter Kandidaten etc. begünstigt und führen zu einer ungewollten Varianz im „wahren" Wert. Deshalb sollten bei der Erhebung des Kriteriumswertes gleiche äußere Bedingungen für alle Stichprobenelemente vorherrschen.[177] Besonders günstig ist eine identische Korrelation des beobachteten sowie des „wahren" Wertes mit dem Kriterium. Das ist der Fall, wenn die Reliabilität des Tests und des Kriteriums gleich Eins sind.[178] Darüber hinaus ist die Kriteriumsvalidität von der Messgenauigkeit des definierten Außenkriteriums und speziell von der Operationalisierung sowie der Fehlerhaftigkeit des Messinstruments abhängig. Folglich besitzt die Verwendung eines im Kontext der unternehmensspezifischen Besonderheiten nachvollziehbaren Außenkriteriums höchste Priorität.[179]

Wie bereits angedeutet, hat die leistungsdiagnostische Erforschung von Assessment Center-Beurteilungen in der jüngeren Vergangenheit eine vergleichbare Entwicklung wie die Mystery Shopping-Methodik vollzogen.[180] Folglich ist die Literatur zur Güteprüfung von Assessment Centern auf der Suche nach geeigneten Außenkriterien für die Validitätsprüfung des Dienstleistungsqualitätsurteils von Testkäufern zu berücksichtigen. Eine intensive Auseinandersetzung mit eben diesen Beiträgen und die Differenzierung der Kriteriumsvalidität in ein Maß der Konkurrenz- und Prognosevalidität eröffnen den Blick auf eine Vielzahl möglicher Außenkriterien.[181] Forschungsberichte zur Validierung von Assessment Center-Urteilen haben gezeigt, dass häufig der Berufserfolg als Außenkriterium Verwendung findet. Dieser wird als Maß für die Prognosevalidität hauptsächlich anhand von Faktoren wie dem hierarchischen Aufstieg, dem Gehaltszuwachs, Beförderungen, Verkaufszahlen des Mitarbeiters oder ähnlichen ökonomischen Faktoren quantifiziert. Demgegenüber wird die Konkurrenzvalidität anhand von Faktoren wie dem Vorgesetzten- oder den Kollegenurteilen bewertet.[182]

---

[177] Vgl. Meyer (2004), S. 247 ff.
[178] Vgl. Kranz (2001), S. 251 ff.
[179] Vgl. Schiel (2004), S. 43.
[180] Vgl. die Ausführungen in Kapitel A.2. dieser Arbeit.
[181] Vgl. Arthur et al. (2003), S. 125 ff.
[182] Vgl. Schiel (2004), S. 42.

53

Da es sich bei der Güteprüfung der Mystery Shopping-Methodik um eine analoge Problem-stellung zu der von Assessment Center-Beurteilungen handelt, bieten sich insbesondere Er-folgsmaße wie beispielsweise der Umsatz der einzelnen Franchisenehmer und der Umsatz pro Mitarbeiter als Außenkriterium für die Prognosevaliditätsprüfung an.[183] Dagegen kann die Konkurrenzvalidität anhand von Kundenurteilen evaluiert werden, da diese letztlich mit ihrer Kaufentscheidung maßgeblich für den wirtschaftlichen Erfolg eines Unternehmens verant-wortlich sind.[184]

2.2.2.3. Konstruktvalidität

Das Konzept der Konstruktvalidität steht neben der Kriteriumsvalidität im Vordergrund der Gültigkeitsprüfung eines Tests.[185] Im Gegensatz zur Kriteriumsvalidität, die auf die empiri-sche Prüfung einzelner Außenkriterien begrenzt ist, verwendet die Konstruktvalidität ein Sys-tem von Hypothesen bezüglich des Konstruktes und seiner Relation zu anderen Konstrukten. Folglich bedarf es einer Theorie über die Existenz des betrachteten Konstruktes sowie einer Annahme über die Wirkungsbeziehung zu anderen Konstrukten.[186] Diese empirisch beob-achtbaren Wirkungsbeziehungen lassen jedoch verschiedene (alternative) theoretische Inter-pretationsmöglichkeiten zu, wodurch ein Maß erforderlich wird, das die Gültigkeit der analy-sierten theoretischen Annahmen und Ableitungen beurteilt.[187] Ein solches Maß für die Gültig-keit der postulierten Konstrukte sowie den postulierten Zusammenhang zwischen diesen Kon-strukten bildet die nomologische Validität. Die nomologische Validität verkörpert den bedeu-tendsten Teil der Konstruktvalidität. Ihre Prüfung wird vielfach mit Hilfe eines Falsifikations-versuches[188] der theoriegestützten Untersuchungshypothesen vorgenommen.[189] Diesem Kon-zept folgend liegt ein hohes Maß an Validität vor, wenn die gemessenen Konstrukte und die empirischen Relationen zwischen diesen Konstrukten der theoretischen Vorstellung entspre-chen.[190]

---

[183] Der Gewinn eines Dienstleistungsanbieters ist hingegen nur bedingt als Außenkriterium für die Validierung der Qualitätsmessung geeignet, da er die Unternehmenssituation (beispielsweise aufgrund bilanz- und steu-erpolitischer Maßnahmen) nicht immer realitätsgetreu widerspiegelt. In einer solchen Situation erscheint die Validierung anhand des Aussenkriteriums „Umsatz des Dienstleistungsanbieters" vorteilhafter, weil dieser von bilanz- und steuerpolitischen Maßnahmen unberührt bleibt.
[184] Ein Überblick zur konkreten Vorgehensweise im Rahmen der empirischen Untersuchung findet sich in Kapi-tel D.
[185] Vgl. Schiel (2004), S. 40.
[186] Vgl. Balderjahn (2003), S. 132.
[187] Vgl. Brewer (2000), S. 7.
[188] Sollten die theoretisch hergeleiteten und in den Untersuchungshypothesen manifestierten Beziehungszu-sammenhänge bestätigt werden, so ist der Falsifikationsversuch gescheitert und die nomologische Validität als erfüllt anzusehen. Vgl. hierzu Homburg/Giering (1996), S. 7 f.
[189] Zu einem angewandten Vorgehen dieser Art vgl. beispielsweise Siefke (1998), S. 153.
[190] Vgl. Balderjahn (2003), S. 132.

Konkret wird die Konstruktvalidität anhand von Gütekriterien der ersten und solchen der zweiten Generation beurteilt. Zu den Gütekriterien der ersten Generation zählt die explorative Faktorenanalyse.[191] Diese analysiert eine Gruppe von Indikatorvariablen auf deren zugrunde liegende Faktorstruktur. Das Verfahren verdichtet die untersuchten Indikatoren auf möglichst wenige Faktoren, wobei Faktorladungen als Maß für die Stärke des Zusammenhangs zwischen Faktor und Indikator bestimmt werden. Liegen die Faktorladungen über dem Wert von 0,50[192] und überschreitet der erklärte Varianzanteil der Indikatoren mindestens 50 Prozent,[193] so kann von einer ausreichenden Konstruktvalidität ausgegangen werden.[194]

Die Verfahren der zweiten Generation differenzieren sich hingegen in zwei Bestandteile: Die Konvergenz- und Diskriminanzvalidität.[195] Das Verfahren der konfirmatorischen Faktorenanalyse bildet die Grundlage der Verfahren der zweiten Generation. Im Unterschied zur oben erläuterten explorativen Faktorenanalyse werden bei den Verfahren der zweiten Generation vorab formulierte Hypothesen zur Faktorstruktur überprüft.[196]

Die Konvergenzvalidität bezeichnet das Ausmaß, in dem möglichst verschiedenartige Messungen desselben Konstrukts hoch miteinander korrelieren. Folglich ist die Konvergenzvalidität umso höher, je stärker der Zusammenhang zwischen Messung und Konstrukt ist.[197] Dagegen spricht man von Diskriminanzvalidität, wenn Messungen unterschiedlicher Konstrukte nur gering oder gar nicht miteinander korrelieren. Dies setzt voraus, dass sich die verschiedenen Messungen als reliabel herausstellen und nur von einem, nämlich dem zu erklärenden Konstrukt, abhängen.[198] Die Konvergenzvalidität einer Testmethodik wird anhand der Gütekriterien zur Bewertung der Ergebnisse einer konfirmatorischen Faktorenanalyse beurteilt.[199] Die Gütekriterien zur Bewertung differenzieren sich in die Gruppen der globalen und der lokalen Gütemaße.[200]

[191] Vgl. Wieseke (2004), S.188 ff.
[192] Vgl. Backhaus et al. (2000), S. 292.
[193] Vgl. Giering (2000), S. 77.
[194] Vgl. Nieschlag/Dichtl/Hörschgen (1997), S. 815 ff., und Wieseke (2004), S. 188.
[195] Vgl. Balderjahn (2003), S. 132.
[196] Vgl. Homburg/Pflesser (2000), S. 414.
[197] Vgl. Balderjahn (2003), S. 132.
[198] Vgl. Balderjahn (2003), S. 132.
[199] Vgl. Wieseke (2004), S. 192.

	Bezeichnung	Anforderung
Globale Gütekriterien	χ^2/df	≤ 5
	GFI	$\geq 0,90$
	AGFI	$\geq 0,90$
	TLI	$\geq 0,90$
	CFI	$\geq 0,90$
	IFI	$\geq 0,90$
	RMSEA	$\leq 0,08$
Lokale Gütekriterien	**Messmodell**	
	Indikatorreliabilität	$\geq 0,20$
	Faktorreliabilität	$\geq 0,60$
	Durchschnittlich erfasster Varianzanteil für jeden Faktor (DEV)	$\geq 0,50$
	t-Wert der Faktorladungen	$\geq 1,65$
	Strukturmodell	
	Quadrierter multipler Korrelationskoeffizient	0,50

Quelle: In Anlehnung an Homburg/Pflesser (2000), S. 646 ff., Wieseke (2004), S. 190, und Kronhardt (2004), S. 161.

Tab. B-6: Globale und lokale Gütekriterien zur Beurteilung der Konstruktvalidität nach den Kriterien der zweiten Generation

Die Berechnung der globalen Gütekriterien basiert auf der Anwendung linearer Strukturgleichungsmodelle.[201] Diese berechnen die Passung der modelltheoretisch ermittelten Kovarianzmatrix mit den empirischen Daten.[202] Bezüglich der Mindestanforderungen für einen akzeptablen Modellfit wird häufig ein Mindestwert von 0,90 gefordert. In der Synopse von *Fan/Thompson/Wang* wird allerdings darauf verwiesen, dass der Wert der verschiedenen Gütekriterien gravierend von dem verwendeten Schätzverfahren, der Stichprobengröße und der Modellspezifikation abhängt.[203] So sind beispielsweise der GFI und der AGFI bei kleineren Stichproben dafür bekannt, dass sie in solchen Fällen den Fit unterschätzen.[204] Darüber hinaus zeigt die Synopse, dass Fit-Indizes, die den Grenzwert von 0,90 nicht überschreiten, dennoch als akzeptabel betrachtet werden können, wenn es sich im Anwendungskontext um ein exploratives Forschungsanliegen handelt.[205]

Entgegen den globalen Gütekriterien werden die lokalen Gütekriterien zur Beurteilung der Teilstrukturen des Gesamtmodells herangezogen. Wie Tabelle B-6 zu entnehmen ist, unter-

[200] Die lokalen Gütekriterien dienen der Beurteilung einzelner Konstrukte und Indikatoren, wohingegen die globalen Gütekriterien für die Bewertung des postulierten Gesamtmodells eingesetzt werden. Vgl. hierzu Homburg/Pflesser (2000), S. 430.
[201] Eine umfassende Darstellung der Grundprinzipien linearer Strukturgleichungsmodelle findet sich bei Bentler (1990), S. 238 ff., und Homburg/Baumgartner (1998), S. 351 ff.
[202] Vgl. Homburg/Pflesser (2000), S. 426.
[203] Vgl. Baumgartner/Homburg (1996), S. 153, und Fan/Thompson/Wang (1999), S. 56 ff.
[204] Vgl. Fan/Thompson/Wang (1999), S. 73. Im Vergleich diverser Fit-Indizes kommen Fan/Thompson/Wang (S. 80) schließlich zu folgendem Schluss: „Among fit indexes examined here, GFI and AGFI had most serious downward bias under smaller sample size conditions."

scheidet man die Indikatorreliabilität, die Faktorreliabilität, den t-Wert der Faktorladungen und die durchschnittlich erfasste Varianz.[206] In welchem Maß ein bestimmter Indikator durch den zugehörigen Faktor erklärt wird, beurteilt die Indikatorreliabilität. Sie ist auf den Wertebereich von Null bis Eins normiert, wobei der nicht durch den Faktor erklärte Varianzanteil des Indikators auf Messfehlereinflüsse zurückzuführen ist. Ein Schwellenwert für die Indikatorreliabilität von 0,40 wird als akzeptabel betrachtet.[207] Darüber hinaus wird ebenfalls auf Indikator-Ebene der t-Wert der Faktorladungen überprüft. Durch diesen ist festzustellen, ob die Faktorladung eines Indikators signifikant von Null verschieden ist. Auf einem Signifikanzniveau von 5 Prozent trifft dies bei einem t-Wert von mindestens 1,65 zu.[208] Die Faktorreliabilität und die durchschnittlich erfasste Varianz beurteilen, wie gut ein Faktor durch die Gesamtheit der ihm zugeordneten Indikatorvariablen gemessen wird.[209] Nach *Homburg/Baumgartner* gilt eine Faktorreliabilität über dem Schwellenwert von 0,60 als ausreichend. Demgegenüber wird die durchschnittlich erfasste Varianz ab einem Wert von 0,50 als akzeptabel betrachtet.[210]

Entgegen der Bestimmung der Konvergenzvalidität wird die Diskriminanzvalidität einer Testmethodik mittels des χ^2-Differenztests überprüft. Der χ^2-Differenztest basiert auf einem mehrstufigen Vorgehen:[211]

1. Zunächst wird der χ^2-Wert zur Passung des postulierten mehrfaktoriellen Messmodells berechnet.

2. Danach wird ein spezielles Modell erzeugt, in dem zwischen zwei Faktoren eine Korrelation von Eins fixiert wird.

Abschließend wird die Differenz der χ^2-Werte der beiden Modelle geprüft. Übersteigt die Differenz den kritischen Wert von 3,84, so ist von Diskriminanzvalidität auszugehen, da die eingeführte Restriktion zu einer signifikanten Verschlechterung der Modellpassung geführt hat.

Zusammenfassend ist zu konstatieren, dass die Konstruktvalidität zum einen den Grad beurteilt, indem ein Test das angestrebte Konstrukt tatsächlich misst. Zum anderen bewertet sie das Ausmaß, in dem der empirisch ermittelte Zusammenhang zwischen den gemessenen Kon-

---

[205] Vgl. Peter (1997), S. 142, und Loevenich (2002), S. 180.
[206] Vgl. Wieseke (2004), S. 191.
[207] Vgl. Giering (2000), S. 85, und Homburg/Pflesser (2000), S. 430.
[208] Vgl. Homburg/Pflesser (2000), S. 428.
[209] Vgl. Giering (2000), S. 86 ff., und Homburg/Pflesser (2000), S. 428 ff.
[210] Vgl. Homburg/Baumgartner (1995), S. 172.

strukten den theoretisch postulierten Zusammenhang reflektiert.[212] Für die Überprüfung der Gültigkeit des Dienstleistungsqualitätsurteils von Testkäufern bedeutet dies, dass ein Validitätsattest erteilt wird, wenn die Mystery Shopper die Zusammensetzung des Dienstleistungsqualitätskonstruktes und dessen Wirkungszusammenhang mit anderen Konstrukten so wahrnehmen, wie es theoretisch postuliert wird.

3. Generalisierbarkeitstheoretische Überlegungen zur Güteprüfung des Dienstleitungsqualitätsurteils von Mystery Shoppern

Die Generalisierbarkeitstheorie (GT) ist *Cronbach/Gleser/Nanda/Rajaratnam* folgend als Liberalisierung der KTT zu betrachten,[213] da sie das Prinzip der Varianzanalyse auf die KTT anwendet. Darüber hinaus liefert sie einen Ansatz, der die Überprüfung der Abhängigkeit einer Messung von verschiedenen Bedingungen bzw. Facetten[214] ermöglicht.[215] Entgegen der KTT liegt die Besonderheit der GT in der Berücksichtigung unterschiedlicher Varianzquellen und der Analysen des Beitrags dieser Varianzquellen zur Gesamtvarianz. Die GT ermöglicht es ebenso wie die KTT durch die differenzierte Betrachtung „wahrer" Varianz- und Fehlervarianzquellen, die Reliabilitätsprüfung einer Testmethodik vorzunehmen.[216] Ziel ist die Beantwortung der Frage, inwieweit ein Testergebnis über verschiedene Bedingungen, Facetten und Untersuchungskontexte hinweg generalisierbar ist. Dieses Vorgehen beschreiben *Cronbach/Gleser/Nanda/Rajaratnam* wie folgt: „The investigator uses the observed score or some function of it as if it were the universe score. That is, he generalizes from sample to universe. [There for] the question of reliability resolves into a question of accuracy of generalization, or generalizability."[217] Inwieweit diese Generalisierung tatsächlich zulässig ist, kann dem Generalisierbarkeitskoeffizienten entnommen werden. Im Zuge seiner Bestimmung spiegeln die Fehlervarianzkomponenten das Ausmaß wider, in dem die Urteile einzelner Auskunftspersonen unabhängig von den Untersuchungsbedingungen im jeweiligen Untersuchungskontext sind. Dagegen ist den „wahren" Varianzquellen zu entnehmen, ob bzw. inwieweit diese für das Zustandekommen des generalisierten Urteils verantwortlich sind. Eine solche Ermittlung

---

[211] Vgl. hierzu und im folgenden Krohmer (1999), S. 150, sowie Homburg/Pflesser (2000), S. 429.
[212] Vgl. Bagozzi (1998), S. 52.
[213] Vgl. Cronbach/Gleser/Nanda/Rajaratnam (1972), S. 14 ff.
[214] Die so genannten Facetten der GT umfassen das, was in der Verhaltenswissenschaft an anderer Stelle als Faktor bezeichnet wird.
[215] Vgl. Mutz (2003), S. 246, und Trost (2001), S. 74.
[216] Vgl. Trost (2001), S. 74.
[217] Cronbach/Gleser/Nanda/Rajaratnam (1972), S. 15.

der Varianzkomponenten auf Basis der Generalisierbarkeitstheorie wird auch als Generalisierbarkeitsstudie (G-Studie) bezeichnet.[218]

Die Durchführung einer G-Studie umfasst mehrere, aufeinander aufbauende Schritte: Zunächst wird ein Design für die G-Studie entwickelt. Dieser Arbeitsgang entspricht demjenigen der Designplanung im Rahmen eines traditionellen Experiments. Das Design der Studie wird sodann anhand eines Venn-Diagramms abgebildet. Ein solches Venn-Diagramm erlaubt die Identifikation aller „wahren" Varianz- wie auch Fehlervarianzkomponenten.[219] Anschließend kommt es zur Varianzkomponentenschätzung, die aufgrund des leichteren Verständnisses anhand eines Beispiels aus dem Anwendungskontext der vorliegenden Arbeit erläutert werden soll.[220]

In einer typischen Kundenbefragung wird 80 Kunden einer Reisebürokette die Frage gestellt: „Wie zufrieden sind sie mit der Dienstleistungsqualität dieses Reisebüros?" Zur Beantwortung stehen den Kunden fünf Antwortvorgaben von (1) sehr zufrieden bis (5) sehr unzufrieden zur Verfügung. Außerdem weiß man, dass die 80 Reisebürokunden zu gleichen Teilen aus acht verschiedenen Reisebüros der Reisebürokette stammen. „Missing values" existieren nicht, da die Kunden immer alle Fragen beantworten. Tabelle B-7 gibt die konkreten Ergebnisse dieser fiktiven Kundenbefragung wider.

K_j \ R_i	R_1	R_2	R_3	R_4	R_5	R_6	R_7	R_8
K_1	2	3	3	3	5	4	3	3
K_2	3	3	3	4	4	4	2	4
K_3	2	4	3	3	4	4	3	4
K_4	2	4	3	3	4	4	2	4
K_5	3	4	4	3	4	3	2	4
K_6	3	4	3	3	4	4	2	4
K_7	3	4	4	2	4	4	2	3
K_8	3	3	4	3	5	4	3	3
K_9	2	4	3	3	5	4	2	4
K_{10}	3	4	3	2	4	4	3	4
MW	2,6	3,7	3,3	2,9	4,3	3,9	2,4	3,7
SQ	2,4	2,1	2,1	2,9	2,1	0,9	2,4	2,1

R_i = Reisebüro i
$K_{j,i}$ = Kunde j in Reisebüro i
MW_i = Mittelwert der Kundenurteile in Reisebüro i
SQ_i = Summe der Abweichungsquadrate in Reisebüro i

Tab. B-7: 80 fiktive Antworten zu einem Item in einer Kundenbefragung in acht Reisebüros

---

[218] Vgl. Trost (2001), S. 75.
[219] Vgl. Trost (2001), S. 77.
[220] Vgl. hierzu und im Folgenden die Ausführungen von Trost (2001), S. 77 ff.

Im Rahmen der Varianzkomponentenschätzung ergibt sich aus den fiktiven Kundendaten ein Gesamtmittelwert (MW_{ges}.) von 3,35, eine Summe der Abweichungsquadrate innerhalb der Gruppen (SQ_I) von 17,0 und eine Summe der Abweichungsquadrate zwischen den Gruppen (SQ_Z) von 31,2. Anschließend erfolgt die erwartungstreue Schätzung der Varianzen mit Hilfe der erwarteten mittleren Quadrate. Ausgangspunkt für deren Bestimmung sind die zuvor ermittelten Abweichungsquadrate und deren jeweiliger Freiheitsgrad (df).[221] Tabelle B-8 zeigt die konkrete Herangehensweise im Rahmen des vorliegenden Beispiels, wobei p die Zahl der beurteilten Reisebüros und n_p die Zahl der Auskunftspersonen je Reisebüro bezeichnet.

Varianzkomponente	SQ	n_p (p)	df	MQ
Zwischen den Gruppen	31,20	10 (8)	$p - 1 = 7$	$\dfrac{SQ_Z}{df} = 4{,}46$
Innerhalb der Gruppen	17,00	10 (8)	$p \cdot (n_p - 1) = 72$	$\dfrac{SQ_I}{df} = 0{,}24$

p = Zahl der beurteilten Reisebüros
n_p = Zahl der Auskunftspersonen je Reisebüro
df = Freiheitsgrade der ermittelten Abweichungsquadrate
MQ = Mittlere Quadrate zwischen bzw. innerhalb der Gruppen
SQ = Summe der Abweichungsquadrate zwischen bzw. innerhalb der Gruppen

Tab. B-8: Ermittlung der erwarteten mittleren Quadrate

Im Folgenden wird verwendet, dass die mittleren Quadrate MQ_Z bzw. MQ_I erwartungstreue Schätzer der erwarteten mittleren Quadrate $E(MQ_Z)$ und $E(MQ_I)$ sind.

Zur Bestimmung der Varianzkomponenten ist es erforderlich, ein Gleichungssystem nach den Regeln von *Cornfield/Tukey* aufzustellen.[222] Das Gleichungssystem für das vorliegende Beispiel besteht aus:

(B-2.12)
$$E(MQ_Z) = n_p \sigma^2{}_Z + \sigma^2{}_I$$

(B-2.13)
$$E(MQ_I) = \sigma^2{}_I$$

Da man von den Ergebnissen der Varianzanalyse in Tabelle B-8 weiß, dass $E(MQ_I)$ durch MQ_I mit 0,24 geschätzt werden kann, erhält man durch Einsetzen der Schätzung für die Varianzkomponente $\sigma^2{}_I$ in die Gleichung B-2.12 und anschließender Umformung folgende Schätzung für die Varianzkomponente $\sigma^2{}_Z$:

---

[221] df steht für die englische Bezeichnung degree of freedom.
[222] Vgl. Bortz (1999), S. 417 ff.

(B-2.14)

$$\hat{\sigma}^2_z = E(MQ_Z) - \frac{0,24}{n_p}$$

Des Weiteren ist Tabelle B-8 zu entnehmen, dass $E(MQ_Z)$ durch die Summe der Abweichungsquadrate MQ_Z mit einem Wert von 4,46 geschätzt werden kann. Daraus folgt bei zehn interviewten Reisebürokunden:

(B-2.15)

$$\hat{\sigma}^2_z = 4,46 - \frac{0,24}{10} = 4,436$$

Die Generalisierbarkeit errechnet sich nun wie folgt:

(B-2.16)

$$\rho^2 = \frac{\sigma^2_z}{\sigma^2_z + \sigma^2_l}$$

Setzt man in die Gleichung B-2.16 die ermittelten Varianzkomponenten ein, so erhält man:

(B-2.17)

$$\hat{\rho}^2 = \frac{4,436}{4,436 + 0,24} = 0,95$$

Der Wert ρ^2 wird im Rahmen der GT als Generalisierbarkeitskoeffizient (G-Koeffizient) bezeichnet. Er gibt an, ob die individuellen Urteile der Reisebürokunden generalisierbare Rückschlüsse auf die Bedingungen im jeweiligen Reisebüro zulassen. Somit ermöglichen die Ergebnisse von G-Studien eine Aussage über die Abhängigkeit der Beobachtung von den „wahren" Varianzquellen und über die Bedeutung unterschiedlicher Fehlervarianzquellen.

Die Ausführungen in Abschnitt B.2.2.1. dieser Arbeit haben gezeigt, dass die Reliabilität in der KTT als Quotient aus der Varianz des „wahren" Wertes (s^2_t) und der Gesamtvarianz (s^2_x) betrachtet wird. Da dieser Quotient jedoch nichts anderes ist als der soeben über varianzanalytische Umwege ermittelte G-Koeffizient, erscheint der Rückgriff auf die GT im Rahmen der Reliabilitätsprüfung als unnötig.[223] Demzufolge soll die KTT einerseits aufgrund des vorstehenden Nachweises, dass die Reliabilitätskoeffizienten der KTT und der GT vergleichbar sind, als auch wegen der weiten Verbreitung der KTT zur Güteprüfung (des Dienstleistungsqualitätsurteils von Mystery Shoppern) eingesetzt werden. Der vorstehende Einblick in die Generalisierbarkeitstheorie ist daher lediglich als Exkurs zu betrachten.

4. Ein Konzept zur Prüfung der Reliabilität und Validität des Dienstleistungsqualitätsurteils von Mystery Shoppern

Das Konzept zur Überprüfung der Reliabilität und Validität des Dienstleistungsqualitätsurteils von Testkäufern basiert auf den bisherigen Ausführungen in Abschnitt B. Demgemäß sind die in Tabelle B-9 abgebildeten Arbeitsschritte entsprechend der Bedeutung der einzelnen Koeffizienten angeordnet. Konkret geht die Reliabilitätsprüfung der Validitätsbeurteilung voraus, da die Reliabilität ein hinreichendes Kriterium für die Validität eines Messverfahrens darstellt.[224]

Während der Reliabilitätsprüfung des Dienstleistungsqualitätsurteils von Mystery Shoppern gilt es zuerst die Konsistenz der Testkaufurteile „at a point in time" zu überprüfen (bzw. zu sichern), bevor man im Rahmen einer „follow up"-Studie die Reliabilität „over time" evaluiert. Ursächlich für dieses Vorgehen ist, dass die Kriterien der Reliabilitätsprüfung von der Bestimmung der internen Konsistenz bis hin zur Retest-Reliabilität stetig wachsende Anforderungen an die Zuverlässigkeit eines Messinstruments stellen.[225]

Im Anschluss an die Reliabilitätsanalyse erfolgt die Quantifizierung des systematischen Fehlers unter Verwendung der Inhalts-, Kriteriums- und Konstruktvalidität. Auch diese Koeffizienten sind gemäß ihrer Bedeutung systematisiert. Zunächst erfolgt eine Analyse der Inhaltsvalidität, da ein Test überhaupt erst kriteriums- bzw. konstruktvalide sein kann, wenn sichergestellt ist, dass die verwendete Messung eines Konstrukts selbiges in seinem theoretischen Bedeutungsinhalt gänzlich repräsentiert.[226] Nachfolgend attestiert die Kriteriumsvalidität inwieweit das zu validierende Messinstrument mit einem externen Kriterium übereinstimmt. Demgegenüber prüft die Konstruktvalidität, ob die empirisch ermittelte Zusammensetzung eines Konstruktes und dessen Wirkungszusammenhang mit anderen Konstrukten der theoretisch postulierten entspricht. Hierbei ist zu berücksichtigen, dass die Prüfung der Kriteriums- und der Konstruktvalidität nicht als sukzessive, sondern als parallele Prüfschritte zu betrachten sind.

---

[223] Vgl. hierzu die Ausführungen von Domsch/Gerpott (1986), S. 116 ff. und Trost (2001), S. 87.
[224] Vgl. Balderjahn (2003), S. 130 ff.
[225] Vgl. Lingenfelder/Schmidt/Wieseke (2006), S. 196.

Über die Systematisierung der Arbeitsschritte hinaus enthält Tabelle B-9 die Berechnungsvor-schriften, den Wertebereich und die Interpretation der einzelnen Koeffizienten. Abschließend sind zu jedem Arbeitsschritt Regeln angegeben, die diesen kommentieren bzw. Anweisungen für das weitere Vorgehen geben.

---

[226] Vgl. Hildebrandt (1998), S. 89.

Arbeits-schritt	Koeffizient	Berechnung	Werte-bereich	Interpretation
I. Reliabilitätsprüfung				
	Bestimmung der internen Konsistenz			
1	Cronbachs α	$\alpha = \frac{k}{k-1}\left(1 - \frac{\sum_{i=1}^{k}\sigma_i^2}{\sigma_x^2}\right)$	[0,1]	Werte > **0,7** gelten als akzeptabel

Regel 1: Bei Faktoren, die ein Cronbachs α von unter 0,7 aufweisen, ist die Skalenreliabilität durch Elimination der zugehörigen Indikatorvariablen mit der jeweils niedrigsten Item-to-Total Korrelation sukzessive zu erhöhen.

	Bestimmung der Interrater-Reliabilität			
2	$ICC_{\text{einfak., unjust.}}$ (ICC_1)	$ICC_1 = \frac{MS_{zw} - MS_{inn}}{MS_{zw} + (k-1)MS_{inn}}$	[0,1]	Werte > **0,4** gelten als akzeptabel
	$ICC_{\text{zweifak., unjust.}}$ (ICC_2)	$ICC_2 = \frac{MS_{zw} - MS_{res}}{MS_{zw} + (k-1)MS_{res} + \frac{k(MS_{rat} - MS_{res})}{n}}$		
	$ICC_{\text{zweifak., just.}}$ (ICC_3)	$ICC_3 = \frac{MS_{zw} - MS_{res}}{MS_{zw} + (k-1)MS_{res}}$		

Regel 2a: Es ist der geeignete Intraklassenkorrelationskoeffizient anhand der Entscheidungskriterien in Tabelle B-3 der vorliegenden Arbeit auszuwählen.

Regel 2b: Sollte Interrater-Reliabilität nachweisbar sein, dürfen die Einzelurteile der Mystery Shopper über den gemeinsam durchgeführten Testkauf durch Mittelwertbildung zu einem Urteil aggregiert werden.

	Bestimmung der Retest-Reliabilität			
3	Korrelation nach Bravais-Pearson	$r_{t_1,t_2} = \frac{\frac{1}{n}\sum_{i=1}^{n}(x_{i1} - \bar{x}_1)(x_{i2} - \bar{x}_2)}{\sqrt{\frac{1}{n}\sum_{i=1}^{n}(x_{i1} - \bar{x}_1)^2}\sqrt{\frac{1}{n}\sum_{i=1}^{n}(x_{i2} - \bar{x}_2)^2}}$	[-1,+1]	• Bei einem zeitlichen Abstand von **1 Woche** zwischen t_1 und t_2 gelten Werte > **0,6** als akzeptabel • Bei einem zeitlichen Abstand von **1 Jahr** zwischen Messzeitpunkt t_1 und t_2 gelten Werte > **0,3** als akzeptabel

Regel 3a: Es sind die aggregierten Testkaufurteile (aus Arbeitsschritt 2) der Messzeitpunkte t_1 und t_2 einander gegenüberzustellen. (Hierbei signalisieren t_1 und t_2 sowohl die kurzfristige (1 Woche) als auch die langfristige (1 Jahr) zeitliche Differenz.)

Regel 3b: Bei der Bestimmung der Retest-Reliabilität gilt es, den Zufallsfehler durch die Kontrolle externer Effekte (wie z.B. instabile äußere Bedingungen, Fluktuation innerhalb der Stichprobe, Kosten etc.) zu eliminieren (vgl. hierzu die Ausführungen in Kapitel B.2.2.1.2 der vorliegenden Arbeit).

II. Validitätsprüfung				
	Bestimmung der Inhaltsvalidität			
4	Expertengutachten attestieren Inhaltsvalidität.	Ein Test wird als inhaltsvalide bezeichnet, wenn die verwendete Messung eines Konstrukts selbiges in seinem theoretischen Bedeutungsinhalt gänzlich repräsentiert.	k.A.	Ein quantitativ objektivierbarer Wert für die Inhaltsvalidität existiert nicht.
	Bestimmung der Kriteriumsvalidität			

5	Korrelation nach Bravais-Pearson
	  - Konkurrenzvalidität
	  - Prognosevalidität
		$\rho(x,y) = \frac{\frac{1}{n}\sum_{i=1}^{n}(x_i - \bar{x})(y_i - \bar{y})}{\sqrt{\frac{1}{n}\sum_{i=1}^{n}(x_i - \bar{x})^2}\sqrt{\frac{1}{n}\sum_{i=1}^{n}(y_i - \bar{y})^2}}$	[-1,+1]	Werte > **0,3** gelten als akzeptabel

Regel 5: Es ist ein reliables und für den Untersuchungskontext geeignetes Außenkriterium auszuwählen, das nicht von externen Faktoren beeinflusst wird (beispielsweise wird die Höhe des ausgewiesenen Gewinns u.a. von den Zielen der Geschäftsführung sowie dem bilanz- und steuerpolitischen Handlungsspielraum determiniert).

Fortsetzung von Tabelle B-9.

	Bestimmung der Konstruktvalidität			
6	Konvergenzvalidität - Lokale Gütekriterien - Globale Gütekriterien	Konvergenzvalidität bezeichnet das Ausmaß, indem möglichst verschiedenartige Messungen desselben Konstrukts miteinander korrelieren. Die lokalen Gütekriterien dienen dabei der Beurteilung einzelner Konstrukte und Indikatoren, wohingegen die globalen Gütekriterien für die Bewertung des postulierten Gesamtmodells eingesetzt werden.	k.A.	Die einzelnen lokalen bzw. globalen Gütekriterien und deren Interpretation sind Tabelle B-6 zu entnehmen.
	Diskriminanzvalidität - χ^2 - Differenztests	Diskriminanzvalidität wird attestiert, wenn Messungen unterschiedlicher Konstrukte nur gering oder gar nicht miteinander korrelieren. Der χ^2 - Differenztests basiert auf einem mehrstufigen Vorgehen: 1. Berechnung des χ^2-Wertes zur Passung des postulierten mehrfaktoriellen Messmodells. 2. Anschließend wird ein spezielles Modell erzeugt, in dem zwischen zwei Faktoren eine Korrelation von Eins fixiert wird. 3. Bildung der Differenz zwischen den χ^2-Werten dieser beiden Modelle.	k.A.	Eine Differenz der χ^2 - Werte $\geq 3,84$ attestiert Diskriminanzvalidität.

Regel 6a: Es ist ein theoretisch fundiertes Hypothesengerüst bezüglich der Wirkungszusammenhänge der untersuchten Faktoren zu formulieren.

Regel 6b: Beurteilung der Konstruktvalidität anhand eines Falsifikationsversuches der hergeleiteten, Untersuchungshypothesen.

Tab. B-9: Schema zur Reliabilitäts- und Validitätsprüfung des Dienstleistungsqualitätsurteils von Testkäufern

C. Messansätze und korrespondierende Datenerhebungstechniken zur Evaluation der Dienstleistungsqualität

Ziel des nachfolgenden Abschnittes ist es, die verschiedenen Ansätze der Dienstleistungsqualitätsmessung sowie deren korrespondierende Datenerhebungsinstrumente zu erläutern und im Hinblick auf ihre Eignung zur Messung der Dienstleistungsqualität zu diskutieren. Dabei werden insbesondere diejenigen Datenerhebungsinstrumente berücksichtigt, die mit dem Einsatz subjektiver Messansätze einhergehen. Zu diesen Erhebungsinstrumenten zählen zum einen das Interview und zum anderen die schriftliche Befragung. Im Verlauf der kritischen Auseinandersetzung mit den subjektiven Messansätzen sowie den klassischen Datenerhebungstechniken lassen sich Defizite identifizieren, die in den Besonderheiten einer Dienstleistung begründet liegen. Anknüpfend an diese Schwächen, wird die Vorteilhaftigkeit der Mystery Shopping-Methodik für die Evaluation der Servicequalität von Dienstleistungsunternehmen herausgearbeitet. Es werden zwölf Voraussetzungen für den erfolgreichen Einsatz von Mystery Shoppern bei der Evaluation der Dienstleistungsqualität dargestellt, deren Einhaltung die Handlungsrelevanz der gewonnenen Informationen und insbesondere die Sicherung von Reliabilität und Validität der Testkaufurteile gewährleisten.

1. Begriffsbestimmung und Besonderheiten einer Dienstleistung

Um die Leistungsfähigkeit der verschiedenen Datenerhebungsinstrumente bei der Evaluation der Dienstleistungsqualität beurteilen zu können, erscheint es zunächst angebracht, die Merkmale und Besonderheiten einer Dienstleistung zu erörtern. Darüber hinaus ist das zugrunde liegende Verständnis von Dienstleistungsqualität zu definieren, um es einer Operationalisierung im konkreten Anwendungsfall zugänglich zu machen.

Eine Vielzahl an wissenschaftlichen Beiträgen zum Thema „Dienstleistung" dokumentieren das Bemühen nach einer exakten Abgrenzung und Systematisierung des Dienstleistungsbegriffes. Breiten Raum nehmen solche Definitionsansätze ein, deren Ziel darin besteht, Dienstleistungen anhand ihrer konstitutiven Merkmale zu erschließen. Dabei werden Dienstleistungen regelmäßig durch Eigenschaften wie Immaterialität, Intangibilität, Unteilbarkeit, Vergänglichkeit, Standortgebundenheit, Individualität und die Integration des externen Faktors charakterisiert.[227]

---

[227] Vgl. Bruhn (1997), S. 11, und Siefke (1998), S. 6 f.

Darüber hinaus wird auf einer übergeordneten Ebene häufig eine dimensionsorientierte Definition des Dienstleistungsbegriffs vorgenommen. Diese differenziert zwischen der Potential-, der Prozess- und der Ergebnisdimension.[228] Obwohl die zuvor genannte Dreiteilung im Laufe der Zeit von einigen Autoren modifiziert bzw. erweitert wurde, hat sich folgendes Grundverständnis bezüglich des Inhalts der Dimensionen[229] durchgesetzt:[230]

- Unter der Potentialdimension versteht man die Fähigkeit und die Bereitschaft des Dienstleistungsunternehmens und seiner Mitarbeiter zur Dienstleistungserstellung, die technische Ausrüstung sowie die Zugangs- und Nutzungsmöglichkeiten durch den Nachfrager.

- Die Prozessdimension nimmt Bezug auf den Tätigkeitsvollzug der Dienstleistung. Sie umfasst somit alle Aktivitäten, die im Verlauf der Dienstleistungserstellung stattfinden.

- Die Ergebnisdimension hat schließlich den Erreichungsgrad der Leistungsziele zum Inhalt. Sie betrachtet somit das Ergebnis der abgeschlossenen Tätigkeit und damit den beendeten Vollzug einer Dienstleistung.

In Zusammenhang mit der dimensionsorientierten Definition der Dienstleistung ist zu beachten, dass die oben aufgeführten Dimensionen nicht als sich gegenseitig ausschließend angesehen werden dürfen, sondern Gegenstand einer integrierten Betrachtung sein müssen.[231] Greift man diese Sichtweise auf, so kann die folgende Definition des Dienstleistungsbegriffs durch die Kombination der konstitutiven Merkmale mit den Leistungsdimensionen abgeleitet werden.

„Dienstleistungen sind selbständige, marktfähige Leistungen, die mit der Bereitstellung und/oder dem Einsatz von Leistungsfähigkeiten verbunden sind (Potentialorientierung). Interne und externe Faktoren werden im Rahmen des Erstellungsprozesses kombiniert (Prozessorientierung). Die Faktorenkombination des Dienstleistungsanbieters wird mit dem Ziel eingesetzt, an den externen Faktoren, an Menschen oder deren Objekten, nutzenstiftende Wirkungen zu erzielen (Ergebnisorientierung)."[232]

Analog zu den diversen Dienstleistungsdefinitionen existieren ebenso vielfältige Ansätze zur Erfassung des Qualitätsbegriffs.[233] Das deutsche Institut für Normung e.V. (DIN) bringt in der

---

[228] Vgl. Donabedian (1980), S. 81 ff.
[229] Der Begriff Dimensionen wird in diesem Zusammenhang häufig als synonym zum Phasenbegriff verwendet, da eine Dienstleistung im Idealfall chronologisch in der Reihenfolge Produkt – Prozess – Ergebnis verläuft. Zu dieser Argumentation vgl. Haller (1995), S. 57.
[230] Vgl. zu den unterschiedlichen Auffassungen Siefke (1998), S. 8, und Corsten (2001), S. 295 ff.
[231] Vgl. Siefke (1998), S. 7.
[232] Meffert/Bruhn (1997), S. 27.
[233] Vgl. Meffert/Bruhn (1997), S. 200, und Corsten (2001), S. 292.

DIN EN ISO 9000:2005 folgendes Verständnis von Qualität zum Ausdruck: „Qualität ist die Beschaffenheit einer Einheit bezüglich ihrer Eignung, festgelegte oder vorausgesetzte Erfordernisse zu erfüllen."[234] Eine ähnliche Auslegung des Qualitätsbegriffs vertritt die Deutsche Gesellschaft für Qualität e.V.. Sie definiert Qualität als die Gesamtheit von Eigenschaften und Merkmalen eines Produktes oder einer Tätigkeit, die sich auf deren Eignung zur Erfüllung gegebener Erfordernisse bezieht.[235]

Verknüpft man nun den zu Anfang hergeleiteten Dienstleistungsbegriff und die zuletzt abgeleiteten Qualitätsdefinitionen, so ergibt sich *Bruhns* Definition von Dienstleistungsqualität, die das Begriffsverständnis der vorliegenden Arbeit bilden soll:

„Dienstleistungsqualität ist die Fähigkeit eines Anbieters, die Beschaffenheit einer primär intangiblen und der Kundenbeteiligung bedürfenden Leistung gemäß den Kundenerwartungen auf einem bestimmten Anforderungsniveau zu erstellen. Sie bestimmt sich aus der Summe der Eigenschaften bzw. Merkmale der Dienstleistung, bestimmten Anforderungen gerecht zu werden."[236]

Demgemäß resultiert das Dienstleistungsqualitätsurteil aus einer vergleichenden Gegenüberstellung von erwarteter und tatsächlicher Beschaffenheit der Dienstleistung.[237]

[234] Deutsches Institut für Normung e.V. (2005), S. 3.
[235] Vgl. Bezold (1997), S. 38.
[236] Bruhn (1997), S. 27.
[237] Vgl. Quartapelle/Larsen (1996), S. 48 ff., Krüger-Strohmayer (2000), S. 49, und Corsten (2001), S. 299.

2. Messansätze zur Evaluation der Dienstleistungsqualität

Die Herleitung des Dienstleistungsqualitätsbegriffs bereitet den Boden für die nachfolgenden Abschnitte. Zunächst sollen die Messansätze zur Evaluation der Dienstleistungsqualität erläutert werden. Dies ist notwendig, um im Anschluss an die Diskussion der korrespondierenden Datenerhebungstechniken Defizite aufdecken zu können, die auf die Besonderheiten einer Dienstleistung zurückzuführen sind.

Zur Messung der Dienstleistungsqualität lassen sich grundsätzlich kunden- und unternehmensorientierte Ansätze unterscheiden.[238] Die nachfolgenden Ausführungen beschränken sich ausschließlich auf die Konzepte der nachfragerorientierten Dienstleistungsqualitätsmessung. Dies begründet sich in der Tatsache, dass in den meisten Fällen einzig das Urteil eines Kunden dessen Kaufentscheidung determiniert. Die Beurteilung der Servicequalität eines Dienstleistungsanbieters hat daher hauptsächlich aus Kundenperspektive zu erfolgen.[239]

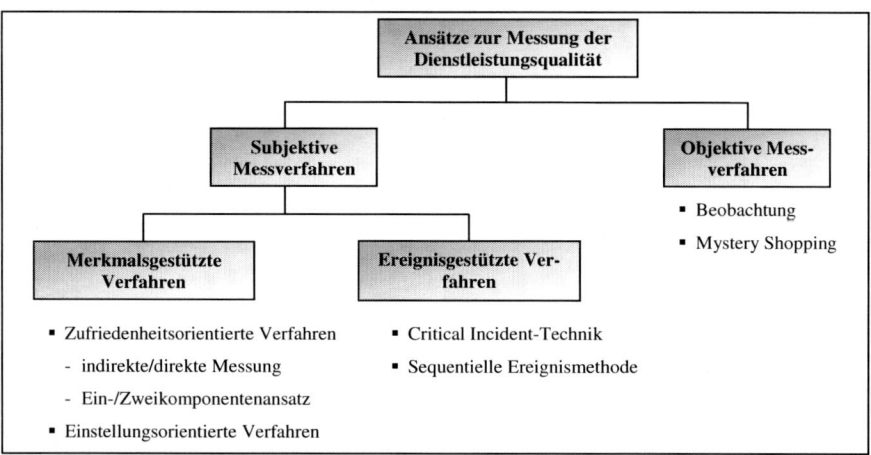

Quelle: In Anlehnung an Meffert/Bruhn (1997), S. 206.

Abb. C-1: Messansätze zur Evaluation der Dienstleistungsqualität aus Kundenperspektive

Abbildung C-1 stellt die nachfragerorientierten Ansätze zur Messung der Dienstleistungsqualität dar. Die subjektiven Messverfahren, die in die Gruppe der merkmalsgestützten und die der ereignisgestützten Verfahren unterteilt werden können, stützen sich auf den interindividuell unterschiedlichen Wahrnehmungen und Bedürfnissen der beurteilenden Per-

---

[238] Vgl. Bruhn (1997), S. 60, und Meffert/Bruhn (2003), S. 288.
[239] Vgl. Landgraf (1995), S. 18.

son.[240] Dabei ermitteln die merkmalsorientierten Messverfahren die Qualität einer Dienstleistung anhand einzelner Merkmalseigenschaften einer Dienstleistung,[241] während es das Ziel ereignisorientierter Verfahren ist, die Dienstleistungsqualität mit Hilfe einzelner Ereignisse zu bestimmen, die der Konsument während des Dienstleistungsprozesses erlebt.[242]

Entgegen der subjektiven Messansätze stellen die objektiven Messverfahren auf ein intersubjektiv überprüfbares Dienstleistungsqualitätsurteil ab, dass mit Hilfe neutraler dritter Personen oder anhand objektiver Indikatoren ermittelt wird.[243] Im Folgenden sollen die einzelnen Messansätze präziser erläutert und hinsichtlich ihrer Eignung zur Evaluation der Dienstleistungsqualität beurteilt werden.

3. Subjektive Messansätze zur Evaluation der Dienstleistungsqualität

3.1. Merkmalsgestützte Verfahren

Die am häufigsten vorzufindende Variante merkmalsgestützter Messverfahren ist das so genannte Multiattribut-Modell.[244] Dieses in unterschiedlichen Anwendungsvarianten zum Einsatz kommende Modell beruht auf der Annahme, dass sich das Qualitätsgesamturteil eines Dienstleistungskonsumenten aus einer Vielzahl individuell bewerteter (Qualitäts-)Merkmale der Dienstleistung zusammensetzt (kompositioneller Ansatz).[245] Die Qualität einzelner Dienstleistungsmerkmale wird mit Hilfe vorstrukturierter Fragebögen auf Basis von Ratingskalen ermittelt. Das Qualitätsgesamturteil kann daran anschließend mittels unterschiedlicher Aggregationsalgorithmen aus den Einzelurteilen über die Qualitätsmerkmale der Dienstleistung berechnet oder ebenfalls mit Hilfe einer Ratingskala ermittelt werden.[246]

Innerhalb der Gruppe kompositioneller Multiattribut-Verfahren kann grundsätzlich zwischen einstellungsorientierten und zufriedenheitsorientierten Konzepten unterschieden werden.[247] Die einstellungsorientierte multiattributive Qualitätsmessung unterstellt eine Prädisposition des Kunden, wonach dessen Dienstleistungsqualitätsurteil als eine relativ dauerhafte, gelernte,

[240] ebd.
[241] Vgl. Meffert/Bruhn (1997), S. 209.
[242] Vgl. Bruhn (1997), S. 82.
[243] Vgl. Siefke (1998), S. 104 f.
[244] Zu weiteren, bislang weniger häufig eingesetzten Verfahren, wie z.B. der Penalty-Reward-Analyse oder auch der Vignette-Methode vgl. Bruhn (1997), S. 74 ff., und Meffert/Bruhn (1997), S. 213 ff.
[245] Vgl. Hentschel (1992), S. 111. Demgegenüber stehen Verfahren, die die vom Kunden wahrgenommene Dienstleistungsqualität aus einer dekompositionellen Perspektive ermitteln. Vgl. dazu Bruhn (1997), S. 74, und Meffert/Bruhn (1997), S. 216.
[246] Vgl. Siefke (1998), S. 109.
[247] Vgl. Westerbarkey (1996), S. 60 f., und Deppisch (1997), S. 126 ff.

positive oder negative innere Haltung gegenüber einem Beurteilungsobjekt zu betrachten ist.[248] Als Beurteilungsobjekt wird dabei entweder eine speziell vorgegebene Leistung oder (für den Fall, dass das Leistungsangebot nicht zu vielschichtig bzw. heterogen ist) das gesamte Unternehmen herangezogen. Eine konkret erlebte Dienstleistungssituation ist somit nicht notwendig.[249]

Im Gegensatz zu den einstellungsorientierten Konzepten gründen die zufriedenheitsorientierten Verfahren auf Basis des C/D-Paradigmas. Dieses Modell basiert auf dem zu Beginn der achtziger Jahre von *Oliver* entwickelten expectancy-disconfirmation-model.[250]

Dem C/D-Paradigma folgend stellt das zufriedenheitsorientierte Qualitätsurteil eines Kunden dessen Reaktion (affektive Komponente) auf das Ergebnis eines (kognitiven) Soll-Ist-Vergleichs des erlebten Dienstleistungsprozesses dar. Konkret ergibt sich das Ergebnis des Soll-Ist-Kalküls aus einer Gegenüberstellung der vom Kunden tatsächlich erhaltenen Dienstleistung (Ist-Leistung) und den Erwartungen (Soll-Standard) des Kunden an die Beschaffenheit dieser Dienstleistung.[251] Entspricht die vom Kunden erlebte Dienstleistung (Ist-Leistung) seinen Erwartungen (Soll-Standard), so spricht man von Konfirmation (Bestätigung) und einer daraus resultierenden Zufriedenheit des Kunden. Eine etwaige positive Abweichung der Ist-Leistung vom Soll-Standard, die auch als positive Diskonfirmation bezeichnet wird, führt ebenfalls zu einer Zufriedenheit des Dienstleistungskunden, wohingegen eine negative Diskonfirmation die Unzufriedenheit des Kunden nach sich zieht.[252] Abb. C-2 verdeutlicht diesen Vergleichsprozess zwischen Ist-Leistung und Soll-Standard sowie das resultierende zufriedenheitsorientierte Dienstleistungsqualitätsurteil.

[248] Vgl. Bruhn (1997), S. 66.
[249] Vgl. Hentschel (1992), S. 116.
[250] Vgl. Oliver (1980), S. 460 ff., Siefke (1998), S. 64 ff., Stauss (1999), S. 6, und Krüger-Strohmayer (2000), S. 58.
[251] Vgl. Quartapelle/Larsen (1996), S. 48 ff., Johnston/Heineke (1998), S. 101, und Hribek (1999), S. 145.
[252] Vgl. Oliver (1996), S. 104, Stauss (1999), S. 6, Lingenfelder/Lauer/Groh (2000), S. 163, Giering (2000), S. 8 ff., und Krüger-Strohmayer (2000), S. 58.

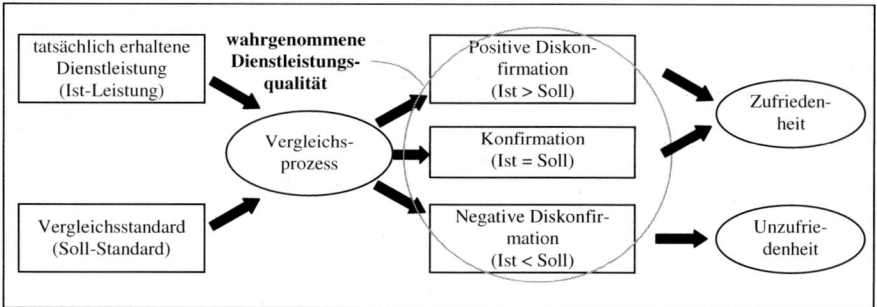

Quelle: In Anlehnung an Giering (2000), S. 8.

Abb. C-2: C/D-Paradigma

Über diese Grundstruktur hinaus differenzieren sich die zufriedenheitsorientierten Verfahren in direkte und indirekte Messansätze. Bei Anwendung der indirekten Messverfahren wird die erwartete Ausprägung qualitätsrelevanter Dienstleistungsmerkmale vor und das erlebte Ausmaß dieser Merkmale nach dem Konsumerlebnis ermittelt. Demgegenüber wird bei den direkten Ansätzen nur die nachträgliche Diskrepanz zwischen erwarteter und erlebter Leistung (ex post-Messung des Erfüllungsgrades von Erwartungen) bzw. unmittelbar das Ergebnis des Vergleichsprozesses - die von der Auskunftsperson wahrgenommene Dienstleistungsqualität - abgefragt.[253]

Speziell die indirekte, zufriedenheitsorientierte Qualitätsmessung wurde vielfach kritisiert. Ursächlich dafür sind u.a. die Schwierigkeiten bezüglich der inhaltlichen Konkretisierung der Erwartungskomponente. So wurden in den Beiträgen zum C/D-Paradigma die unterschiedlichsten Konkretisierungsvorschläge für die Soll-Komponente unterbreitet.[254] Diese reichen von der Idealvorstellung über Minimal- und Wertvorstellung bis hin zu den Erfahrungsnormen des Kunden als Vergleichsstandard.[255] Schließlich konnten *Tse/Wilton* im Rahmen einer empirischen Untersuchung sogar nachweisen, dass die unterschiedlichen Vergleichsstandards sowohl simultan als auch sequentiell die Bildung des Zufriedenheitsurteils eines Kunden beeinflussen.[256]

Darüber hinaus wurden die zweimalige Verwendung der gleichen Messskala sowie die damit verbundene doppelte Befragung der Auskunftspersonen zum Gegenstand der Kritik an den

---

[253] Vgl. Bruhn (1997), S. 68, und Siefke (1998), S. 109 f.
[254] Vgl. für einen Überblick Day (1983), S. 113 ff.
[255] Vgl. Siefke (1998), S. 68 f., und Giering (2000), S. 9 f.

indirekten Messansätzen. Die zweimalige Verwendung der gleichen Messskala wurde insbesondere wegen der inhärenten Gefahr eines konsistenten Antwortverhaltens der Auskunftsperson angegriffen. Dies habe zur Folge, dass die mit Hilfe der Differenz zwischen erwarteter und erlebter Leistung ermittelte wahrgenommene Dienstleistungsqualität erheblich von der tatsächlich empfundenen Dienstleistungsqualität abweicht.[257] Demgegenüber wurde die zwingend notwendige doppelte Befragung kritisiert, da sie von den Auskunftspersonen eine erhöhte Kooperationsbereitschaft abverlange. Außerdem bestehe die Gefahr, dass die Auskunftspersonen zur Formulierung überhöhter Anforderungen[258] und einer entsprechend verzerrten Wahrnehmung des Bezugsobjektes veranlasst würden. Ursächlich hierfür ist eine „unnatürliche" Aktivierung der Auskunftsperson, die aus der ex ante-Ermittlung von Erwartungen resultiert.[259]

Schließlich wurde die Zweckmäßigkeit der Differenzbildung zwischen Erwartungs- und Wahrnehmungskomponente in Frage gestellt, da auf der einen Seite die Differenzlogik in einzelnen Fällen zu einer irreführenden Interpretation der Befragungsergebnisse führt und auf der anderen Seite die einheitliche Meinung herrscht, dass das Qualitätsurteil nicht auf eine algebraische Differenzbildung zwischen Erwartungs- und Wahrnehmungskomponente im Sinne einer mathematischen Subtraktion, sondern auf die vom Kunden empfundene Diskrepanz der beiden Komponenten zurückzuführen ist.[260]

Ungeachtet der Wahl der geeigneten Messvariante ist im Rahmen der Analyse der Dienstleistungsqualität ein weiterer wesentlicher Aspekt zu berücksichtigen. Es ist die Entscheidung zu treffen, ob neben dem als Differenz ermittelten bzw. dem direkt gemessenen Qualitätsurteil auch die den einzelnen (Qualitäts-)Merkmalen subjektiv beigemessenen Bedeutungsgewichte erhoben werden sollen. Ein solches Vorgehen fußt auf der Annahme, dass in Abhängigkeit von der Situation und dem jeweiligen Konsumenten jedes einzelne Qualitätsmerkmal unterschiedlich bedeutsam ist.[261] Die Zweikomponentenansätze berücksichtigen diese Annahme, indem sie neben der Messung des Qualitätsurteils auch die Bedeutung des jeweiligen Quali-

---

[256] Vgl. Tse/Wilton (1988), S. 206 ff.
[257] Vgl. Homburg/Rudolph (1995), S. 44.
[258] Dieser Zusammenhang wird auch als Anspruchsinflation bezeichnet.
[259] Vgl. Haller (1995), S. 97.
[260] Vgl. Hentschel (1992), S. 140.
[261] Vgl. Siefke (1998), S. 112, und für eine detaillierte Diskussion der Gewichtungsproblematik vgl. Scharitzer (1994), S. 144 ff.

tätsmerkmals ermitteln, wohingegen die Einkomponentenansätze auf eine explizite Erhebung der Bedeutungsgewichte verzichten.[262]

Bei der Anwendung des Zweikomponentenansatzes besteht, ähnlich wie bei der separaten Erhebung von Erwartungen, die Gefahr der Anspruchsinflation.[263] Diesem Problem kann aber beispielsweise dadurch begegnet werden, dass die Auskunftsperson gebeten wird, auf einer Konstant-Summen-Skala eine vorgegebene Punktsumme auf die festgelegten Qualitätsmerkmale so zu verteilen, dass diese Verteilung ihren Präferenzen bei der Bildung eines Qualitätsgesamturteils entspricht.[264] Da sich dieses Verfahren jedoch nur für die Messung einer sehr kleinen Zahl von Merkmalen eignet, besteht die Notwendigkeit, eine Entscheidung über die Anzahl und die Auswahl der zu evaluierenden Merkmale zu treffen. Schließlich wird ein weiteres Problem ersichtlich, das mit der Anwendung des Zweikomponentenansatzes verbunden ist. Dem Wunsch nach einer detaillierten und vollständigen Messung mit Hilfe von Bedeutungsgewichten stehen Reaktanz- und Ermüdungserscheinungen der Auskunftspersonen entgegen.[265]

Den zuvor angeführten Kritikpunkten kann durch den Einsatz der Einkomponentenansätze Einhalt geboten werden. Im Rahmen dieser Konzepte erfolgt eine implizite Gewichtung der einzelnen Qualitätsmerkmale. Durch den Einsatz statistischer Verfahren ist es möglich, die Bedeutung einzelner Qualitätsmerkmale und ihren Einfluss auf das Qualitätsgesamturteil offenzulegen.[266] Im Rahmen einer solchen Vorgehensweise ist allerdings sicherzustellen, dass nur diejenigen Qualitätsmerkmale erfasst werden, die üblicherweise von der Auskunftsperson zur Beurteilung der betreffenden Dienstleistung verwendet werden.[267]

Abschließend ist darauf hinzuweisen, dass bei der empirischen Erfassung der Dienstleistungsqualität zunehmend auf eine getrennte Evaluation der Soll- bzw. Ist-Komponente verzichtet wird. Ursächlich dafür ist der bereits oben erwähnte Mangel an adäquaten Erklärungsmöglichkeiten bezüglich des vom Kunden zugrunde gelegten Vergleichsstandards und die Tatsache, dass das Ergebnis des Vergleichsprozesses eine vom Kunden subjektiv empfun-

---

[262] Vgl. Hentschel (1992), S. 116.
[263] Vgl. Siefke (1998), S. 112.
[264] Vgl. Schütze (1992), S. 176.
[265] Vgl. Siefke (1998), S. 113.
[266] Zu diesem Zweck wird insbesondere der Einsatz von regressions- bzw. kausalanalytischen Verfahren empfohlen. Vgl. dazu Homburg/Rudolph/Werner (1995), S. 322.
[267] Vgl. Siefke (1998), S. 113.

dene Diskrepanz und nicht die mathematische Differenz zwischen Soll-Standard und Ist-Leistung darstellt. Demgemäß wird die vom Konsumenten wahrgenommene Dienstleistungsqualität zunehmend anhand der von der Auskunftsperson geäußerten und direkt ermittelten Zufriedenheit mit eben dieser bewertet.[268]

3.2. Ereignisgestützte Verfahren

Gegenüber den merkmalsorientierten Messverfahren, welche die Dienstleistungsqualität anhand von Merkmalseigenschaften einer Dienstleistung ermitteln,[269] ist es das Ziel ereignisorientierter Verfahren, die Dienstleistungsqualität mit Hilfe einzelner Ereignisse zu bestimmen, die der Konsument während des Dienstleistungsprozesses erlebt.[270]

Die Critical Incident-Technik[271] ist eines der klassischen ereignisorientierten Verfahren zur Messung der Dienstleistungsqualität. Sie dient der Erfassung kritischer Konsumentenerlebnisse im Verlauf eines Dienstleistungsprozesses.[272] Konkret werden die Qualitätsinformationen über den Dienstleistungsprozess anhand detaillierter Kundenerlebnisse in mündlichen Interviews mit standardisierten, offenen Fragen ermittelt.[273] Zu diesem Zweck wird der Dienstleistungskonsument aufgefordert, eine einzelne besonders (nicht) zufrieden stellende Situation, in der er mit dem Angebot eines Dienstleistungsanbieters in Kontakt gekommen ist, anhand einer möglichst konkreten Beschreibung unter Berücksichtigung sämtlicher kritischer Details zu rekonstruieren.[274] *Bitner/Booms/ Tetreault* definieren in diesem Zusammenhang kritische Ereignisse als: „[...] specific interactions between customers and service firm employees that are especially satisfying or especially dissatisfying."[275]

Die Interpretation der Befragungsergebnisse umfasst ein mehrstufiges Auswertungsverfahren, bei dem die von den Auskunftspersonen genannten positiven und negativen kritischen Ereignisse anhand festgelegter Kodierungs- und Klassifikationsregeln in zuvor gebildete Problem-

---

[268] Vgl. Fechner (1999), S. 110 ff., und Giering (2000), S. 9 f.
[269] Vgl. Meffert/Bruhn (1997), S. 209.
[270] Vgl. Bruhn (1997), S. 82.
[271] Die Critical Incident-Technik wurde ursprünglich von Flanagan zur Differenzierung zwischen effektivem und uneffektivem Arbeitsverhalten entwickelt. Vgl. dazu Flanagan (1954), S. 327 ff.
[272] Vgl. Meffert/Bruhn (1997), S. 219 ff. Ferner gibt Hopkinson/Hogarth-Scott einen Überblick über den Einsatz der Critical Incident-Technik im Dienstleistungssektor. Vgl. Hopkinson/Hogarth-Scott (2001), S. 31 ff.
[273] Vgl. Siefke (1998), S. 119 f., und Fechner (1999), S. 95.
[274] Vgl. Scharitzer (1994), S. 138 f., Quartapelle/Larsen (1996), S. 134 ff., und Meffert/Bruhn (1997), S. 219.
[275] Bitner/Booms/Tetreault (1990), S. 73.

kategorien eingeordnet werden. Anschließend werden zur Ableitung von Handlungsmaßnahmen die kategoriellen Häufigkeiten der genannten kritischen Ereignisse ermittelt.[276]

Entgegen den merkmalsorientierten Verfahren werden die befragten Auskunftspersonen nicht aufgefordert, eine vorgegebene Anzahl abstrakt formulierter Qualitätsmerkmale zu beurteilen. Stattdessen werden sie gebeten, diejenigen Aspekte des Dienstleistungsprozesses, die ihnen subjektiv relevant erscheinen, in eigenen Worten zu schildern. Dadurch liefert die Critical Incident-Technik sehr konkrete, eindeutige und unmittelbar handlungsrelevante Informationen.[277]

Die sequentielle Ereignismethode[278] ist gegenüber dem Verfahren der Critical Incident-Technik dadurch gekennzeichnet, dass sie bereits während der Datenerhebung den Prozesscharakter einer Dienstleistung explizit berücksichtigt.[279] Die Auskunftsperson wird bei der Durchführung der sequentiellen Ereignismethode gebeten, anhand der mit Hilfe des Service Blueprinting entwickelten graphischen Darstellung des Dienstleistungsprozesses den von ihr wahrgenommenen Nutzungsprozess noch einmal gedanklich zu durchleben und die Ereignisse jeder einzelnen Dienstleistungsepisode zu beschreiben.[280] So sollen bei der sequentiellen Ereignismethode nicht nur die positiv bzw. negativ wahrgenommenen kritischen Ereignisse, sondern sämtliche Erlebnisse des Dienstleistungskonsumenten ermittelt werden.[281] Auf diese Weise ermöglicht die gestützte Art der Befragung eine vollständige Erfassung und Analyse aller Erlebnisse innerhalb der Episoden des Dienstleistungsprozesses.[282]

3.3. Datenerhebungstechniken zur Evaluation der Dienstleistungsqualität unter Einsatz subjektiver Messansätze

Nachfolgend sollen die Datenerhebungstechniken, die mit dem Einsatz subjektiver Messansätze zur Evaluation der Dienstleistungsqualität korrespondieren, kritisch diskutiert werden.

---

[276] Bitner/Booms/Tetreault (1990), S. 74 ff., und Scharitzer (1994), S. 138 f.

[277] Vgl. Bitner/Booms/Tetreault (1990), S. 71 ff., Bruhn/Henning (1993), S. 224, Scharitzer (1994), S. 139, und Meffert/Bruhn (1997), S. 219.

[278] Zu einem Einsatz dieses Verfahrens zur Messung der Dienstleistungsqualität im Bereich von touristischen Dienstleistungen vgl. Stauss/Weinlich (1997), S. 33 ff., und für einen Einsatz dieses Verfahrens im Bereich von touristischen Dienstleistungen eines Reisebüros vgl. Matzler/Pechlaner/Kohl (2000), S. 157 ff.

[279] Vgl. Scharitzer (1994), S. 139 f., und Meffert/Bruhn (1997), S. 217 f.

[280] Vgl. Bruhn (1997), S. 83.

[281] Vgl. Siefke (1998), S. 121.

[282] Eine ähnliche Analysemethode stellt das Verfahren des „Story Telling" dar. Im Vergleich zur sequentiellen Ereignismethode und zur Critical Incident-Technik werden hierbei die Auskunftspersonen ohne Bezugnahme auf konkrete Fragestellungen gebeten, über ihre Erfahrungen mit einem Dienstleister zu berichten. Vgl. Scharitzer (1994), S. 137.

Ein wesentliches Differenzierungsmerkmal der verschiedenen Erhebungsinstrumente stellt die Form dar, in der Forscher und Auskunftsperson miteinander kommunizieren. Diesem Differenzierungskriterium folgend, kann die Befragung einer Auskunftsperson entweder in mündlicher oder in schriftlicher Form erfolgen, wobei die mündliche Befragung häufig auch als Interview bezeichnet wird.[283]

Die Wahl der geeigneten Kommunikationsform wird insbesondere vom Untersuchungsziel determiniert. Daher hat der Forscher zunächst die Frage zu beantworten, ob sein Forschungsinteresse qualitativen (ereignisgestütze Verfahren) oder quantitativen (merkmalsgestützte Verfahren) Informationen gilt, bevor er eine Entscheidung über das zu verwendende Befragungsinstrument treffen kann.[284]

Im Verlauf der Auseinandersetzung mit den verschiedenen Kundenbefragungsmethoden lassen sich zum einen generelle Defizite erkennen. Zum anderen ergeben sich aber auch speziell solche Mängel, die in Verbindung mit den subjektiven Messansätzen auf die Besonderheiten einer Dienstleistung zurückzuführen sind.

3.3.1. Interview

Ein Interview kann verschiedene Formen aufweisen. Einerseits kann die Informationsgewinnung durch eine standardisierte Befragung erfolgen und andererseits durch ein exploratives Interview. Liegt dem Interview ein starrer Fragenkatalog zugrunde und hat der Interviewer keinen Einfluss auf den Ablauf der Befragung, so spricht man von einer standardisierten Befragung. Demgegenüber vermag der Interviewer beim explorativen Interview die Fragen zu den offenen Antwortmöglichkeiten eigenständig zu formulieren und den Ablauf der Informationsgewinnung selbst zu steuern.[285]

3.3.1.1. Exploratives Interview

Das explorative Interview, auch Tiefeninterview genannt, ist eine nicht-standardisierte Form der persönlichen, mündlichen Befragung.[286] Der Interviewer besitzt die Aufgabe, die Auskunftsperson zum Befragungsthema hinzuleiten und den Gesprächsablauf nur so weit zu steuern, wie dies notwendig ist, um den Befragten zu einer offenen und ehrlichen Äußerung zu

---

[283] Vgl. Nieschlag/Dichtl/Hörschgen (1997), S. 738.
[284] Vgl. Berekoven/Eckert/Ellenrieder (2004), S. 95 ff.
[285] Vgl. Nieschlag/Dichtl/Hörschgen (1997), S. 738 ff.
[286] Vgl. Homburg/Krohmer (2003), S. 196.

veranlassen.[287] Den Hauptanwendungsbereich finden explorative Interviews bei der Gewinnung erster Anhaltspunkte über tiefer liegende Ursachen für das Verhalten von Individuen.[288] Dabei werden explorative Interviews vielfach in Zusammenhang mit ereignisorientierten Ansätzen, wie der Critical Incident-Technik und der sequentiellen Ereignismethode, verwendet und dienen der Erhebung qualitativer Daten. Diese durch Tiefeninterviews gewonnenen Erkenntnisse bilden zumeist die Grundlage für nachfolgende repräsentative, quantitative Befragungen.[289]

Da die Fragen an die Auskunftsperson sowie der Ablauf des Interviews nicht oder nur ansatzweise vorgegeben werden, ist das explorative Interview durch eine hohe Anpassungsfähigkeit an die Individualität des Befragten bzw. die Befragungssituation gekennzeichnet. Diese Anpassungsfähigkeit des explorativen Interviews bewirkt neben einer Vielzahl spontaner Äußerungen eine steigende Aussagewilligkeit der Auskunftspersonen und somit entsprechend vielseitige Einblicke in die Denk-, Empfindungs- und Handlungsweise der Befragten.[290] Um die Vergleichbarkeit der einzelnen Interviews nicht gänzlich aus dem Auge zu verlieren, wird häufig ein gewisses Maß an Strukturierung durch einen so genannten Interviewer-Leitfaden erzielt. Der Leitfaden liefert dem Interviewer eine grobe Skizze des Gesprächablaufs, den dieser in Abhängigkeit von der jeweiligen Situation flexibel handhaben kann.[291] Aufgrund der zuvor dargestellten Anforderungen an den Interviewer sowie des äußerst anspruchsvollen Untersuchungscharakters von freien Interviews kommen zu deren Durchführung meist speziell geschulte psychologische Fachkräfte zum Einsatz.[292]

Als Nachteile bei der Durchführung von explorativen Interviews sind die Dokumentation der Aussagen der Auskunftspersonen sowie die Kodierung, Auswertung und Interpretation der Ergebnisse zu nennen.[293] Dokumentationsprobleme bestehen zum einen, speziell bei längeren Gesprächen, in der begrenzten schriftlichen Aufzeichnungsmöglichkeit während des Gesprächs. Zum anderen werden diese Probleme durch ein begrenztes Erinnerungsvermögen des Interviewers nach dem Gespräch hervorgerufen. Um diese Nachteile der Dokumentation zu

---

[287] Vgl. Koch (2001), S. 66.
[288] Vgl. Nieschlag/Dichtl/Hörschgen (1997), S. 742.
[289] Vgl. Berekoven/Eckert/Ellenrieder (2004), S. 97.
[290] Vgl. Homburg/Krohmer (2003), S. 196.
[291] Vgl. Koch (2001), S. 69, und Berekoven/Eckert/Ellenrieder (2004), S. 97.
[292] Vgl. Nieschlag/Dichtl/Hörschgen (1997), S. 742.
[293] Vgl. Homburg/Krohmer (2003), S. 196.

begrenzen, werden häufig gemischte Datenaufzeichnungstechniken, wie etwa die Notiz von Stichwörtern und Tonbandaufzeichnungen, verwendet.[294]

Neben der Aufzeichnung der Daten ist auch die Kodierung, Auswertung und Interpretation selbiger mit Problemen behaftet. Diese bestehen darin, dass das vorliegende Datenmaterial zunächst sortiert und in vorliegende bzw. nach spezifischen Gesichtspunkten zu entwickelnde Kategorien einzuordnen sowie auszuzählen ist. Hierbei ergeben sich erhebliche Deutungs-spielräume und damit verbundene Unsicherheiten bei der Interpretation der Ergebnisse.[295] Tabelle C-1 fasst die zuvor erörterten Vor- und Nachteile explorativer Interviews zusammen.

Vorteile	Nachteile
• Optimale Anpassungsfähigkeit des Interviewers an die Gesprächsführung	• Starker Interviewereinfluss in der Gesprächsfüh-rung
• Erfassung einer Vielzahl spontaner Äußerungen, eine steigende Aussagewilligkeit und somit ent-sprechend vielseitige Einblicke in die Denk-, Empfindungs- und Handlungsweise der Aus-kunftspersonen	• Dokumentationsprobleme durch begrenzte schrift-liche Aufzeichnungsmöglichkeiten und das einge-schränkte Erinnerungsvermögen des Interviewers
• Erarbeitung schwieriger Themenkomplexe	• Probleme bei der Kodierung, Auswertung und Interpretation der Ergebnisse

Tab. C-1: Vor- und Nachteile explorativer Interviews

3.3.1.2. Standardisiertes Interview

Wie zuvor gezeigt, sind explorative Interviews durch einen weiten Spielraum hinsichtlich des Wortlautes, der Reihenfolge der Fragen und der Interpretation der Antworten gekennzeichnet. Demgegenüber ist die Durchführung eines standardisierten Interviews durch den Fragebogen-inhalt exakt festgelegt und für alle Befragten gleich. Ziel dieser Standardisierung ist es, die massenhaft anfallenden Einzelaussagen der Auskunftspersonen unmittelbar vergleichbar und somit reproduzierbar bzw. nachprüfbar zu machen.[296] Folglich dienen sie der Erhebung quan-titativer Daten und werden in Zusammenhang mit merkmalsgestützten Messverfahren, insbe-sondere den multiattributiven Ansätzen, verwendet.[297]

Als standardisiertes Interview bezeichnet man eine Befragung, bei der im persönlichen Ge-genüber von Interviewer und Befragtem ein standardisierter Fragebogen von Ersterem nach

[294] Vgl. Berekoven/Eckert/Ellenrieder (2004), S. 98.
[295] Vgl. Hermann/Homburg (1999), S. 28.
[296] Vgl. Berekoven/Eckert/Ellenrieder (2004), S. 101.
[297] Vgl. Homburg/Krohmer (2003), S. 198.

Auskunft des Probanden schriftlich ausgefüllt wird.[298] Die Interviewsituation wird hauptsächlich durch die soziale Interaktion zwischen Interviewer und Befragtem sowie durch die situativen Faktoren des Befragungsumfeldes determiniert.[299]

Die soziale Interaktion, bei der sich zwei einander zunächst meist fremde Personen gegenübertreten, ist dadurch gekennzeichnet, dass die Kontaktaufnahme, der Gesprächsgegenstand und der Kommunikationsablauf einseitig vom Interviewer initiiert bzw. bestimmt wird.[300] Dabei beeinflussen hauptsächlich die während dieser Interaktion wahrnehmbaren sozialen Merkmale des Interviewers bzw. der Auskunftsperson das Befragungsergebnis.[301] Sie rufen schon zu Gesprächsbeginn bei den Interviewpartnern ein bestimmtes „Bild" vom jeweils Anderen hervor. Wobei dieses „Bild" dazu führt, dass die Gesprächspartner Mutmaßungen über die Einstellung und Wertorientierung des Gegenübers implizieren und - bewusst oder unbewusst - Anpassungsmechanismen vornehmen.[302] Somit resultieren aus der Existenz solcher „Vorurteile" sachlich-inhaltliche Ergebnisverzerrungen. Diese können jedoch durch eine gezielte Interviewerauswahl, exakte Intervieweranweisungen und eine entsprechende Interviewerschulung begrenzt werden.[303]

Neben dem Einfluss des Interaktionsprozesses determinieren auch situative Faktoren des Befragungsumfeldes das Befragungsergebnis. Solche situativen Einflussfaktoren sind u.a. der Befragungszeitpunkt, der Ort der Befragung und die Anwesenheit Dritter.[304]

Der Befragungszeitpunkt beeinflusst das Untersuchungsergebnis besonders dann, wenn er nicht dem individuellen Zeitplan der Auskunftsperson entspricht. In diesem Fall findet das Interview unter Zeitdruck statt, wodurch das Befragungsergebnis durch Unwillen und Hast bei der Beantwortung der Fragen verfälscht wird. Neben dem Befragungszeitpunkt wird vielfach auch dem Ort der Befragung besondere Bedeutung beigemessen. Dieser Überlegung liegt die Vermutung zugrunde, dass in „Abhängigkeit vom Befragungsgegenstand" zuhause bzw. im Büro andere Angaben gemacht werden als etwa in einer Geschäftsfiliale. Bezieht sich die

---

[298] Vgl. Nieschlag/Dichtl/Hörschgen (1997), S. 738 ff., und Koch (2001), S. 69.
[299] Vgl. Berekoven/Eckert/Ellenrieder (2004), S. 106.
[300] Vgl. Herrmann/Homburg (2000), S. 26 f., und Beutin (2003), S. 99.
[301] Solche wahrnehmbaren sozialen Merkmale sind beispielsweise das Geschlecht, das Alter, das äußere Erscheinungsbild, der Bildungsgrad oder die Sprache bzw. der Dialekt der beteiligten Personen. Vgl. Beutin (2003), S. 99.
[302] Vgl. Berekoven/Eckert/Ellenrieder (2004), S. 106 ff.
[303] Vgl. Nieschlag/Dichtl/Hörschgen (1997), S. 742 f.
[304] Vgl. Nieschlag/Dichtl/Hörschgen (1997), S. 738 ff.

Befragung zum Beispiel auf die Dienstleistungsqualität eines Mitarbeiters und kann der betroffene Mitarbeiter jede Bewertung durch die Auskunftsperson mitverfolgen, so ist dies dem Befragungsteilnehmer unangenehm. Gleiches gilt für die Anwesenheit Dritter während des Interviews. Des Weiteren erscheint es nahe liegend, dass die Auskunftsperson ihr Antwortverhalten bei bestimmten Befragungsthemen, beispielsweise aufgrund der Annahme über die soziale Erwünschtheit einer Antwort, modifiziert.[305]

Schließlich ist ein weiterer Nachteil des standardisierten Interviews in den damit verbundenen Kosten zu sehen. Um eine Größenvorstellung der Kosten einer standardisierten Befragung zu vermitteln, sei an dieser Stelle der von *Berekoven/Eckert/Ellenrieder* mit 70.000 Euro bezifferte Betrag für eine mündliche Umfrage im Jahr 2004 genannt. In einer Befragung zu diesem Preis werden ca. 2000 Teilnehmer, die für bundesdeutsche Verhältnisse repräsentativ sind, konsultiert. Der zugrunde liegende Fragebogen umfasst ca. 40 Items und die Dauer für ein Interview beträgt ungefähr 45 Minuten.[306] Tabelle C-2 fasst die Vor- und Nachteile des standardisierten Interviews zusammen.

Vorteile	Nachteile
• Hoher Standardisierungsgrad der gewonnenen Informationen • Hohe Vergleichbarkeit der Einzelaussagen der Auskunftspersonen	• Beeinflussung der Interviewsituation und des Befragungsergebnisses durch die soziale Interaktion zwischen Interviewer und Befragtem (speziell wahrnehmbare soziale Merkmale des Interviewers bzw. der Auskunftsperson rufen ergebnisdeterminierende „Vorurteile" hervor) • Wirken situativer Einflussgrößen (wie z.B. Befragungszeitpunkt, Ort der Befragung und Anwesenheit Dritter) • Hohe Kosten

Tab. C-2: Vor- und Nachteile standardisierter Interviews

3.3.2. Schriftliche Befragung

Die schriftliche Befragung bedarf im Gegensatz zum mündlichen Interview keines Interviewers. Somit basiert die Kommunikation zwischen Forscher und Auskunftsperson ausschließlich auf dem Fragebogen. Am häufigsten wird in der Forschungspraxis die postalische Vari-

---

[305] Vgl. Berekoven/Eckert/Ellenrieder (2004), S. 107 f.
[306] ebd.

ante verwendet, bei der jede Auskunftsperson einen Fragebogen zugesandt bekommt, den sie ausgefüllt zurückschicken soll.[307]

Die schriftliche Befragung wird im Vergleich zum mündlichen Interview als die kostengünstigere Alternative betrachtet, da insbesondere die erheblichen Interviewerkosten entfallen.[308] Dieser Vorteil ist umso größer zu bewerten, je weiter die Auskunftspersonen räumlich gestreut sind und je umfangreicher das Sample gewählt wird. Als vorteilhaft gilt außerdem, dass die Beantwortung der Fragen überlegter und präziser erfolgt als etwa beim standardisierten Interview.[309]

Trotz der genannten Vorteile stehen Wissenschaft und Praxis der schriftlichen Befragung aufgrund einer Vielzahl von Defiziten zwiespältig gegenüber. Ein Nachteil besteht in der meist geringen Rücklaufquote (zwischen 15 und 30 %), die bei schriftlichen Kundenbefragungen vielfach gepaart mit sogenannten Deckeneffekten auftritt.[310]

Weitere Schwächen sind in einer meist ungenauen bzw. unvollständigen Adressenbasis, der Unkontrollierbarkeit der Erhebungssituation (Identitätsproblem der Auskunftsperson bzw. Anpassung des Antwortverhaltens durch Vor- und Zurückblättern), der mangelnden Kontrollierbarkeit des Antwortvorgangs (Reihenfolgeproblem der Fragen bzw. vorherige Durchsicht des gesamten Fragebogens) und der Motivation der Befragten zur Auskunftsgabe (im Wesentlichen durch den Fragebogen selbst bzw. durch zusätzliche Anreize, wie z.B. die Teilnahme an Verlosungen) zu sehen.[311]

Die zuvor aufgezeigten Effekte führen zu Ergebnisverzerrungen und somit zu einer begrenzten Interpretierbarkeit bzw. Generalisierbarkeit der Untersuchungsergebnisse. Folglich besteht das oberste Ziel bei der Durchführung einer schriftlichen Befragung darin, die Auskunftspersonen zur korrekten Beantwortung und Rücksendung des Fragebogens zu bewegen. Demgemäß müssen alle Maßnahmen der Konzeption und Befragungsdurchführung auf diese beiden

---

[307] Vgl. Koch (2001), S. 71 f.
[308] Vgl. Herrmann/Homburg (1999), S. 27 f.
[309] Vgl. Beutin (2003), S. 100.
[310] Deckeneffekte bezeichnen ein Antwortverhalten, bei dem alle Auskunftspersonen im Durchschnitt Werte nahe dem Skalenmaximum angeben. Zu dieser Problematik vgl. Wieseke/Lingenfelder (2003). Speziell bei Deckeneffekten, die mit einer niedrigen Rücklaufquote gepaart sind, darf nicht länger von einer verlässlichen Interpretationsbasis ausgegangen werden. So berichtet Krüger-Strohmayer (2000) von einer solchen schriftlichen Kundenbefragung in der Reisebürobranche. Bei einer Response-Rate von 16 Prozent betrug die durchschnittliche Zufriedenheit 4,06 auf einer Skala von 1 bis 5.

Ziele ausgerichtet werden, um den aufgezeigten Defiziten zu begegnen.[312] Über die zuvor erläuterten Vor- und Nachteile, die mit der schriftlichen Befragung einhergehen, informiert Tabelle C-3.

Vorteile	Nachteile
• Geringe Kosten, insbesondere je weiter die Auskunftspersonen räumlich gestreut sind und je umfangreicher das Sample gewählt wird • Die Beantwortung der Fragen erfolgt überlegter und präziser als etwa beim standardisierten Interview.	• Geringe Rücklaufquote, die vielfach gepaart ist mit einem überdurchschnittlichen Rücklauf bei Personenkreisen mit relativ viel Zeit (z.B. Rentner) • Auftreten von Deckeneffekten • Unkontrollierbarkeit der Erhebungssituation (z.B. Identitätsproblem der Auskunftsperson bzw. Anpassung des Antwortverhaltens durch Vor- und Zurückblättern) • Mangelnde Kontrollierbarkeit des Antwortvorgangs (z.B. Reihenfolgeproblem der Fragen bzw. vorherige Durchsicht des gesamten Fragebogens) • Motivation der Befragten (z.B. sinkt die Antwortbereitschaft mit steigendem Fragebogenumfang bzw. durch „heikle" Fragen)

Tab. C-3: Vor- und Nachteile einer schriftlichen Befragung

3.4. Defizite der subjektiven Messansätze sowie der klassischen Kundenbefragungstechniken infolge der Besonderheiten einer Dienstleistung

Bisher wurden ausschließlich die generellen Defizite der verschiedenen Kundenbefragungstechniken erörtert. Im Folgenden sollen nun speziell die Mängel herausgearbeitet werden, die in Verbindung mit den subjektiven Messansätzen auf die Besonderheiten einer Dienstleistung zurückzuführen sind.

Wie sich bereits in Abschnitt C.1. angedeutet hat, sind Dienstleistungen - abgesehen von ihrer Intangibilität - durch die direkte Interaktion des Dienstleistungsanbieters mit dem Kunden gekennzeichnet. Daraus folgt, dass zwei wesentliche Charakteristika einer Dienstleistung bei der Analyse der Eignung subjektiver Konzepte zur Messung der Dienstleistungsqualität bislang weitestgehend vernachlässigt wurden (Intangibilität und soziale Interaktion). Unter Berücksichtigung dieser vernachlässigten Charakteristika ist eine Dienstleistung als soziales Phänomen zu beschreiben, das nicht „objektiv" identifizierbar, sondern immer nur aus dem

---

[311] Vgl. Herrmann/Homburg (2000), S. 27 f.
[312] Vgl. Berekoven/Eckert/Ellenrieder (2004), S. 118 ff., und Herrmann/Homburg (2000), S. 27.

Bedeutungsgehalt der jeweiligen Situation interpretierbar ist. Dies soll an einem Beispiel verdeutlicht werden:

> Die Freundlichkeit eines Reisebüromitarbeiters ist in den meisten Fällen eine begrüßenswerte Eigenschaft, die zur Steigerung der Qualitätswahrnehmung des Kunden führt. Dieselbe Freundlichkeit des Reisebüromitarbeiters kann in bestimmten Dienstleistungssituationen aber das genaue Gegenteil bewirken, wenn z.b. die übertriebene Freundlichkeit des Mitarbeiters zu einer verlängerten Wartezeit anderer Kunden führt.

Zudem eröffnet dieses Beispiel den Blick auf einen weiteren bislang unberücksichtigten Nachteil merkmalsgestützter Messansätze und den korrespondierenden Datenerhebungstechniken. Diese Verfahren sind offensichtlich nicht in der Lage, situationsspezifisch widersprüchliche Qualitätseindrücke ausreichend zu erfassen.[313]

Abschließend sollen noch einmal die generellen Defizite der Befragungstechniken aufgegriffen werden, die zugleich als spezifische Schwächen betrachtet werden können. Dabei handelt es sich einerseits um die in einer Vielzahl von Anwendungsfällen festzustellende Diskrepanz zwischen dem wirklichen und dem von der Auskunftsperson berichteten Verhalten bzw. der erlebten Situation.[314] Diese Abweichungen sind auf unterschiedlichste Gründe, wie z.b. kognitive Dissonanzen, bewusst falsche Darstellung aufgrund der Annahme von sozialer Erwünschtheit bzw. einfaches Vergessen, zurückzuführen.[315] Andererseits ist die begrenzte verbale Ausdrucksfähigkeit vieler Auskunftspersonen, die durch die intangiblen und somit schwer beschreibbaren Elemente einer Dienstleistung hervorgerufen wird, für die eingeschränkte Gewinnung brauchbarer Informationen verantwortlich.[316]

4. Objektive Messansätze zur Evaluation der Dienstleistungsqualität

Eine Möglichkeit, die zuvor dargestellten Defizite subjektiver Messverfahren und der korrespondierenden Befragungstechniken zu umgehen, stellen unterschiedliche Verfahren der Beobachtung durch trainierte Forscher dar. Eines dieser Konzepte ist die Methode des Mystery Shopping.[317]

---

[313] Vgl. Matzler/Kittinger-Rosanelli (2000), S. 224.
[314] Vgl. Wilson (2001), S. 722.
[315] Vgl. Matzler/Kittinger-Rosanelli (2000), S. 225, Wilson (2001), S. 722, und Finn (2001), S. 310.
[316] Vgl. Matzler/Kittinger-Rosanelli (2000), S. 225, und Wilson (2001), S. 722.
[317] Vgl. Platzek (1997), S. 364, Wilson (1998), S. 148, Matzler/Kittinger-Rosanelli (2000), S. 225, und Matzler/Pechlaner/Kohl (2000), S. 157.

Um die Leistungsfähigkeit der Mystery Shopping-Methodik für die Evaluation der Servicequalität herausarbeiten zu können, muss zunächst das Verfahren der Beobachtung ganz generell erläutert werden. Dies soll zum einen anhand der Kriterien zur Klassifikation der verschiedenen Beobachtungsvarianten und zum anderen durch die Diskussion potentieller Messfehlereinflüsse dieser Methoden geschehen.

Speziell diese Ausführungen und die ermittelten Defizite der subjektiven Messansätze sowie der klassischen Kundenbefragungstechniken bilden sodann die Grundlage für die anschließende Ableitung von zwölf Voraussetzungen für einen erfolgreichen Einsatz von Testkäufern bei der Evaluation der Dienstleistungsqualität. Wobei sich der erfolgreiche Einsatz der Testkäufer zum einen anhand der Handlungsrelevanz der gewonnenen Informationen über das betrachtete Dienstleistungsangebot und zum anderen an der Reliabilität und Validität des Qualitätsurteils der Testkäufer bestimmt.

4.1. Beobachtung

4.1.1. Definition und Klassifikationskriterien

„Ist in der Sozialforschung von der Erhebungsmethode der Beobachtung die Rede, so wird darunter [...] die [systematische][318] Beobachtung menschlicher Handlungen, sprachlicher Äußerungen, nonverbaler Reaktionen (Mimik, Gestik, Körpersprache) und anderer sozialer Merkmale (Kleidung, Symbole, Gebräuche usw.) verstanden."[319] Für die Evaluation der Dienstleistungsqualität bedeutet dies, dass die Beobachtung im Gegensatz zu den bisher erläuterten Konzepten nicht versucht, das Empfinden einzelner Kunden zu ermitteln. Stattdessen soll durch Dritte, am Dienstleistungsprozess (un)beteiligte Beobachter und mit Hilfe von objektiven Qualitätsindikatoren ein intersubjektiv nachprüfbares Qualitätsurteil über die Dienstleistung erlangt werden.[320]

---

[318] Schnell/Hill/Esser (1992), S. 394, zufolge handelt es sich um eine systematische Beobachtung, wenn: „[...] die Beobachtung einem bestimmten Forschungszweck dient, nicht dem Zufall überlassen wird, aufgezeichnet und auf allgemeinere Urteile bezogen wird, nicht aber eine Sammlung von Merkwürdigkeiten darstellt sowie wiederholten Prüfungen und Kontrollen hinsichtlich der Gültigkeit, Zuverlässigkeit und Genauigkeit unterworfen wird [...]."

[319] Diekmann (2002), S. 456.

[320] Vgl. Siefke (1998), S. 106.

Hierdurch können zum einen wichtige Hinweise für die Gestaltung des physischen Umfeldes gewonnen werden.[321] Zum anderen besteht die Möglichkeit, durch den Einsatz geschulter Sozialforscher das Interaktionsverhalten von Kunden bzw. Mitarbeitern zu analysieren sowie offensichtliche Mängel im Dienstleistungserstellungsprozess und die daraus resultierenden Kundenreaktionen zu erfassen.[322]

Die theoretische Grundlage für den Einsatz von Beobachtungen als wissenschaftliche Methode findet sich in der Kulturanthropologie, der Chicagoer Schule der qualitativen Sozialforschung und im Symbolischen Interaktionismus. Der Einsatz quantitativer Methoden in der Sozialforschung wird dort vehement kritisiert mit dem Verweis darauf, dass die soziale Realität zu komplex sei, um sie lediglich mit quantitativen Methoden, standardisierten Fragebögen usw. entsprechend eruieren zu können. Es wird die Auffassung vertreten, dass die klassischen quantitativen Methoden durch die systematische Beobachtung ergänzt werden müssen.[323]

Ähnlich wie die Befragung umfassen auch die Methoden der Beobachtung verschiedene Varianten. Die Unterschiede dieser Varianten sind anhand von drei Dimensionen zu klassifizieren: „teilnehmend - nicht teilnehmend", „offen - verdeckt", „strukturiert - unstrukturiert".[324]

Das Klassifikationskriterium „teilnehmend - nicht teilnehmend" differenziert die Beobachtungsvarianten danach, inwieweit der Beobachter an den Interaktionen der beobachteten Personen teilnimmt oder nicht. Dementsprechend werden Beobachtungen, in denen der Beobachter die ablaufenden Handlungen ausschließlich protokolliert als nicht teilnehmende Beobachtungen bezeichnet, wohingegen der Beobachter bei einer teilnehmenden Beobachtung selbst Interaktionspartner der beobachteten Personen ist.[325]

Des Weiteren kann die teilnehmende wie auch die nicht teilnehmende Beobachtung offen oder verdeckt erfolgen. Liegt eine offene Beobachtung vor, so ist den beobachteten Personen bekannt, dass sie beobachtet werden. Handelt es sich hingegen um eine verdeckte Beobachtung, so gibt sich der Beobachter gegenüber den beobachteten Interaktionspartnern nicht als

---

[321] Meffert/Birkelbach berichten in diesem Zusammenhang über den Einsatz von Videoaufnahmen am Frankfurter Flughafen, mit deren Hilfe Orientierungsprobleme von Flughafenbesuchern identifiziert werden konnten. Vgl. dazu Meffert/Birkelbach (1995), S. 221.
[322] Vgl. Bruhn (1997), S. 63, und Meffert/Bruhn (1997), S. 208 f.
[323] Vgl. Lamnek (1995), S. 30 ff., Wilson (1998), S. 149, Matzler/Pechlaner/Kohl (2000), S. 164 und Matzler/Kittinger-Rosanelli (2000), S. 225 f.
[324] Vgl. Girtler (1992), S. 45.

solcher zu erkennen.[326] Eine häufig präferierte Variante ist die teilnehmende verdeckte Beobachtung.[327] Das gewichtigste Argument für den Einsatz dieser Beobachtungsvariante ist, dass insbesondere sogenannte Reaktivitätseffekte der beobachteten Personen vermieden werden können.[328]

Schließlich können die Beobachtungstechniken nach dem Ausmaß ihrer Strukturierung, vergleichbar mit dem Standardisierungsgrad von Interviews, unterschieden werden. Eine ausführlich strukturierte Beobachtung durch ein Beobachtungsschema wird als strukturierte Beobachtung bezeichnet. In allen anderen Fällen handelt es sich um eine unstrukturierte Beobachtung.[329] Ziel der Strukturierung ist es, die Vergleichbarkeit und somit die Zuverlässigkeit der Beobachtungsergebnisse zu erhöhen.[330]

Obwohl eine Vielzahl von Kombinationsmöglichkeiten dieser Klassifikationskriterien denkbar sind, entsprechen nur wenige Kombinationen tatsächlich entwickelten und angewandten Beobachtungstechniken in der empirischen Sozialforschung. Dabei sind insbesondere Variationen nach der Dichotomie „strukturiert - unstrukturiert" und „teilnehmend - nicht teilnehmend" von Bedeutung. Ob die zur Anwendung gelangenden Beobachtungsverfahren dabei jedoch offen oder verdeckt eingesetzt werden, hängt im Wesentlichen von der Forschungsfragestellung ab.[331] Zu berücksichtigen ist allerdings, „[dass] die verdeckte Beobachtung [sofern sie] überhaupt in Frage kommt und forschungsethisch vertretbar ist, einen bedeutenden Vorzug [aufweisst]: Die verdeckte Beobachtung ist nicht-reaktiv. Die untersuchten Personen werden ihr Verhalten nicht deshalb abändern, um z.B. in einem günstigeren Licht zu erscheinen."[332]

4.1.2. Potentielle Messfehlereinflüsse bei der Durchführung von Beobachtungen

Unabhängig von der gewählten Beobachtungsvariante liegen potentielle Messfehlereinflüsse beim Beobachter, dem Instrument und der Beobachtungssituation. Darüber hinaus existieren

---

[325] Vgl. Schnell/Hill/Esser (1992), S. 395.
[326] Vgl. Diekmann (2002), S. 470.
[327] Vgl. Greve/Wentura (1991), S. 21.
[328] Reaktivitätseffekte bezeichnen die Reaktion der Beobachteten auf die Tatsache, dass sie beobachtet werden. Einer der bekanntesten empirisch nachgewiesenen Reaktivitätseffekte ist der Hawthorne-Effekt. Vgl. Diekmann (2002), S. 299.
[329] Vgl. Diekmann (2002), S. 472.
[330] ebd.
[331] Vgl. Schnell/Hill/Esser (1992), S. 396 f.
[332] Diekmann (2002), S. 470.

aber auch spezielle Einflussfaktoren, die in Abhängigkeit zur eingesetzten Beobachtungsvariante stehen.[333]

Um ein leistungsfähiges Mystery Shopping-Konzept zur Ermittlung handlungsrelevanter Informationen über die Qualität eines Dienstleistungsanbieters herleiten zu können, bedarf es sowohl der Kenntnis der generellen Einflussfaktoren einer Beobachtung als auch der inhärenten Messfehlereinflüsse der verdeckt-teilnehmenden Beobachtung. Nachfolgend sollen daher zum einen die generellen und zum anderen die spezifischen Messfehlereinflüsse erläutert werden.

Die vom Beobachter verursachten generellen Messfehlereinflüsse sind auf drei verschiedene Fehlerquellen zurückzuführen. Bei diesen handelt es sich um den Wahrnehmungs-, den Interpretations- und den Erinnerungsfehler.[334] Insbesondere der Wahrnehmungs- und der Interpretationsfehler sind auf den beim Beobachter belassenen Spielraum bezüglich der zu beurteilenden Merkmale und deren Interpretation zurückzuführen. Um diesen Wahrnehmungs- und Interpretationsfehler zu minimieren, bedarf es der exakten Definition der zu beobachtenden Merkmale und deren Interpretation sowie der intensiven Schulung der Beobachter.[335] Demgegenüber ist der Erinnerungsfehler und somit die Zuverlässigkeit der Beobachter im Wesentlichen von der Zahl der zu beobachtenden Merkmale und der Häufigkeit ihres Auftretens abhängig. Selten vorkommende Merkmale können leicht übersehen werden, wohingegen häufig vorkommende Beurteilungsmerkmale nur zuverlässig registriert werden können, wenn die gesamte Zahl der Beobachtungsmerkmale nicht zu umfangreich ist.[336]

Einen weiteren generellen Einflussfaktor auf das Messergebnis stellt das Beobachtungsinstrument selbst dar. So vermindern bzw. verhindern erzwungene künstliche Beobachtungsmerkmale das Differenzierungsvermögen der Beobachter. Dies ist beispielsweise der Fall, wenn nur ein Teil der Beobachtungsitems zutrifft und die Beobachter daraufhin versuchen, möglichst viele Ereignisse den Items zuzuordnen, um gut ausgefüllte Protokolle zu liefern. Hierdurch werden Informationen verschenkt, wenn nicht sogar völlig verzerrt.[337] Darüber hinaus kann das Messergebnis durch die in der Versuchsanordnung vorgesehene Beobach-

---

[333] Vgl. Friedrichs (1990), S. 287.
[334] Vgl. Greve/Wentura (1991), S. 52.
[335] Vgl. Friedrichs (1990), S. 287.
[336] Vgl. Schnell/Hill/Esser (1992), S. 396 f.
[337] Vgl. Greve/Wentura (1991), S. 53, und Friedrichs (1990), S. 287.

tungsdauer verfälscht werden. Ursächlich dafür ist, dass Beobachter mit zunehmender Beobachtungsdauer zu den bereits oben erläuterten Wahrnehmungs- und Erinnerungsfehlern neigen. Daher sollten bei der Untersuchungsplanung individuelle und situationsspezifische Einflüsse (z.B. Müdigkeit, sozialer Druck etc.) berücksichtigt werden, denen die Beobachter ausgesetzt sind.[338]

Schließlich kann das Beobachtungsergebnis von den äußeren Bedingungen der Erhebungssituation beeinflusst werden. Konkret wird die Beobachtung von ungünstigen äußeren Beobachtungsbedingungen (z.B. durch Lärm im Umfeld des Ladenlokals etc.) determiniert, die vom Beobachter und dem Beobachtungsinstrument unabhängig sind. Durch das Wirken dieser Einflussfaktoren wird die „Wirklichkeit" vom Beobachter nur begrenzt wahrgenommen. Solche Fehlerquellen sind jedoch durch sorgfältige Planung der Beobachtung vermeidbar.[339]

Über die zuvor aufgeführten generellen Fehlerquellen hinaus ergeben sich bei der verdeckt-teilnehmenden Beobachtung spezifische Fehler, die aus der Interaktion zwischen Beobachter und Beobachtetem resultieren.[340] So besteht die Gefahr, dass sich der Beobachter zu sehr in der Erhebungssituation engagiert und seine Aufmerksamkeit ausschließlich einzelnen Personen oder Beurteilungsmerkmalen widmet. Zudem wird das Beobachtungsergebnis negativ beeinflusst, wenn der Beobachter die Perspektive der Beobachteten übernimmt und dadurch die Distanz für die Beobachtung verliert. Zu berücksichtigen ist, dass die zuvor aufgezeigten spezifischen Messfehler der verdeckt-teilnehmenden Beobachtung nicht als unabhängig voneinander zu betrachten sind. Sie resultieren im Wesentlichen aus dem Rollenkonflikt des Beobachters zwischen Beobachtung und Teilnahme. Sobald der Beobachter diesen Rollenkonflikt einseitig löst, indem er entweder intensiv an der Erhebungssituation teilnimmt oder aber dadurch, dass er zum nicht teilnehmenden Beobachter wird, kann er die Geschehnisse im Verlauf der Dienstleistungssituation nur noch selektiv beobachten bzw. bewerten.[341]

Durch eine gezielte Auswahl, exakte Schulung und kontinuierliche Supervision der Beobachter können diese Messfehlereinflüsse reduziert werden. Gelingt dies allerdings nicht, ist davon auszugehen, dass das verdeckt teilnehmende Vorgehen nur noch schwer ohne die Kenntnis der Beteiligten möglich ist und in Abhängigkeit von der Art der Dienstleistungssituation

---

[338] Vgl. Friedrichs (1990), S. 287.
[339] Vgl. Greve/Wentura (1991), S. 54.
[340] Vgl. Friedrichs (1990), S. 308.
[341] ebd.

Reaktanzen hervorgerufen werden, die das Verhalten der beobachteten Personen beeinflussen.[342]

4.2. Mystery Shopping: Eine Variante der verdeckten, teilnehmenden und strukturierten Beobachtung

4.2.1. Definition und Einsatzgebiete der Mystery Shopping-Methodik

Entsprechend der in Abschnitt C.4.1.1. aufgezeigten Kriterien zur Klassifikation von Beobachtungen ist die Mystery Shopping-Methodik als verdeckte, teilnehmende und strukturierte Beobachtung zu definieren.[343] Konkret bildet die Mystery Shopping-Methodik eine Möglichkeit, die Empfindungen eines Kunden in Hinblick auf seine Erfahrungen mit einem Dienstleistungsprozess bzw. seine Wahrnehmung von Dienstleistungsqualität auf möglichst objektiver Ebene[344] durch den Einsatz von Testkäufern zu eruieren.[345]

Mystery Shopper, Silent Shopper oder auch Mystery Guests sind dafür speziell ausgewählte, auf die Testsituation vorbereitete Beobachter, die dem Service- bzw. Verkaufsmitarbeiter eines Unternehmens als nicht erkennbare, getarnte Kunden in einer von ihnen real simulierten Verkaufssituation gegenübertreten. Dabei beurteilen sie die Dienstleistungsqualität aus der Perspektive eines Kunden anhand eines strukturierten Erhebungsinstruments.[346] Dieses Vorgehen soll eine größtmögliche Nähe zum Untersuchungsgegenstand sicherstellen, indem gewissermaßen die Innenperspektive zu den zu beurteilenden Ereignissen eingenommen wird.[347]

Im angelsächsischen Raum ist Mystery Shopping eine inzwischen häufig verwendete Marktforschungstechnik. Bereits in den 70er Jahren wurde das Konzept des Mystery Shopping von

---

[342] Vgl. Siefke (1998), S. 108.
[343] Die Methode des Mystery Shopping wurde in der Unternehmenspraxis zum ersten Mal vor knapp 25 Jahren von dem Marktforschungsinstitut Shop´n Check in Atlanta (USA) eingesetzt. Vgl. Dwek (1996), S. 41, E-cken (1998), S. 34, Platzek (1997), S. 364, und Matzler/Kittinger-Rosanelli (2000), S. 226.
[344] Die Objektivität der mittels Mystery Shopping erhobenen Daten ist vor allem darauf zurückzuführen, dass die Testkunden, die als Dienstleistungskunden getarnt auftreten, durch die Simulation einer realen, standardisierten Situation die Qualität des Dienstleistungsprozesses anhand objektiver Dienstleistungsqualitätsindikatoren intersubjektiv nachprüfbar evaluieren. Auf diese Weise sollen die Empfindungen der Kunden auf einer möglichst objektiven Ebene erfasst werden. Vgl. hierzu Dwek (1996), S. 41, und Siefke (1998), S. 106 f.
[345] Vgl. Bruhn (1997), S. 63 f., Ecken (1998), S. 34, Siefke (1998), S. 106 f., und Matzler/Kittinger-Rosanelli (2000), S. 222.
[346] Vgl. Platzek (1997), S. 364, Matzler/Pechlaner/Kohl (2000), S. 164, Matzler/Kittinger-Rosanelli (2000), S. 222, und Haas (2002), S. 279.
[347] Vgl. Lamnek (1995), S. 30 ff., Wilson (1998), S. 149, Matzler/Pechlaner/Kohl (2000), S. 164, und Matzler/Kittinger-Rosanelli (2000), S. 225 f.

ca. 35 Prozent aller größeren Banken in den USA angewandt.[348] *Wilson* schätzt, dass die Ausgaben für Mystery Shopping von Dienstleistungsunternehmen in Großbritannien jährlich insgesamt zwischen 20 und 40 Millionen Pfund betragen.[349] Auch im deutschsprachigen Raum gewinnt der Einsatz von Testkäufern zunehmend an Verbreitung. Dies wird zum einen daran sichtbar, dass eine Vielzahl von Marktforschungsinstituten Mystery Shopping in ihr Angebotsportfolio aufgenommen haben.[350] Zum anderen wird die aufgezeigte Tendenz dadurch gestützt, dass der Bundesverband Deutscher Mystery Shopping Unternehmen e.V. (BVMS) das Marktvolumen auf derzeit 50 Millionen Euro schätzt und bis zum Jahr 2007 sogar mit einer Verdreifachung dieses Betrages rechnet.[351]

Das vielseitige Anwendungsgebiet der Mystery Shopping-Methodik soll anhand der häufigsten Einsatzbereiche aufgezeigt werden:[352]

- Beurteilung der wahrgenommenen Dienstleistungsqualität. In diesem Zusammenhang wird die Kundenkontaktsituation nach dem Empfinden des Testkäufers bewertet. Das Ziel ist es, Schwachstellen zu identifizieren, zu analysieren und zu beseitigen.

- Definition, Einführung und Überprüfung von Servicestandards. Bei der Durchführung von Testkäufen und der dafür notwendigen Festlegung von Beurteilungskriterien kommt man häufig zu der Erkenntnis, dass scheinbar selbstverständliche Servicestandards nichts weiter als vage Vorstellungen in den Köpfen weniger Personen im Unternehmen sind.[353]

- Benchmarking und Konkurrenzbeobachtung[354] sind in vielen Fällen aus praktischen Gründen schwierig, da die Befragung der Kunden von Mitwettbewerbern bezüglich deren Dienstleistungsqualität nahezu unmöglich ist. Mystery Shopping kann diesem Defizit begegnen, ohne dass die Konkurrenz von der Durchführung einer solchen Aktion überhaupt erfährt.

Darüber hinaus kommt Mystery Shopping für verschiedenste spezielle Zwecke zum Einsatz. Beispielsweise im Rahmen von Investitionsentscheidungen in der „London Underground",

---

[348] Vgl. Leeds (1995), S. 17.
[349] Vgl. Dwek (1996), S. 41, und insbesondere Wilson (1998), S. 152.
[350] Vgl. Deges (1992), S. 85 ff., und Matzler/Kittinger-Rosanelli (2000), S. 222.
[351] Vgl. Deckers (2003), S. 34.
[352] Vgl. hierzu und im folgenden Platzek (1997), S. 364 f., und Matzler/Kittinger-Rosanelli (2000), S. 222 f.
[353] Vgl. Dorman (1994), S. 18.
[354] Für die Durchführung von Mystery Shopping-Aktionen bei Konkurrenzunternehmen existiert ein Code of Conduct der Market Research Society und der ESOMAR. Dieser Kodex gibt Empfehlungen über die Häufigkeit und die Dauer einer solchen Untersuchung. Vgl. hierzu Miles (1993), S. 19, Dawson/Hillier (1995), S. 417 ff., und Wilson (2001), S. 721 ff. Des Weiteren weist Morrall darauf hin, dass man die Konkurrenz,

die auf Basis der Ergebnisse von Mystery Shopping-Aktionen getroffen werden[355] bzw. der Überwachung der Einhaltung von gesetzlichen Bestimmungen, wie z.b. die Rassendiskriminierung bei der Kreditvergabe in zahlreichen Banken der USA.[356]

4.2.2. Mystery Shopping: Ein leistungsfähiges Konzept zur Evaluation der Dienstleistungsqualität

Speziell die Kenntnis der generellen und spezifischen Messfehlereinflüsse einer Beobachtung bilden den Boden für die Herleitung eines leistungsfähigen Konzeptes zur Evaluation der Dienstleistungsqualität durch Testkäufer. Wie bereits in der Einleitung zu Abschnitt C.4. erläutert, ist die Leistungsfähigkeit eines solchen Mystery Shopping-Konzepts von der Handlungsrelevanz der gewonnenen Informationen bezüglich des betrachteten Dienstleistungsangebotes und somit auch von der Reliabilität und Validität des Qualitätsurteils der Testkäufer abhängig. Demgemäß muss ein leistungsfähiges Konzept zur Evaluation der Dienstleistungsqualität durch Testkäufer die folgenden vier Forderungen erfüllen:[357]

Forderung 1: Das Verfahren des Mystery Shopping muss das tatsächliche Verhalten eines Mitarbeiters in einer Kundenkontaktsituation bewerten.

Forderung 2: Das Verfahren des Mystery Shopping muss ein umfassendes Bild der Dienstleistungsqualität liefern.

Forderung 3: Das Verfahren des Mystery Shopping muss die konkrete, subjektive Qualitätswahrnehmung eines realen Kunden erfassen.

Forderung 4: Die Mystery Shopping-Methodik muss die Qualitätswahrnehmungen eines Kunden reliabel und valide messen.

Um die vorstehenden vier Forderungen einzuhalten, muss ein Marktforscher beim Einsatz der Mystery Shopping-Methodik zur Evaluation der Dienstleistungsqualität zwölf Voraussetzungen erfüllen. Nachfolgend sollen diese zwölf Voraussetzungen konkretisiert werden, indem zunächst die Begründungen für die jeweilige Forderung aus den bisherigen Ausführungen

---

um sie nicht aus den Augen zu verlieren, mindestens einmal pro Jahr mittels Mystery Shopping überprüfen sollte. Vgl. Morrall (1994), S. 14.
[355] Vgl. Wilson/Gutmann (1998), S. 285 ff.
[356] Vgl. Leeds (1995), S. 20, Morrall (1994), S. 13, Dorman (1994), S. 18, Dwek (1996), S. 41, Platzek (1997), S. 366, und Wadlinger (2000), S. 18.
[357] Vgl. hierzu und im folgenden Matzler/Pechlaner/Kohl (2000), S. 164 ff., und Matzler/Kittinger-Rosanelli (2000), S. 226 ff.

destilliert wird. Anschließend sollen diejenigen Voraussetzungen erläutert werden, deren Erfüllung die zugehörige Forderung sichert.

Forderung 1: Das Verfahren des Mystery Shopping muss das tatsächliche Verhalten eines Mitarbeiters in einer Kundenkontaktsituation bewerten.

Bereits in der Diskussion um die potentiellen Messfehlereinflüsse einer Beobachtung hat sich gezeigt, dass das Beobachtungsergebnis durch Reaktanz der beobachteten Personen verfälscht werden kann. Gehäuft treten diese Reaktanzeffekte insbesondere dann auf, wenn die Beobachteten über die Beobachtungssituation informiert sind.[358]

Eine Möglichkeit die beschriebene Verhaltensanpassung der beobachteten Mitarbeiter zu reduzieren ist die verdeckte, teilnehmende und strukturierte Beobachtung durch Testkäufer. Hierbei erfolgt die Beurteilung der Dienstleistungsqualität im natürlichen, realen Umfeld des Mitarbeiters und ohne sein Wissen um die Testsituation. Dadurch ist sichergestellt, dass sich der Verkaufsmitarbeiter nicht anders verhält, als er es ohne die Beobachtung tun würde. Folglich ist es durch diese Verfahrensweise möglich, der Gefahr eines Hawthorne-Effektes[359] bei der Datenerhebung entgegenzuwirken.[360]

Eine gänzlich reale Dienstleistungssituation ist dennoch schwer konstruierbar. Auf der einen Seite können Rosenthal-Effekte[361] auftreten.[362] Auf der anderen Seite muss davon ausgegangen werden, dass eine vollständig unverfälschte Interaktion zwischen dem Testkäufer und dem Verkaufsmitarbeiter nicht möglich ist.[363] Insbesondere das zuletzt genannte Problem resultiert daraus, dass jede Interaktion als eine Abfolge von Reizen und darauf folgenden Reaktionen zu verstehen ist, deren Verlauf von der subjektiven Interpretation der Interaktionspartner gelenkt wird. Die Deutung der Reize durch die Interaktionspartner wird im Wesentlichen von deren Zielsetzung bestimmt. Da der Mystery Shopper bestrebt ist, bestimmte Prozesse hervorzurufen bzw. diese zu beobachten, ist es nicht vollkommen ausgeschlossen, dass die Dienstleistungssituation in eine Richtung gelenkt wird, die nicht der natürlichen Situation

---

[358] Vgl. hierzu die Ausführungen in Kapitel D.4.1.1. und D.4.2.2. der vorliegenden Arbeit.
[359] Ein Hawthorne-Effekt bezeichnet die aufgrund von Beobachtungen hervorgerufene Verhaltensänderung der beobachteten Person. Vgl. hierzu Gabler Wirtschaftslexikon (1997), S. 1764.
[360] Vgl. Matzler/Kittinger-Rosanelli (2000), S. 226.
[361] Ein Rosenthal-Effekt bezeichnet das unbewusste Senden nonverbaler Signale über das gewünschte Verhalten des Mitarbeiters durch den Testkunden. Vgl. hierzu Matzler/Pechlaner/Kohl (2000), S. 165.
[362] Vgl. die Ausführungen in Abschnitt D.4.1.2.
[363] Vgl. hierzu und im folgenden Matzler/Pechlaner/Kohl (2000), S. 164 f.

entspricht.[364] Um unter diesen Bedingungen dennoch das tatsächliche Verhalten des Verkaufsmitarbeiters realitätsnah zu bewerten, sind folgende Voraussetzungen zu erfüllen:[365]

Voraussetzung 1: Die Dienstleistungssituation muss realitätsnah anhand eines „Drehbuchs" konstruiert werden.

Ziel ist es, ein möglichst realistisches „Drehbuch" der zu testenden Situation zu entwickeln. Für den Mitarbeiter darf es keinesfalls ersichtlich oder erahnbar sein, dass es sich bei dem Kunden um einen Testkäufer handelt. Besonders wichtig ist es, darauf zu achten, dass das „Drehbuch" so detaillierte Informationen enthält, dass sich der Mystery Shopper ohne Probleme in die Dienstleistungssituation versetzen und die Rolle eines typischen Konsumenten einnehmen kann.[366]

Voraussetzung 2: Die Mystery Shopper sind anhand der Charakteristika eines typischen Kunden sorgfältig auszuwählen.

Vor allem *Finn/Kayandé* weisen auf die Notwendigkeit hin, dass die eingesetzten Testkunden den Merkmalen der Zielgruppe entsprechen müssen. Ansonsten laufen sie Gefahr, enttarnt zu werden. Dabei ist das Risiko des „Entdecktwerdens" besonders groß, wenn die Verkaufsmitarbeiter über den Einsatz von Testkäufern informiert sind.[367]

Voraussetzung 3: Die Mystery Shopper müssen sich wie normale Kunden verhalten.

Damit die Glaubwürdigkeit des Testkäufers in der Testsituation gewährleistet und sichergestellt werden kann, sollten die meisten Angaben des Testkunden der Wahrheit entsprechen. Folglich sollten bei der Entwicklung des Drehbuchs zur Testsituation so wenige Fakten wie möglich erfunden werden, damit sich der Testkunde in der Dienstleistungssituation nicht selbst widerspricht und auf diese Weise enttarnt wird.[368] Darüber hinaus sind Reaktanzeffekte der Mitarbeiter zu vermeiden, indem die anschließende Voraussetzung, die eine Schulung der Testkäufer im Verhalten eines realen Kunden und der Testsituation fordert, eingehalten wird:

---

[364] Vgl. Nerdinger (1994), S. 211.
[365] Vgl. hierzu und im folgenden Matzler/Pechlaner/Kohl (2000), S. 165 f., und Matzler/Kittinger-Rosanelli (2000), S. 227 f.
[366] Vgl. Matzler/Pechlaner/Kohl (2000), S. 165, und Haas (2002), S. 283.
[367] Vgl. Ecken (1998), S. 34, Finn/Kayandé (1999), S. 195 ff., und Haas (2002), S. 283.
[368] Vgl. Matzler/Kittinger-Rosanelli (2000), S. 228.

Voraussetzung 4: Die Mystery Shopper müssen hinsichtlich des „Drehbuchs" der Testkaufsituation und des Verhaltens eines realen Kunden genau geschult werden.

Die Ausführungen zu den spezifischen Messfehlereinflüssen der verdeckt teilnehmenden Beobachtung in Abschnitt C.4.1.2. haben gezeigt, dass Ergebnisverzerrungen resultieren, wenn sich der Mystery Shopper in der Erhebungssituation zu wenig bzw. zu stark engagiert. Demnach darf das Verhalten des Testkäufers gegenüber dem Dienstleistungsanbieter weder zu aggressiv noch zu passiv sein. Außerdem sollte der Testkäufer auf keinen Fall zu viel aber auch nicht zu wenig über das Angebot eines Dienstleistungsanbieters wissen. Aus diesem Grund ist es notwendig, den Mystery Shopper anhand des „Drehbuchs" der Testsituation gründlich zu schulen. In einer solchen Schulung muss der Testkäufer über das Verhalten eines realen Kunden des jeweiligen Dienstleistungsunternehmens aufgeklärt und mit einer Reihe von Fragen ausgestattet werden, die er als Kunde stellen kann bzw. soll. Anschließend muss das Verhalten des jeweiligen Mystery Shoppers trainiert und überprüft werden, bevor er ins Feld geschickt wird.[369]

Forderung 2: Das Verfahren des Mystery Shopping muss ein umfassendes Bild der Dienstleistungsqualität liefern.

Für ein leistungsfähiges Mystery Shopping-Konzept zur Evaluation der Dienstleistungsqualität ist es nicht ausreichend, allein das tatsächliche Verhalten eines Mitarbeiters in der Kundenkontaktsituation zu bewerten.[370] Stattdessen bedarf es eines ebenso umfassenden Urteils über die Qualität der Potential-, Prozess- und Ergebnisdimension des Dienstleistungsangebotes. Die in der Praxis am häufigsten eingesetzten Verfahren zur Messung einzelner Dimensionen der wahrgenommenen Dienstleistungsqualität können den quantitativen, multiattributiven Methoden zugeordnet werden.[371] Wie aber bereits in Abschnitt C.3. erörtert wurde, sind diese Verfahren nicht dazu geeignet, die Dienstleistungsqualität umfassend zu evaluieren.

Die dort aufgeführten Kritikpunkte macht sich die Mystery Shopping-Methodik zu Nutze, indem sie die Innenperspektive zu den zu beurteilenden Ereignissen einnimmt und dadurch

---

[369] Vgl. Morrall (1994), S. 13, Hackmann/Schäbe (1996), S. 1138, Wilson (1998), S. 155 und Haas (2002), S. 284.
[370] Vgl. hierzu Forderung 1.
[371] Eines der bekanntesten Konzepte zur Messung der Dienstleistungsqualität stellt das SERVQUAL-Modell von Parasuraman/Zeithaml/Berry dar. Vgl. hierzu Parasuraman/Zeithaml/Berry (1988), S. 13 ff.

eine größtmögliche Nähe zum Untersuchungsgegenstand sicherstellt.[372] Die Einhaltung der zweiten Forderung kann durch Wahrung folgender Voraussetzung erfüllt werden:[373]

Voraussetzung 5:   Die Dienstleistung muss in ihre einzelnen Dienstleistungsepisoden bzw. -dimensionen zerlegt werden. Anschließend sind für diese Teilelemente Beobachtungskriterien zur Beurteilung der Dienstleistungsqualität zu definieren.

Einen generellen Einfluss auf das Messergebnis besitzt neben dem Beobachter auch der Beobachtungsbogen. So überfordern beispielsweise erzwungene bzw. nicht zutreffende Beobachtungskriterien das Differenzierungsvermögen der Testkäufer.[374] Folglich ist bei der Konstruktion des Beobachtungsbogens der Dienstleistungserstellungsprozess in die einzelnen Phasen bzw. Dimensionen zu zerlegen. Anschließend werden relevante Qualitätsmerkmale für jede einzelne Dimension (Phase) definiert. Dies geschieht, indem die zuvor mit Hilfe der Critical Incident-Technik bzw. der sequentiellen Ereignismethode gewonnenen Informationen zu dimensionsspezifischen Qualitätsmerkmalen verdichtet werden.[375] Dieses Vorgehen ermöglicht es, die Dienstleistungsinteraktion systematisch zu beobachten, zu evaluieren und einzelne, detaillierte Qualitätsinformationen zu ermitteln.[376]

Forderung 3: Das Verfahren des Mystery Shopping muss die konkrete Qualitätswahrnehmung eines realen Kunden erfassen.

Für ein leistungsfähiges Instrument zur Messung der Dienstleistungsqualität ist es unumgänglich, die Qualitätswahrnehmung aus der Perspektive eines realen Kunden zu erfassen. Ursächlich dafür ist, dass in den meisten Fällen das Kundenurteil über die offerierte Dienstleistung die Kaufentscheidung determiniert.[377] Wie sich allerdings in Abschnitt C.3. und insbesondere in Kapitel C.3.4. gezeigt hat, sind den quantitativen Kundenbefragungsmethoden aufgrund der sehr detaillierten Ereignisse während der Kundenkontaktsituation enge Grenzen gesetzt. Dies ist zum einen darauf zurückzuführen, dass es die Befragung von realen Kunden nicht erlaubt, situationsspezifisch widersprüchliche Qualitätseindrücke ausreichend zu erfassen. Zum ande-

---

[372] Vgl. Lamnek (1995), S. 30 ff., Wilson (1998), S. 149, Matzler/Pechlaner/Kohl (2000), S. 164, und Matzler/Kittinger-Rosanelli (2000), S. 225 f.

[373] Vgl. hierzu und im Folgenden Matzler/Pechlaner/Kohl (2000), S. 166 f., Matzler/Kittinger-Rosanelli (2000), S. 228, und Finn (2001), S. 310.

[374] Vgl. hierzu die Ausführungen zu den generellen Messfehlereinflüssen der Beobachtung in Abschnitt D.4.1.2. der vorliegenden Arbeit.

[375] Vgl. hierzu die Ausführungen von Stauss/Weinlich (1997), S. 33 ff., und Matzler/Pechlaner/Kohl (2000), S. 157 ff.

[376] Vgl. Morrall (1994), S. 13, und Matzler/Pechlaner/Kohl (2000), S. 167.

[377] Vgl. hierzu die Ausführungen in Abschnitt C.2.

ren sind in einer Vielzahl von Anwendungsfällen Diskrepanzen zwischen dem wirklichen und dem von der Auskunftsperson berichteten Verhalten bzw. der erlebten Situation festzustellen. Dafür ist einerseits die Tatsache verantwortlich, dass die Erlebnisse des befragten Konsumenten längere Zeit zurückliegen und folglich nicht mehr detailliert in der Erinnerung der Auskunftsperson vorhanden sind. Andererseits sind gewisse Details nicht aufzudecken, da der Befragte kognitiven Dissonanzen unterliegt bzw. bewusst falsche Auskünfte aufgrund der Annahme von sozialer Erwünschtheit erteilt. Infolgedessen werden gewisse Bestandteile der Dienstleistung vom befragten Kunden zwar wahrgenommen, aber in der Befragungssituation verschwiegen. Um nun die konkrete Qualitätswahrnehmung aus der Perspektive eines realen Kunden anhand von Testkäufern erfassen zu können, ist die Einhaltung der beiden folgenden Voraussetzungen unerlässlich:[378]

Voraussetzung 6: Der Beobachtungsbogen muss reale Erlebniskategorien und keine abstrakten Dienstleistungsdimensionen umfassen.

Ein Hauptproblem der rein subjektiven Messansätze und der korrespondierenden Erhebungsinstrumente besteht darin, dass die ermittelten Informationen wenig konkret sind. Folglich können nur sehr unspezifische Handlungsempfehlungen abgeleitet werden.[379] Demgegenüber kann ein Testkäufer seine Aufmerksamkeit gezielt auf bestimmte Sachverhalte lenken und auch die Details einer Dienstleistung beurteilen, wodurch ausführliche Erlebnis- und Qualitätsinformationen gewonnen werden.[380] Das ist jedoch nur möglich, wenn bei der Entwicklung des Beobachtungsbogens reale Beurteilungskriterien festgelegt werden (z.B. „War der Mitarbeiter während des gesamten Gesprächs aufmerksam?"), die das Differenzierungsvermögen der Mystery Shopper nicht überfordern. Andernfalls ergeben sich Messfehler, die die Handlungsrelevanz der ermittelten Informationen beeinträchtigen. Insbesondere wenn nur ein Teil der Beurteilungskriterien auf die Dienstleistungssituation zutreffen, ist das Differenzierungsvermögen eines Testkäufers überfordert. In der Absicht, gut ausgefüllte Protokolle abzuliefern, wird der Beobachter dazu veranlasst, die erlebten Ereignisse gleichwie den vorgegebenen Beurteilungskriterien zuzuordnen.[381] Aufgrund der sehr detaillierten Informationen, die ein Testkäufer registrieren soll, ist die Einhaltung der anschließenden Voraussetzung ebenfalls zwingend notwendig:[382]

---

[378] Vgl. Matzler/Kittinger-Rosanelli (2000), S. 229.
[379] Vgl. Hentschel (1992), S. 153 f.
[380] Vgl. Matzler/Pechlaner/Kohl (2000), S. 167 f.
[381] Vgl. Greve/Wentura (1991), S. 53.
[382] Vgl. Matzler/Pechlaner/Kohl (2000), S. 168, und Matzler/Kittinger-Rosanelli (2000), S. 229.

Voraussetzung 7: Die einzelnen Erlebnisse müssen unmittelbar nach dem Kontakt aufgezeichnet werden, damit keine Informationen verloren gehen.

Eine weitere potentielle Ergebnisverzerrung erfährt die Beobachtung durch Erinnerungsfehler des Testkäufers.[383] *Morrison/Colman/Preston* machen in diesem Zusammenhang ausdrücklich darauf aufmerksam, dass Wissen, insbesondere bei schwachen Gedächtnisspuren, sehr massiv durch neue Informationen, Einstellungen und Vorurteile beeinflusst wird. Dieser Effekt ist besonders stark, wenn eine Vielzahl an Einzelheiten einer Beobachtung gespeichert werden sollen.[384] Daher hat die Aufzeichnung der Daten unmittelbar nach dem Durchleben der Dienstleistungssituation zu erfolgen.

Forderung 4: Die Mystery Shopping-Methodik muss die Qualitätswahrnehmungen eines Kunden reliabel und valide messen.[385]

Wie zu Beginn von Kapitel C.4. erläutert wurde, soll der erfolgreiche Einsatz der Testkäufer nicht nur anhand der Handlungsrelevanz der gewonnenen Informationen bewertet werden, sondern auch mit Hilfe der Reliabilität und Validität des Qualitätsurteils der Testkäufer. Ein Beobachtungsverfahren bzw. die mit diesem Verfahren erhobenen Daten gelten als reliabel, wenn bei mehrfacher Anwendung unter entsprechenden Erhebungs- und Messbedingungen die gleichen Ergebnisse produziert werden.[386] Entsprechend der Darstellungen in Abschnitt B.2.2.1.3. und insbesondere C.4.1.2. ist eine Vielzahl von reliabilitätsmindernden Effekten bei der Durchführung einer Beobachtung durch Testkäufer zu berücksichtigen.

Häufig wird in der Marktforschungspraxis versucht, die Reliabilität des Dienstleistungsqualitätsurteils von Mystery Shoppern dadurch zu sichern bzw. zu erhöhen, indem Beobachtungskriterien eingesetzt werden, die ein möglichst objektives Dienstleistungsqualitätsurteil ermöglichen.[387] Folglich werden Qualitätskriterien angewandt, die einfach beobachtbar und quantifizierbar sind (z.B. „Wurde eine Visitenkarte übergeben?"). Zum einen wird hierbei vernachlässigt, dass nicht alle Qualitätskriterien auf Nominalskalenniveau reduziert werden können und zum anderen, dass erst ordinalskalierte Daten ein dezidiertes Urteil über das relative Bedeutungsgewicht einzelner Beurteilungskriterien ermöglichen. Zudem erhöht die

---

[383] Vgl. hierzu die Ausführungen zu den generellen Messfehlereinflüssen einer Beobachtung in Kapitel C.4.1.2.
[384] Vgl. Morrison/Colman/Preston (1997), S. 349 ff.
[385] Auf die besondere Bedeutung der Reliabilität und Validität der erhobenen Daten sowie die verschiedenen Ausprägungen dieser Gütekriterien wurde bereits in Abschnitt B.2.2. der vorliegenden Arbeit näher eingegangen.
[386] Vgl. hierzu die Ausführungen in Abschnitt B.2.2.1. dieser Arbeit.
[387] Vgl. Grove/Fisk (1992), S. 222, und Haas (2002), S. 284.

Kenntnis über die Ausprägung subjektiver Beurteilungskriterien die Handlungsrelevanz der gewonnenen Informationen.

Um nun die Reliabilität ordinalskalierter Indikatoren zu erhöhen, sind die zu evaluierenden Dienstleistungsqualitätsmerkmale mit Hilfe einer theoretischen und empirischen Fundierung zu operationalisieren, so dass weder künstliche Beobachtungskriterien noch Wahrnehmungs- und Interpretationsspielräume sowie Erinnerungseffekte das Differenzierungsvermögen der Testkäufer überfordern.[388]

Demgegenüber ist Validität des Dienstleistungsqualitätsurteils von Mystery Shoppern gegeben, wenn der Testkäufer tatsächlich in der Lage ist, das zu messen, was er vorgibt zu messen - die vom Konsumenten wahrgenommene Dienstleistungsqualität.[389] Validität liegt demnach vor, wenn einerseits die Items das zu messende Konstrukt der Dienstleistungsqualität begrifflich erfassen und andererseits das Datenerhebungsinstrument die Dienstleistungsqualität unverfälscht abbildet.[390] Die Sicherung der semantischen Validität ist nicht als Mystery Shopping spezifisches Problem zu betrachten, sondern auch bei anderen Datenerhebungsinstrumenten zu lösen. Besondere Relevanz besitzt jedoch das Problem der empirischen Validität. Folgende Argumente veranlassen aber zu der Annahme, dass Testkäufer die wahrgenommene Dienstleistungsqualität valide ermitteln:[391]

- Die Datenerhebung erfolgt im natürlichen Umfeld des Verkaufsmitarbeiters. Demzufolge ist die Kundenkontaktsituation nicht durch Laborbedingungen verfälscht.

- Der Interviewer-Bias kann durch gut geschulte Mystery Shopper und die Konstruktion eines möglichst realistischen Drehbuchs der Testkaufsituation reduziert werden.

- Die verdeckt teilnehmende Beobachtung ermöglicht es, eine Veränderung im Verhalten des beobachteten Mitarbeiters in Form von Reaktanz zu vermeiden.

---

[388] Vgl. Wilson (1998), S. 154, Wilson/Gutmann (1998), S. 289, Wilson (2001), S. 727, und insbesondere die Ausführungen in Kapitel B.2.2.1.3. und C.4.1.2. der vorliegenden Arbeit.

[389] Vgl. hierzu und den verschiedenen Validitätskriterien die Ausführungen in Abschnitt B.2.2.2. dieser Arbeit.

[390] Vgl. Kromrey (1998), S. 188 ff., und Nieschlag/Dichtl/Hörschgen (1997), S. 723 f.

[391] Vgl. hierzu und im folgenden Matzler/Pechlaner/Kohl (2000), S. 169 f., Matzler/Kittinger-Rosanelli (2000), S. 230 f., und Haas (2002), S. 283 f.

Morrison/Colman/Preston haben den Einfluss des Prozesses der Informationsaufnahme, -speicherung und -wiedergabe auf die Reliabilität und Validität von Testkaufurteilen aus kognitionspsychologischer Perspektive analysiert. Die Ergebnisse dieser Überlegungen sind in Tabelle C-4 zusammengefasst. Demnach existieren verschiedene Einflussfaktoren, die für eine unvollständige oder ungenaue Informationsaufnahme, das Vergessen von gespeicherten Informationen bzw. für einen fehlerhaften Abruf der Informationen aus dem Gedächtnis verantwortlich sind.[392]

Phase	Einflussfaktoren	Beispiele
Informations-aufnahme	Physische Faktoren	Licht: Die Wahrnehmung von Sauberkeit kann durch die Lichtstärke beeinflusst sein. Zeitpunkt: Die Wahrnehmungsfähigkeit wird beeinflusst von der Tageszeit und der damit zusammenhängenden Müdigkeit der Mystery Shopper.
	Aufmerksamkeit	Selektive und subjektive Wahrnehmung: Zentrale Details werden eher wahrgenommen als periphere Details; was zentrale und was periphere Details sind, hängt von der wahrnehmenden Person ab.
	Sozialer Druck	Beurteilungen von Mitarbeitern durch Mystery Shopper können durch subtilen sozialen Druck günstiger ausfallen, wenn diese von negativen Konsequenzen betroffen wären oder Sympathie besteht.
	Wissen	Je höher das Wissen und die Erfahrung der Testkäufer ist, umso mehr Details werden von ihnen wahrgenommen. Beispielsweise gibt es signifikante Unterschiede in der Beurteilung der Dienstleistungsqualität von Krankenhäusern in Abhängigkeit davon, wie oft die befragten Personen vorher Patienten waren.
Informations-speicherung	Verfall von Gedächtnisspuren und Interferenzen	Insbesondere wenn Gedächtnisspuren schwach sind, ist Wissen stark durch neue Informationen, Einstellungen, Erwartungen und Vorurteile beeinflussbar. Dies ist insbesondere dann der Fall, wenn sehr viele Details einer Beobachtung gespeichert werden müssen.

---

[392] Vgl. Morrison/Colman/Preston (1997), S. 349 ff.

Fortsetzung von Tabelle C-4.

Informations-abruf	Strukturierungsgrad	Je ähnlicher die Struktur des Beobachtungsbogens und diejenige der Dienstleistungssituation sind, umso genauer ist die Erinnerung des Testkunden (z.B. Begrüßung, Wartezeit, Beratung, Buchung und Verabschiedung).
	Erwartungen	Je weniger exakte Details erinnert werden können, umso mehr moderiert die Erwartung den Abruf von Informationen aus dem Gedächtnis.
	Emotionen	Erinnerung wird vom emotionalen Zustand der Person beeinflusst. Starke Emotionen behindern Erinnerungsprozesse.

Quelle: In Anlehnung an Morrison/Colman/Preston (1997), S. 349 ff.

Tab. C-4: Reliabilität und Validität bestimmende kognitive Prozesse

Somit wird auch das Dienstleistungsqualitätsurteil von Testkäufern durch eine Vielzahl an Einflussfaktoren determiniert. Da nicht alle Einflussfaktoren des Prozesses der Informationsaufnahme, -speicherung und -wiedergabe kontrolliert werden können (wie z.b. die Lichtverhältnisse, der Geräuschpegel etc.), sollte insbesondere den (teilweise) kontrollierbaren Einflussgrößen besondere Aufmerksamkeit bei der Durchführung von Testkäufen geschenkt werden. Konkret ist die Reliabilität und Validität des Dienstleistungsqualitätsurteils der Mystery Shopper durch Sicherung der nachfolgenden Voraussetzungen zu gewährleisten bzw. erhöhen:[393]

Voraussetzung 8: Der Beobachtungsbogen muss ausreichend strukturiert und seine Verwendung unmissverständlich beschrieben sein.

In Abschnitt C.4.1.2. wurde gezeigt, dass das Urteil eines Beobachters durch Interpretations- und Erinnerungsfehler verfälscht wird. Dabei wurde ebenfalls erläutert, dass der Interpretationsfehler zumeist auf den beim Mystery Shopper belassenen Beurteilungsspielraum zurückzuführen ist. Um diesen Beurteilungsspielraum und somit auch den resultierenden Messfehler zu eliminieren, muss die Verwendung des Beobachtungsbogens unmissverständlich beschrieben sein.[394]

Demgegenüber kann dem Erinnerungsfehler begegnet werden, indem der Beobachtungsbogen einen ausreichenden Strukturierungsgrad besitzt. *Morrison/Colman/Preston* fanden heraus,

---

[393] Vgl. hierzu und im Folgenden Matzler/Pechlaner/Kohl (2000), S. 171 und Matzler/Kittinger-Rosanelli (2000), S. 232 ff.
[394] Vgl. die Ausführungen in Kapitel C.4.1.2. dieser Arbeit.

dass sich Testkunden umso genauer an die erlebte Dienstleistungssituation erinnern, je ähnlicher die Struktur des Beobachtungsbogens und diejenige der Dienstleistungssituation sind.[395]

Voraussetzung 9: Die Untersuchungsplanung muss individuelle und situationsspezifische Einflussfaktoren der Mystery Shopper berücksichtigen (z.b. Müdigkeit und sozialer Druck).

Bereits in der Diskussion der generellen Messfehlereinflüsse einer Beobachtung wurde erläutert, dass die Versuchsanordnung und speziell die Beobachtungsdauer Messungenauigkeiten implizieren. So führt eine zunehmende Beobachtungsdauer zu Wahrnehmungs- und Erinnerungsfehlern der Testkunden, deren Auswirkungen ebenfalls bereits diskutiert wurden. Folglich gilt es bei der Untersuchungsplanung die individuellen und situationsspezifischen Einflüsse zu berücksichtigen, denen die Testkäufer ausgesetzt sind.[396]

Voraussetzung 10: Um den Beurteilungsspielraum der Testkäufer soweit wie möglich einzuschränken, ist eine theoretisch und empirisch fundierte Operationalisierung der beobachteten Konstrukte notwendig.

Die Bedeutung einer theoretisch und empirisch fundierten Operationalisierung der beobachteten Konstrukte wurde bereits weiter oben diskutiert. Daher soll an dieser Stelle auf eine erneute dezidierte Erläuterung verzichtet werden.[397]

Voraussetzung 11: Damit die Erinnerung der Testkäufer nicht überfordert wird, ist auf eine angemessene Zahl von Bewertungskategorien zu achten.

In der Diskussion der potentiellen Messfehlereinflüsse bei der Durchführung einer Beobachtung ergab sich, dass der Erinnerungsfehler und somit auch die Zuverlässigkeit der Beobachtung im Wesentlichen von der Zahl der zu beobachtenden Merkmale und der Häufigkeit ihres Auftretens abhängen.[398] So steigt die Gefahr, wenn einzelne Beobachtungskriterien verstärkt ins Detail gehen, dass nach Beendigung des Dienstleistungskonsums nicht alle gefragten Informationen erinnert werden und das Urteil des Mystery Shoppers durch persönliche Einstellungen, Erwartungen und Vorurteile beeinflusst wird.

---

[395] Vgl. Morrison/Colman/Preston (1997), S. 349 ff.
[396] Vgl. Abschnitt C.4.1.2.
[397] Vgl. stattdessen die Ausführungen zur Reliabilität von Testkaufurteilen unter Forderung 4.
[398] Vgl. Schnell/Hill/Esser (1992), S. 396 f.

Voraussetzung 12: Es sollte eine ausreichend hohe Fallzahl angestrebt und idealerweise Testkaufpaare eingesetzt werden.

Für einen Dienstleistungsanbieter ist eine zuverlässige Informationsbasis unerlässlich, um (Fehl-) Entscheidungen auf Basis von nicht repräsentativen Einzelurteilen zu vermeiden. So zeigen Finn/Kayandé in einer empirischen Studie, dass ca. 40 Testkäufe notwendig sind, um vergleichbar reliable Ergebnisse wie die einer Kundenbefragung zu erzielen.[399] Wohingegen die Fallzahl reduziert werden kann, wenn rein tangible, objektiv beurteilbare Elemente den Gegenstand der Testkäufe bilden.[400]

Wie die Ausführungen in Abschnitt B.2.2.1.1.2. gezeigt haben, ist die Zuverlässigkeit von Testkaufurteilen unter anderem anhand der Interrater-Reliabilität zu überprüfen. Dabei bestimmt sich die Interrater-Reliabilität mittels des dort beschriebenen Vorgehens aus der relativen Lage der Einzelurteile zweier Mystery Shopper zueinander.[401] Um also die Verlässlichkeit der gewonnenen Informationen mit Hilfe der Interrater-Reliabilität bewerten zu können, muss ein Testkauf von mindestens zwei Mystery Shoppern gemeinsam durchgeführt werden. Abschließend sind in Tabelle C-5 die zuvor formulierten Voraussetzungen für den erfolgreichen Einsatz von Testkäufern zur Evaluation der Dienstleistungsqualität zusammengefasst.

Forderung	Voraussetzung
1. Das Verfahren des Mystery Shopping muss das tatsächliche Verhalten eines Mitarbeiters in einer Kundenkontaktsituation bewerten.	1. Die Dienstleistungssituation muss realitätsnah anhand eines „Drehbuchs" konstruiert werden.
	2. Die Mystery Shopper sind anhand der Charakteristika eines typischen Kunden sorgfältig auszuwählen.
	3. Die Mystery Shopper müssen sich wie normale Kunden verhalten.
	4. Die Mystery Shopper müssen hinsichtlich des „Drehbuchs" der Testkaufsituation und des Verhaltens eines realen Kunden genau geschult werden.
2. Das Verfahren des Mystery Shopping muss ein umfassendes Bild der Dienstleistungsqualität liefern.	5. Die Dienstleistung muss in ihre einzelnen Dienstleistungsepisoden bzw. -dimensionen zerlegt werden. Anschließend sind für diese Teilelemente Beobachtungskriterien zur Beurteilung der Dienstleistungsqualität zu definieren.
3. Das Verfahren des Mystery Shopping muss die konkrete, subjektive Qualitätswahrnehmung eines realen Kunden erfassen.	6. Der Beobachtungsbogen muss reale Erlebniskategorien und keine abstrakten Dienstleistungsdimensionen umfassen.
	7. Die einzelnen Erlebnisse müssen unmittelbar nach dem Kontakt aufgezeichnet werden, damit keine Informationen verloren gehen.

---

[399] Finn/Kayande führen diese Tatsache darauf zurück, dass Mystery Shopper mehr Zeit zur gezielten Beobachtung verwenden, eine höhere Motivation haben, verlässliche und genaue Angaben zu machen, und dass bei Testkäufen im Allgemeinen ein systematischeres und effizienteres Forschungsdesign angewendet wird. Vgl. hierzu Finn/Kayandé (1999), S. 199 und Finn (2001), S. 311.

[400] Vgl. Matzler/Pechlaner/Kohl (2000), S. 171.

[401] Vgl. die Ausführungen in Abschnitt B.2.2.1.1.2. dieser Arbeit.

Fortsetzung von Tabelle C-5.

	8. Der Beobachtungsbogen muss ausreichend strukturiert und seine Verwendung unmissverständlich beschrieben sein.
	9. Die Untersuchungsplanung muss individuelle und situationsspezifische Einflussfaktoren der Mystery Shopper berücksichtigen (z.B. Müdigkeit und sozialer Druck).
4. Die Mystery Shopping-Methodik muss die Qualitätswahrnehmungen eines Kunden reliabel und valide messen.	10. Um den Beurteilungsspielraum der Testkäufer soweit wie möglich einzuschränken, ist eine theoretisch und empirisch fundierte Operationalisierung der beobachteten Konstrukte notwendig
	11. Damit die Erinnerung der Testkäufer nicht überfordert wird, ist auf eine angemessene Zahl von Bewertungskategorien zu achten.
	12. Es sollte eine ausreichend hohe Fallzahl angestrebt und idealerweise Testkaufpaare eingesetzt werden.

Quelle: In Anlehnung an Matzler/Pechlaner/Kohl (2000), S. 171 f.

Tab. C-5: Zwölf Voraussetzungen für den erfolgreichen Einsatz von Testkäufern zur Evaluation der Dienstleistungsqualität

D. Konzeption einer empirischen Untersuchung zur Beurteilung der Leistungsfähigkeit des Mystery Shopping-Konzepts

Wie anfänglich dargestellt, ist die vorliegende Arbeit auf die Herleitung eines Konzepts für den erfolgreichen Einsatz der Mystery Shopping-Methodik zur Evaluation der Dienstleistungsqualität und die anschließende Reliabilitäts- und Validitätsprüfung der mit diesem Konzept erhobenen Testkaufdaten fokussiert. Ebenfalls wurde bereits darauf hingewiesen, dass die Prüfung der Leistungsfähigkeit des Mystery Shopping-Konzepts exemplarisch anhand eines empirischen Beispiels aus der Reisebürobranche durchgeführt werden soll. Konkret soll mit Hilfe von Testkäufern die Dienstleistungsqualität einer im Franchisesystem organisierten Reisebürokette evaluiert werden.

Vor diesem Hintergrund dient der nachfolgende Teilabschnitt D.1. zunächst der Operationalisierung der Dienstleistungsqualität im Reisebüro. Dieses Vorgehen ist einerseits notwendig, da die Ausführungen in Abschnitt A.2. gezeigt haben, dass bislang keine Erkenntnisse darüber vorliegen, ob Testkäufer eine konstruktvalide Messung der Dienstleistungsqualität anhand der gegenwärtig vorliegenden Operationalisierungsansätze leisten können. Um diese Kenntnislücke schließen zu können, bedarf es eines Falsifikationsversuchs der proklamierten Zusammensetzung des beobachteten Dienstleistungsqualitätskonstrukts, wodurch die vorherige Einbindung desselben in einen theoretischen Rahmen unerlässlich wird.[402] Andererseits fordert das in Kapitel C.4.2.2. hergeleitete Mystery Shopping-Konzept eine theoretisch und empirisch fundierte Operationalisierung des beobachteten Dienstleistungsqualitätskonstruktes, um den Beurteilungsspielraum der Testkäufer soweit wie möglich einzuschränken.

Anschließend besteht das Ziel von Teilabschnitt D.2. darin, eine Beschreibung und Begründung der empirischen Vorgehensweise zu liefern. Dabei werden die eingesetzten Datenerhebungsinstrumente in ihrem Anwendungskontext und die in die Auswertung einfließende Stichprobe näher beschrieben. Besondere Aufmerksamkeit gilt hierbei dem Vorgehen zur Kontrolle bzw. Elimination der identifizierten Messfehlereinflüsse, die das Güteurteil über die Eignung der Mystery Shopping-Methodik zur Evaluation der Dienstleistungsqualität negativ beeinträchtigen können.

---

[402] Vgl. Keppler (1996), S. 218.

1. Theoretische und empirische Fundierung der wahrgenommenen Dienstleistungsqualität

Um das hergeleitete Mystery Shopping-Konzept zur Evaluation der Dienstleistungsqualität einer empirischen Leistungsfähigkeitsprüfung unterziehen zu können, bedarf es einer durch die Testkäufer selbst erlebten und zu bewertenden Dienstleistungssituation. Aus diesem Grund erscheint es sinnvoll, eine zufriedenheitsorientierte Auffassung des Dienstleistungsqualitätskonstruktes zu vertreten, da diese als Bezugsobjekt der Qualitätsmessung ein konkretes, selbst erlebtes Konsumereignis voraussetzt.[403] Wie bereits in Abschnitt C.3.1. erläutert wurde, gründet das zufriedenheitsorientierte Qualitätsverständnis auf Basis des C/D-Paradigmas. Im nachstehenden Abschnitt wird daher zunächst die statische Ausrichtung des C/D-Paradigmas anhand des am weitesten verbreiteten Konzepts erläutert, dem SERVPERF-Ansatz von *Cronin/Taylor*. Anschließend wird die statische Ausrichtung um eine dynamische Komponente in Form des Modells der prozessualen Dienstleistungsqualitätswahrnehmung erweitert.

1.1. SERVPERF: Eine statische Ausrichtung des C/D-Paradigmas

Das SERVPERF-Konzept hat insbesondere im Dienstleistungssektor als standardisiertes, attributorientiertes Instrument zur Messung der Dienstleistungsqualität Aufmerksamkeit erlangt. Es basiert auf der theoretischen Grundlage und den zentralen methodischen Aspekten des SERVQUAL-Konzeptes von *Parasuraman/Zeithaml/Berry*.[404] Folglich soll zunächst das SERVQUAL-Konzept dargestellt werden, bevor von den Defiziten dieses Konzepts ausgehend die Vorgehensweise von SERVPERF bei der Dienstleistungsqualitätsmessung erläutert wird.

1.1.1. SERVQUAL: Ein Instrument zur Messung der Dienstleistungsqualität

Im Rahmen einer konzeptionellen und empirischen Untersuchung in den Branchen Banken, Kreditkartenunternehmungen, Wertpapiermakler und Reparaturwerkstätten ermittelten *Parasuraman/Zeithaml/Berry* die folgenden fünf Dimensionen der Dienstleistungsqualität:[405]

---

[403] Vgl. Hentschel (1992), S. 116 f., Westerbarkey (1996), S. 60, Bruhn (1997), S. 66, und Hribek (1999), S. 145 ff.
[404] Vgl. Cronin/Taylor (1992), S. 55 ff., und Cronin/Taylor (1994), S. 125 ff.
[405] Vgl. hierzu insbesondere Parasuraman/Zeithaml/Berry (1985), S. 41ff., Parasuraman/Zeithaml/Berry (1988), S. 12ff., Hentschel (1992), S. 399, Gierl/Helm (1998), S. 358, und Corsten (2001). S. 303 ff.

- **Tangibles** (Annehmlichkeit des tangiblen Umfeldes) bezeichnet das gesamte materielle Umfeld einer Dienstleistung. Hierzu zählen insbesondere die Räumlichkeiten, die Einrichtung und das Erscheinungsbild des Personals.

- **Reliability** (Verlässlichkeit) ist die Fähigkeit eines Dienstleistungsanbieters, die versprochene Leistung zuverlässig und akkurat auszuführen.

- **Responsiveness** (Entgegenkommen/Aufgeschlossenheit) beschreibt die Gewilltheit und die Schnelligkeit, dem Nachfrager bei der Problemlösung zur Seite zu stehen.

- **Assurance** (Leistungskompetenz/Souveränität) umfasst die Leistungskompetenz, d.h. Wissen, Höflichkeit und Vertrauenswürdigkeit der Mitarbeiter des Dienstleistungsunternehmens.

- **Empathy** (Einfühlungsvermögen) ist die Bereitschaft des Anbieters, sich um die individuellen Kundenwünsche zu kümmern.

Neben der Beschreibung dieser fünf Qualitätsdimensionen stellten *Parasuraman/ Zeithaml/Berry* eine Verbindung zu der in Abschnitt C.1. erläuterten Dreiteilung der Dienstleistungsqualität in Potential-, Prozess- und Ergebnisqualität her. Danach korrespondieren die Dimensionen „tangibles" und „assurance" mit der Potentialqualität, „responsiveness" und „empathy" fließen in die Prozessqualität ein und „reliability" kann der Ergebnisqualität zugeordnet werden.[406]

Darüber hinaus entwickelten *Parasuraman/Zeithaml/Berry* aus ihren gewonnenen Erkenntnissen ein Erklärungsmodell für das Zustandekommen des Qualitätsurteils eines Dienstleistungskunden.[407] Sie betrachten die wahrgenommene Dienstleistungsqualität, vergleichbar zu dem in Abschnitt C.3.1. erläuterten C/D-Paradigma, als das Ergebnis der Differenz zwischen Kundenerwartungen und Kundenwahrnehmungen. Das so genannte GAP-Modell (vgl. Abbildung D-1) diagnostiziert anhand der fünf Qualitätsdimensionen Leistungslücken, die als mangelhafte Dienstleistungsqualität aufgefasst werden. Auf Anbieterseite befinden sich vier Leistungslücken, die auf Kommunikations- und Kontrollmängel zurückzuführen sind. Demgegenüber besteht die fünfte Leistungslücke des GAP-Modells auf der Nachfragerseite in der bereits beschriebenen Diskrepanz zwischen Kundenerwartung und Kundenwahrnehmung. Diese zentrale fünfte Leistungslücke, deren Ausmaß mittels SERVQUAL evaluiert wird, steht im

---

[406] Vgl. Corsten (2001), S. 304.
[407] Vgl. Parasuraman/Zeithaml/Berry (1985), S. 41ff., und Parasuraman/Zeithaml/Berry (1988), S. 12ff.

Mittelpunkt des Modells und wird als Resultat der vier weiteren „GAPs" auf der Anbieterseite verstanden.[408]

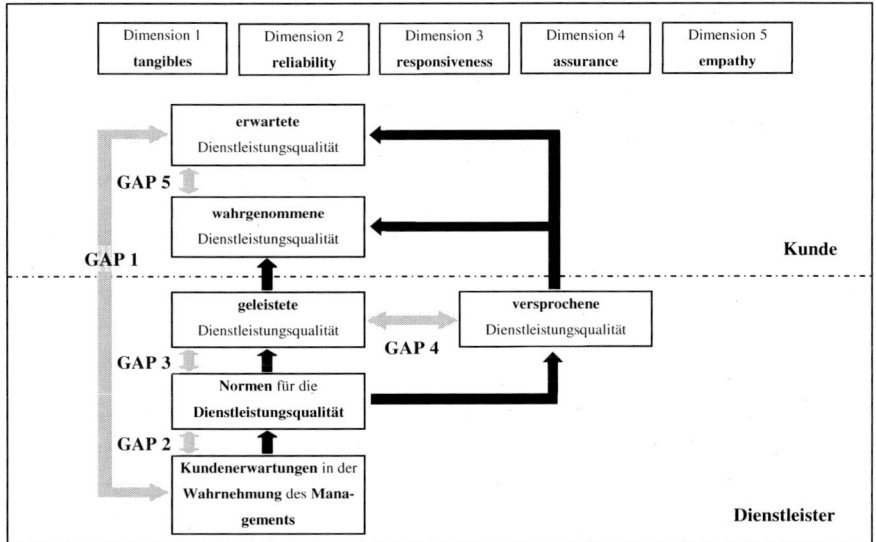

Quelle: In Anlehnung an Parasuraman/Zeithaml/Berry (1985), S. 44.

Abb. D-1: GAP-Modell der Dienstleistungsqualität

Zur Evaluation der durch GAP 5 repräsentierten Diskrepanz zwischen erwarteter und wahrgenommener Dienstleistungsqualität dient ein standardisierter Fragebogen, dessen 22 Items die fünf Dienstleistungsqualitätsdimensionen widerspiegeln.[409] *Parasuraman/ Zeithaml/Berry* entwickelten eine Doppelskala, indem zu jedem Item jeweils zwei Statements formuliert wurden. Die verwendete Doppelskala zielt einerseits darauf ab, die Konsumentenerwartungen vor der Inanspruchnahme der Dienstleistung (Soll-Standard) unter Verwendung der „expectation scale" zu erfassen. Andererseits sollen die Kundenerfahrungen aus dem Dienstleistungsprozess (Ist-Leistung) anhand der „perception scale" erhoben werden und mit den Erwartungen verglichen werden. Das Dienstleistungsqualitätsurteil bestimmt sich anschließend durch Differenzbildung zwischen den Erfahrungen eines Kunden im Verlauf des Dienstleistungserstellungs-prozesses sowie dessen Erwartungen an Selbigen. Schließlich gilt, dass die wahrge-

---

[408] Vgl. Gierl/Helm (1998), S. 358, und Corsten (2001), S. 304.
[409] Für eine deutschsprachige Übersetzung vgl. Hentschel (1992), S. 399.

nommene Dienstleistungsqualität umso höher ist, je größer der Wert der ermittelten Differenz zwischen Soll-Standard und Ist-Leistung wird.[410]

1.1.2. SERVPERF: Ein Messinstrument wahrgenommener Dienstleistungsqualität als Ergebnis der Defizite des SERVQUAL-Konzeptes

Die zuvor erläuterte Vorgehensweise zur Bestimmung der wahrgenommenen Dienstleistungsqualität mittels des SERVQUAL-Ansatzes wurde in der jüngeren wissenschaftlichen Literatur vielfältiger Kritik unterzogen.[411] Insbesondere die Verwendung der Doppelskalen, die abwechselnd negativ und positiv formulierten Items, die mangelnde Konvergenz- und Diskriminanzvalidität sowie die von *Parasuraman/Zeithaml/Berry* vertretene universelle Anwendbarkeit des fünf Dimensionen umfassenden Modells wurden kritisiert.[412] Selbst *Parasuraman/Zeithaml/Berry* konstatieren bezüglich der Fünf-Faktorstruktur, „there is no clear consensus on the number of dimensions and their interrelationships".[413]

Ein offensichtlich logischer Widerspruch in der Verwendung der Doppelskala ist nach *Hentschel* darin zu sehen, dass das Zufriedenheitsurteil einerseits keiner algebraischen Differenzbildung folgt und andererseits, dass das Vergleichsergebnis aus Soll-Standard und Ist-Leistung auf einem Kontinuum mit den Extrempunkten „ideale Qualität" und „völlig inakzeptable Qualität" verortet ist. Diese beiden Annahmen implizieren die nachfolgende Beziehung zwischen Soll-Standard und Ist-Leistung der Dienstleistungsqualität:[414]

- **Ist-Leistung > Soll-Standard,** bezeichnet eine mehr als zufriedenstellende Dienstleistungsqualität, die in Richtung ideale Qualität tendiert.

- **Ist-Leistung = Soll-Standard,** beschreibt ein zufriedenstellendes Dienstleistungsqualitätsurteil.

- **Ist-Leistung < Soll-Standard,** kennzeichnet eine nicht zufriedenstellende Dienstleistungsqualität.

Weiterhin unterstellen *Parasuraman/Zeithaml/Berry* in ihrer SERVQUAL-Konzeption, dass die Kundenerwartungen (Soll-Standard) einer fiktiven Idealleistung entsprechen.[415] Unter dem zuvor dargestellten Zusammenhang zwischen Soll-Standard und Ist-Leistung führt diese

---

[410] Vgl. Corsten (2001), S. 313.
[411] Vgl. ebd., und die Ergebnisse der Synopse in Tab. D-1.
[412] Vgl. Taylor/Cronin (1994), S. 34 ff., Gierl/Helm (1998), S. 360, und die Ergebnisse der Synopse in Tab. D-1.
[413] Parasuraman/Zeithaml/Berry (1994), S. 215.
[414] Vgl. hierzu und im Folgenden Hentschel (1992), S. 399 ff.

Annahme zu dem Dilemma, dass das Angebot eines Dienstleistungsunternehmens besser als ideal sein muss, damit seine Leistung als qualitativ befriedigend eingestuft wird. Eine ebenso bedeutende Kritik an der verwendeten Doppelskala ist, dass es zu abwegigen Interpretationen kommen kann.

Es ist beispielsweise denkbar, dass ein Reisebürokunde A besonderen Wert auf das äußere Erscheinungsbild eines Reisebüros legt (expected service = 7) und ein solches, seinen Ansprüchen genügendes Reisebüro tatsächlich vorfindet (perceived service = 7), woraus sich eine algebraische Differenz zwischen Soll-Standard und Ist-Leistung von Null ergibt. Demgegenüber ist die Bedeutung des äußeren Erscheinungsbildes des Reisebüros für den Kunden B von nur untergeordneter Bedeutung (expected service = 1). Dennoch bewertet er Selbiges bei einem konkreten Reisebüro als sehr gut (perceived service = 7), was eine Differenz von + 6 mit sich bringt. Das Resultat der Auswertungslogik von SERVQUAL führt in diesem Fall dazu, dass das Kriterium „äußeres Erscheinungsbild" durch den Reisebürokunden B eine höhere Qualität zugesprochen bekommt als durch den Kunden A.

Außerdem erscheint die separate, nachträgliche Bewertung der Erwartungskomponente evident problembehaftet. Verantwortlich hierfür ist, dass Auskunftspersonen bei „so-sollte-es-sein"-Statements dazu neigen, verblüffend einheitliche und regelmäßig hohe Erwartungswerte zu vergeben. Dieses als „Anspruchsinflation" bezeichnete Phänomen wird nur durch die Scheu der Probanden, Extremkategorien zu verwenden, begrenzt. Die Anspruchsinflation führt ihrerseits zu einer mangelnden Varianz im Urteil der Auskunftspersonen und schließlich zu einer ungenügenden Diskriminierung bei der Erwartungsmessung.[416]

Cronin/Taylor unterlassen in ihrem Messkonzept als Hauptkritikführer an der im SERV-QUAL-Konzept verwendeten Doppelskala die Erhebung der Erwartungskomponente und messen lediglich die wahrgenommene Dienstleistungsqualität. Hierbei verwenden sie ausschließlich die „perception scale" des SERVQUAL-Konzeptes. Dieses Vorgehen beruht auf der Erkenntnis, dass das Ergebnis des Vergleichsprozesses von Soll-Standard und Ist-Leistung eine vom Kunden empfundene Diskrepanz darstellt.[417] Dabei ist das von *Cronin/Taylor* gewählte Vorgehen in ihrem als SERVPERF bezeichneten Messkonzept das Re-

---

[415] Vgl. Parasuraman/Zeithaml/Berry (1994), S. 111 ff.

[416] Vgl. Corsten (2001), S. 314.

[417] Vgl. Cronin/Taylor (1992, 1994). Darüber hinaus ergaben die Ausführungen in Kapitel C.3.1., dass bei der Operationalisierung des Dienstleistungsqualitätskonstruktes auf die getrennte Erfassung der Soll- bzw. Ist-Komponente zu verzichten ist, da zum einen ein Mangel an adäquaten Erklärungsmöglichkeiten bezüglich des vom Kunden zugrunde gelegten Vergleichsstandards herrscht. Zum anderen aufgrund des Nachweises, dass das Ergebnis des Vergleichsprozesses eine vom Kunden empfundene Diskrepanz und nicht die mathematische Differenz zwischen Soll-Standard und Ist-Leistung darstellt.

sultat vielfacher empirischer Beobachtungen.[418] Sie stellten fest, dass sowohl hinsichtlich der Validität als auch der Reproduktionsgüte des Gesamtmodells mit der abgewandelten Variante – SERVPERF – handlungsrelevantere Ergebnisse erzielt werden, als dies mit SERVQUAL der Fall ist.[419]

Ursächlich für dieses Urteil ist, dass die Dimensionalität des SERVQUAL-Konzeptes und damit auch die Handlungsrelevanz der ermittelten Informationen in verschiedenen empirischen Studien sehr unterschiedlich sind. Beispielhaft sei die Synopse von *van Dyke/Kappelman/Prybutok* genannt. Sie umfasst zehn Replikationsstudien in verschiedenen Dienstleistungsbranchen. Alle Studien dieser Synopse zeigen, dass beim Einsatz der anfänglichen 22-Items von *Parasuraman/Zeithaml/Berry* die ursprüngliche fünf Faktoren umfassende Struktur nicht bestätigt werden kann. Die Studien ermitteln eine Faktorstruktur für die 22-Items, die zwischen einem und neun Faktoren liegt.[420]

Neben der zuvor erwähnten Synopse gibt Tabelle D-1 einen Überblick zu empirischen Untersuchungen, welche die Handlungsrelevanz der mittels SERVQUAL und SERVPERF gewonnenen Informationen gegenüberstellt. Den dort zusammengetragenen Studien ist zu entnehmen, dass SERVPERF dem SERVQUAL-Konzept überlegen ist. Diese Überlegenheit kommt einerseits darin zum Ausdruck, dass der SERVPERF-Ansatz in fünf der sechs Studien einen größeren Varianzanteil der Gesamtzufriedenheit mit der vom Kunden wahrgenommenen Dienstleistungsqualität als SERVQUAL aufklären kann. Andererseits konnte die ursprüngliche Faktorstruktur bei ausschließlicher Messung der Performance-Komponente ebenfalls in fünf der Studien reproduziert werden. Eine Ausnahme bildet Studie 5, die lediglich 3 Faktoren extrahieren konnte.

---

[418] Vgl. hierzu auch die Ergebnisse der Synopse in Tab. D-1 der vorliegenden Arbeit.
[419] Vgl. Cronin/Taylor (1992), S. 55 ff., Cronin/Taylor (1994), S. 125 ff., Brown/Churchill/Peter (1993), S. 127 ff. und McAlexander/Kaldenburg/Koenig (1994), S. 34 ff.
[420] Vgl. van Dyke/Kappelman/Prybutok (1997), S. 202.

Nr.	Autoren	Branche	Theoretischer Ansatz	Charakteristika der Empirie (Grundgesamtheit, Fallzahl, Methodik)	Empirische Befunde
1	Cronin/Taylor (1992)	banking, pest control, dry cleaning and fast food	SERVQUAL/SERVPERF (22 Items der ursprünglichen Skala; 7-stufige Skala)	Bewohner einer mittelgroßen Stadt im Südosten der USA; n = 660; konfirmatorische Faktorenanalyse, jedoch wenn die ursprüngliche Struktur nicht bestätigt werden konnte, wurde eine explorative Faktorenanalyse mit OBLIMIN Rotation durchgeführt	In keiner der Branchen konnte die ursprüngliche 5 Faktoren umfassende Struktur von SERVQUAL bestätigt werden. Ferner stellten Cronin/Taylor fest, dass SERVPERF einen größeren Varianzanteil der Dienstleistungsqualität erklärt als SERVQUAL. Außerdem bestätigten sie, dass Dienstleistungsqualität ein Antezedent von Zufriedenheit ist.
2	Cronin/Taylor (1994)	banking, pest control, dry cleaning and fast food	SERVQUAL/SERVPERF (22 Items der ursprünglichen Skala; 7-stufige Skala)	Es handelt sich um die Datenbasis der Studie aus dem Jahr 1992.	SERVPERF liefert die ursprüngliche 5 Faktoren umfassende Struktur, wenn man eine Interkorrelation der Faktoren zulässt.
3	Cronin/Taylor (1994)	health care	SERVQUAL/SERVPERF (22 Items der ursprünglichen Skala angepasst auf den health care -Sektor; 7-stufige Skala)	Bewohner von 7 Städten der USA (die demographische Analyse ergab, dass die Stichprobe repräsentativ für USA ist); n = 116; explorative Faktorenanalyse mit OBLIMIN Rotation	Die ursprüngliche 5 Faktoren umfassende Struktur von SERVQUAL konnte nicht bestätigt werden. Es wurden lediglich 2 Faktoren entdeckt. Die Performance Komponente besitzt eine dominante Rolle für das Zustandekommen des Zufriedenheitsurteils (standardisierter Regressionskoeffizient = 0.74). Ferner wurde gezeigt, dass die Operationalisierung der Dienstleistungsqualität mit SERVPERF besser ist als die durch SERVQUAL. Außerdem bestätigten Cronin/Taylor, dass Dienstleistungsqualität ein Antezedent von Zufriedenheit ist.
4	Brady/Cronin/ Brand (2002)	**Studie 1:** siehe Cronin/Taylor 1992 und 1994 **Studie 2 und 3:** spectator sports, entertainment, health care, long-distance carriers and fast food	SERVQUAL/SERVPERF (**in Studie 1:** 22 Items der ursprünglichen Skala; 7-stufige Skala **in Studie 2 und 3:** 10 Items der ursprünglichen Skala; 9-stufige Skala)	Bewohner derselben mittelgroßen Stadt im Südosten der USA wie in der Studie von 1992; In Abhängigkeit von der untersuchten Branche n = 167 bis 450; konfirmatorischen Faktorenanalyse	In den Studien 2 und 3 konnte für keine der Branchen die ursprüngliche 5 Faktoren umfassende Struktur von SERVQUAL bestätigt werden. Außerdem konnten die Ergebnisse aus den Jahren 1992 und 1994 für SERVPERF bestätigt werden. Ferner bestätigten sie, dass Dienstleistungsqualität (gemessen mit SERVPERF) ein Antezedent von Zufriedenheit ist (standardisierte Regressionskoeffizienten von 0.65 bis 0.84).
5	Zhou (2004)	retail banking	SERVPERF (22 Items der ursprünglichen Skala; 7-stufige Skala)	Convenience Sample von Privatkunden einer chinesischen Bank; n = 373; explorative und konfirmatorische Faktorenanalyse	Zhou ermittelte mit der explorativen Faktorenanalyse eine 3 Faktoren umfassende Struktur des SERVPERF-Ansatzes (**1.** Empathy/Responsiveness, **2.** Reliability/Assurance und **3.** Tangibles) Die „Modifications Indices" von LISREL führten zu einer Elimination von 10 der ursprünglichen 22 Items Die standardisierten Regressionskoeffizienten auf die Gesamtzufriedenheit betrugen für: Faktor 1 = **0.08** Faktor 2 = **0.27** Faktor 3 = **0.04** Außerdem bestätigte Zhou, dass Dienstleistungsqualität ein Antezedent von Zufriedenheit ist.

Fortsetzung von Tabelle D-1.

					SERVPERF übertrifft SERVQUAL im Hinblick auf die Reliabilität der Qualitätsmessung.
6	Luk/Layton (2004)	hotel service	SERVQUAL/SERVPERF (22 Items der ursprünglichen Skala angepasst auf den hotel service)	Gäste von 4 und 5-Sterne Hotels in Hong Kong; n = 288; explorative Faktorenanalyse mit VARIMAX Rotation	Die ursprüngliche 5 Faktoren umfassende Struktur von SERVQUAL konnte nicht bestätigt werden, es wurde stattdessen 7 Faktoren entdeckt. Die Faktoren Tangibles und Responsiveness konnten mit SERVQUAL bestätigt werden. Der SERVPERF-Ansatz ergab die ursprüngliche 5 Faktoren umfassende Struktur und konnte ebenfalls den größten Varianzanteil der Kundenzufriedenheit erklären (64,5 %).

Tab. D-1: Synopse zur Leistungsfähigkeit von SERVQUAL und SERVPERF

Infolge der Erkenntnisse, die aus der kritischen Auseinandersetzung mit SERVQUAL resultieren, und insbesondere wegen der schwerwiegenden Kritik an diesem Messkonzept soll in der vorliegenden Arbeit auf das leistungsfähigere SERVPERF-Konzept zur Messung der Dienstleistungsqualität zurückgegriffen werden. Der SERVPERF-Ansatz ist speziell durch seine Charakteristik und den Einsatz einer „Einfachskala" geeignet, der massiven Kritik an der im SERVQUAL-Konzept verwendeten Doppelskala entgegenzutreten.

1.1.3. Empirische Erfassung der fünf Komponenten des SERVPERF-Ansatzes

Damit der zuvor hergeleitete Erklärungsansatz über die Zusammensetzung des Dienstleistungsqualitätskonstruktes einer Konstruktvaliditätsprüfung zugeführt werden kann, müssen die Komponenten des SERVPERF-Ansatzes zunächst operationalisiert werden. Die Messung der Komponenten erfolgt in der vorliegenden Arbeit auf Basis der deutschsprachigen Statements des SERVPERF-Konzeptes.[421] Demgemäß setzt sich die von (Test-) Kunden eines Reisebüros wahrgenommene Dienstleistungsqualität aus den Komponenten Tangibles, Reliability, Responsiveness, Assurance und Empathy zusammen. Die fünf Komponenten des SERV-PERF-Ansatzes werden jeweils durch zwei bzw. vier Items bewertet (vgl. Tabelle D-2). Im Vergleich zu der ursprünglichen Version wurden beim Faktor Reliability drei (1., 4. und 5. Item) und beim Faktor Empathy ein (2. Item) Statement(s) gestrichen. Ursächlich hierfür waren die Ergebnisse des Pre-Tests bzw. die inhaltliche Unangemessenheit der Items im vorliegenden Anwendungskontext.

---

[421] Vgl. hierzu die Ausführungen bei Hentschel (1995), S. 366.

Items	Ankerpunkt der siebenstufigen Ratingsskala
Tangibles	
Die technische Ausrüstung des Reisebüros entspricht dem neuesten Stand. (TANGIB_1)	
Die Geschäftsräume des Reisebüros sind ansprechend gestaltet. (TANGIB_2)	
Die Angestellten des Reisebüros sind ordentlich angezogen und machen einen sympathischen Eindruck. (TANGIB_3)	
Die Gestaltung der Geschäftsräume des Reisebüros ist der Art der Dienstleistung angemessen. (TANGIB_4)	
Reliability	
Kundenprobleme werden im Reisebüro ernst genommen, mitfühlend und beruhigend behandelt. (RELIAB_1)	
Man kann sich auf das Reisebüro verlassen. (RELIAB_2)	
Responsiveness	
Das Reisebüro gibt seinen Kunden keine Auskunft darüber, wann die Leistung ausgeführt sein wird. (RESPON_1)	
Der Kunde erhält im Reisebüro keinen prompten Service von den Angestellten. (RESPON_2)	
Die Mitarbeiter des Reisebüros sind nicht permanent gewillt, den Kunden zu helfen. (RESPON_3)	Stimme voll zu – Stimme gar nicht zu
Die Mitarbeiter des Reisebüros sind zu beschäftigt, um Kundenwünsche unmittelbar zu erfüllen. (RESPON_4)	
Assurance	
Der Kunde kann dem Mitarbeiter des Reisebüros vertrauen. (ASSUR_1)	
Der Kunde kann sich während des Kontakts zu dem Mitarbeiter des Reisebüros sicher fühlen. (ASSUR_2)	
Die Mitarbeiter des Reisebüros sind höflich. (ASSUR_3)	
Die Mitarbeiter des Reisebüros erhalten im Unternehmen eine angemessene Unterstützung, um ihre Tätigkeit gut ausführen zu können. (ASSUR_4)	
Empathy	
Das Reisebüro widmet nicht jedem Kunden individuelle Aufmerksamkeit. (EMPATH_1)	
Die Mitarbeiter des Reisebüros kennen nicht die Bedürfnisse ihrer Kunden. (EMPATH_2)	
Das Reisebüro hat nicht nur die Interessen seiner Kunden im Auge. (EMPATH_3)	
Das Reisebüro hat keine Öffnungszeiten, die angenehm für alle Kunden sind. (EMPATH_4)	

Tab. D-2: Operationalisierung der fünf Komponenten des SERVPERF-Ansatzes

1.2. Dynamisierung des C/D-Paradigmas unter Berücksichtigung des Prozesscharakters von Dienstleistungen

Hentschel, dem das zuvor dargestellte, rein merkmalsorientierte theoretische Rahmenkonzept wahrgenommener Dienstleistungsqualität nicht umfassend genug erscheint, betont die Notwendigkeit, dieses um eine ereignisorientierte Perspektive zu ergänzen.[422] Demgemäß ist das

---

[422] Vgl. Hentschel (1992), S. 155.

im C/D-Paradigma abgebildete zufriedenheitsorientierte Verständnis der Dienstleistungsqualität um eine dynamische Komponente zu erweitern, indem der Prozesscharakter einer Dienstleistung Berücksichtigung findet. Diese ereignisorientierte Sichtweise basiert auf dem Konzept der episodischen Informationsverarbeitung. Sie distanziert sich von der merkmalsorientierten Perspektive, indem sie die aufeinander folgenden Konsumphasen einer Dienstleistung und nicht die einzelnen Dienstleistungsmerkmale als Objekte des Qualitätsgesamturteils betrachtet.[423]

1.2.1. Konzept der episodischen Informationsverarbeitung

Infolge der Interaktion des Dienstleistungsanbieters mit dem Konsumenten während der Leistungserstellung bzw. -nutzung kommt es zu einer Integration des externen Faktors in den Dienstleistungserstellungsprozess.[424] Somit ist der Konsument bzw. das durch ihn in den Dienstleistungserstellungsprozess eingebrachte Gut als ein Element des Leistungserstellungsprozesses zu betrachten.

Dieser Zusammenhang wird in der Literatur mit Hilfe verschiedener Begriffe, wie z.B. „Moments of Truth", „Service Encounter" oder „Augenblick der Wahrheit" umschrieben.[425] *Albrecht*, der den Begriff des „Moments of Truth" verwendet, versteht darunter: „any episode in which the customer comes into contact with any aspect of the organisation and gets an impression of the quality of its service"[426] bzw. *Shostack*, der "Service Encounter" definiert als: "a period of time during which a customer directly interacts with a service".[427]
Stauss, der diesen Zusammenhang als „Augenblick der Wahrheit" bezeichnet, betrachtet diese beiden Begriffsbestimmungen jedoch als latent problembehaftet. Sie lassen nicht erkennen, ob es sich bei einer Episode um die einmalige oder die mehrmalige Erstellung bzw. Nutzung einer Dienstleistung handelt und ob eine Episode nur einen Teilprozess oder die gesamte Abwicklung einer Dienstleistung umfasst.[428] Er versucht dieses Manko zu beseitigen, indem er unter dem Episodenbegriff personal- und nicht personalbezogene als auch gewöhnliche und außergewöhnliche Kontakterlebnisse subsumiert. Als gewöhnlich bezeichnete Kontakterlebnisse stellen das übliche Erleben von Kontaktsituationen dar, wohingegen das außergewöhnliche Kontakterlebnis den vom Konsumenten als besonders positiv bzw. negativ empfundenen

---

[423] Vgl. Hentschel (1992), S. 158 f.
[424] Vgl. Siefke (1998), S. 15 f.
[425] Vgl. für einen Überblick Siefke (1998), S. 15.
[426] Albrecht (1988), S.26.
[427] Shostack (1985), S. 243.
[428] Vgl. Siefke (1998), S. 16.

„kritischen Augenblick der Wahrheit" beschreibt. Der von *Stauss* als personalbezogen bezeichnete Kontaktpunkt schließt alle Interaktionen zwischen dem Personal des Dienstleistungsanbieters und dem Dienstleistungskonsumenten während der Leistungserstellung ein
(beispielsweise der Kontakt zwischen einem Reisebüromitarbeiter und dem Kunden einer
touristischen Dienstleistung während eines Beratungsgesprächs). Demgegenüber umfasst der
nicht personalbezogene Kontaktpunkt alle tangiblen Elemente des Dienstleistungsumfeldes
(z.B. die Gestaltung der Verkaufsräume eines Reisebüros) und die Interaktion mit anderen
Dienstleistungskunden.[429]

Stauss et al. bezeichnen diese Abfolge von Interaktionen, die während des Dienstleistungskonsums zu beobachten sind, als Dienstleistungstransaktion. Eine solche Transaktion
stellt aus Sicht des Kunden die spezifische und komplette Dienstleistungsnutzung mit fixier-
tem Anfang und Ende dar.[430] Für die dynamische Analyse der Qualität des Dienstleistungserstellungsprozesses einer Reisebürokette erscheint es daher zweckmäßig, den vom Kunden
wahrgenommenen gesamten Dienstleistungsnutzungsprozess so lange in Teil- bzw. Subpro-
zesse zu untergliedern, bis eine weitere Differenzierung nicht sinnvoll erscheint. Dieses Vorgehen führt zu einer Hierarchie von Prozessen, deren unterschiedliche Ebenen durch einen
verschieden hohen Detaillierungsgrad gekennzeichnet sind.[431] Da die Prozesszerlegung bei
der Untersuchung des Dienstleistungsnutzungsprozesses zwingend aus der Perspektive des
Konsumenten zu erfolgen hat, bedarf es einer ausführlichen Identifikation und Dokumentation der während der Dienstleistungsnutzung vom Kunden wahrgenommenen Konsumphasen
und Kontaktpunkte.[432] Die Grundlage für die Zerlegung des Kundenprozesses beruht auf der
Annahme, dass die Differenzierung des gesamten Dienstleistungsprozesses in zeitlich abge-
schlossene Teilleistungen sachlogisch vertretbar ist und dass diese einzelnen Teilleistungen
vom Konsumenten als solche erlebt und verarbeitet werden.[433]

Einen theoretischen Erklärungsansatz, der eine Prozesszerlegung dieser Art legitimiert, stellt
das Konzept der episodischen Informationsverarbeitung dar. Dessen Ansatzpunkt ist die psychologische Fundierung der Annahme, dass Dienstleistungen von einem Konsumenten pro-

---

[429] Vgl. Stauss (1995), S.382 ff.
[430] Vgl. Stauss/Seidel (1995), S.186.
[431] Vgl. Haist/Fromm (1991), S. 96.
[432] Die Methode des Service Blueprinting stellt eine geeignete Technik zur Strukturierung und Visualisierung des Dienstleistungsnutzungsprozesses aus der Perspektive eines Kunden dar. Vgl. Siefke (1998), S. 17.
[433] Vgl. Meyer/Westerbarkey (1995), S. 389 f.

zessual wahrgenommen und kognitiv verarbeitet werden.[434] Das Konzept der episodischen Informationsverarbeitung geht davon aus, dass das Urteil einer Auskunftsperson bezüglich der wahrgenommenen Dienstleistungsqualität nicht aus dem Zusammenwirken zeitunabhängiger und übergreifender Dimensionen entsteht, sondern auf Einzelurteilen basiert, die auf konkrete Dienstleistungsepisoden zurückzuführen sind.[435]

1.2.2. Strukturanalyse und empirische Erfassung der Prozesskomponenten touristischer Dienstleistungen eines Reisebüros

Für die Analyse der prozessual wahrgenommenen Dienstleistungsqualität bedarf es, wie in Abschnitt D.1.2.1 erläutert, der Zerlegung des Dienstleistungsprozesses in seine Episoden sowie deren Aufspaltung in die Kontaktpunkte zwischen Dienstleistunganbieter und Konsument. Das Konzept des Service Blueprinting ermöglicht diese Zerlegung des Dienstleistungsprozesses in Episoden und Kontaktpunkte. Sie wurde Mitte der achtziger Jahre von *Shostack* entwickelt. Anhand einer graphischen Darstellung der Interaktion zwischen Dienstleistungsanbieter und Konsument werden der Kontaktverlauf und die damit verbundenen Prozesse zwischen Anbieter und Nachfrager in einer konkreten Dienstleistungssituation möglichst vollständig erfasst und abgebildet.[436] Das Konzept wurde mit dem Ziel entwickelt, ein Instrument zur Planung und Kontrolle von Dienstleistungen bereitzustellen.[437] In seiner Darstellung ähnelt das Verfahren einem Ablaufdiagramm bzw. einem so genannten Flow Chart.[438] Bei der Erstellung eines Service Blueprint wird zunächst eine Aufspaltung des Dienstleistungsprozesses in Teilphasen (Episoden) vorgenommen. Anschließend können diese Teilphasen ihrerseits in weitere Teilprozesse (Kontaktpunkte) zerlegt werden.[439] Die so ermittelten Phasen des Dienstleistungsprozesses und ihre Schnittstellen werden graphisch abgebildet. Eine Line of Visibility kennzeichnet den für den Konsumenten sichtbaren Teil des Dienstleistungserstellungsprozesses.[440]

Für die Analyse der wahrgenommenen Dienstleistungsqualität empfiehlt *Stauss*, zuerst ein umfassendes Service Blueprint für den gesamten Dienstleistungsprozess zu entwickeln. Anschließend ist dieses Service Blueprint sukzessive dem Forschungszweck entsprechend in

---

[434] Vgl. Siefke (1998), S. 17 f.
[435] Vgl. Siefke (1998), S. 74 f.
[436] Vgl. Bruhn (1997), S. 82, und Siefke (1998), S. 100.
[437] Vgl. Siefke (1998), S. 100, und Corsten (2001), S. 158 f.
[438] Vgl. Meffert/Bruhn (1997), S. 217 f., und Siefke (1998), S. 99.
[439] Vgl. Siefke (1998), S. 100.
[440] Vgl. Bruhn (1997), S. 82 f., Siefke (1998), S. 100, und Corsten (2001), S. 159.

seine Bestandteile zu zerlegen. Sollte das Interesse an einzelnen Abschnitten des Dienstleis-tungsprozesses besonders groß sein, so ist eine entsprechend detaillierte Darstellung dieser Dienstleistungselemente zu wählen.[441]

In den meisten Fällen ist auf der Episodenebene eine anfängliche Unterscheidung zwischen der Vornutzungs-, Nutzungs- und Nachnutzungsphase sinnvoll. Ein solches Vorgehen ermög-licht es, entgegen der verkürzten Sichtweise einer Vielzahl von Unternehmen zu handeln, die sich ausschließlich auf den Kern der Dienstleistungserstellung konzentrieren und demzufolge die Erfahrungen ignorieren, die ein Konsument in der Vornutzungs- wie auch der Nachnut-zungsphase einer Dienstleistung macht. Anschließend ist der Bereich des Dienstleistungspro-zesses, dem das eigentliche Forschungsinteresse gilt, detaillierter zu systematisieren, indem die einzelnen Episoden in ihre zugehörigen Dienstleistungskontaktpunkte aufgespalten wer-den.

Durch diese Unterscheidung zwischen Dienstleistungsepisoden und Dienstleistungskontakt-punkten wird eine Prozesshierarchie aufgebaut.[442] Dabei resultieren die Dienst-leistungsepisoden aus einer ersten Aufteilung der Dienstleistungstransaktion in sequentielle Teilprozesse. Diese sequentiellen Teilprozesse sind jeweils abgrenzbare Teilleistungen des gesamten Dienstleistungsprozesses, ohne jedoch vom Dienstleistungskonsumenten als eine eigenständige Dienstleistung wahrgenommen zu werden. Eine weitere Aufspaltung dieser Dienstleistungsepisode führt schließlich zur Bestimmung von Dienstleistungskontaktpunkten. Diese werden vom Konsument im Verlauf einer Dienstleistungsepisode erlebt und bilden die Grundlage seines Dienstleistungsqualitätsurteils über die jeweilige Episode.[443]

---

[441] Vgl. Stauss (1995), S. 32.
[442] Vgl. Siefke (1998), S. 18 f.
[443] Vgl. Stauss/Seidel (1995), S.187, Stauss/Weinlich (1996), S. 52 f., und Siefke (1998), S. 19 f.

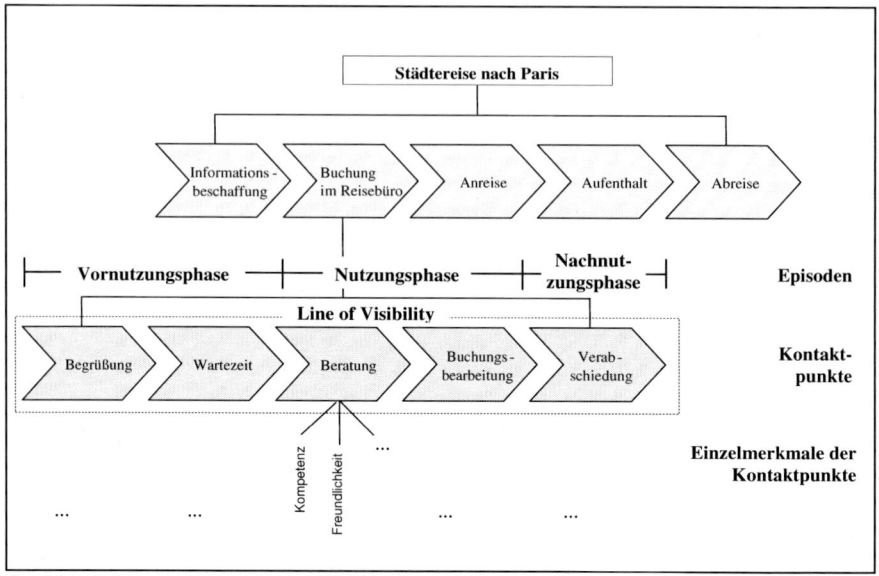

Quelle: In Anlehnung an Matzler et al. (2000), S. 163.

Abb. D-2: Service Blueprint des Dienstleistungserstellungsprozesses in einem Reisebüro

Abbildung D-2 stellt den Service Blueprint des Leistungserstellungsprozesses eines Reisebüros aus Kundenperspektive dar. Dabei wurde dieser Prozess zunächst in den allgemeinen Rahmen einer touristischen Dienstleistung, in Gestalt einer Städtereise nach Paris, eingeordnet. Anschließend wurde der Leistungserstellungsprozess des Reisebüros dem Untersuchungszweck entsprechend und in Anlehnung an den Service Blueprint eines Reisebüros von *Matzler et al.* in die Dienstleistungsepisoden Vornutzungs-, Nutzungs- und Nachnutzungsphase unterteilt.[444] Anschließend wurden die Dienstleistungsepisoden in die Kontaktpunkte Begrüßung, Wartezeit,[445] Beratung, Buchung und Verabschiedung zerlegt, welche die Line of Visibility kennzeichnen. Dabei werden innerhalb der Vornutzungsphase auf Kontaktpunktebene zwei Prozessabschnitte, die Begrüßung und die Wartezeit, unterschieden. Die Nutzungsphase beinhaltet in der gewählten Unterteilung ebenfalls zwei Kontaktpunkte - die

---

[444] Vgl. hierzu Matzler/Pechlaner/Kohl (2000), S. 163.

[445] Die Wartezeit stellt einen optionalen Kontaktpunkt des Dienstleistungserstellungsprozesses dar, der nur dann im Dienstleistungsprozess enthalten ist, wenn es zu Verzögerungen in den weiteren Kontaktpunkten des Leistungsprozesses kommt.

Beratung und die Buchung. Zu einer Strukturierung der Nachnutzungsphase wird diese schließlich durch einen Subprozess, die Verabschiedung, beschrieben.[446]

Um den zuvor dargestellten dynamischen Erklärungsansatz der wahrgenommenen Dienstleistungsqualität einer Konstruktvaliditätsprüfung zugänglich zu machen, müssen die einzelnen Dienstleistungskontaktpunkte für die empirische Erfassung operationalisiert werden. Auf Basis des in Abbildung D-2 dargestellten Service Blueprint einer „Städtereise nach Paris" lassen sich die fünf Kontaktpunkte Begrüßung, Wartezeit, Beratung, Buchung und Verabschiedung als eigenständige Teilelemente des Leistungserstellungsprozesses eines Reisebüros unterscheiden. Demgemäß sollen diese fünf Kontaktpunkte jeweils anhand der folgenden vier Items beurteilt werden (vgl. Tabelle D-3).

Items	Ankerpunkt der siebenstufigen Ratingsskala
Mit der **Begrüßung** (Wartezeit, Beratung, Buchung und Verabschiedung) im Reisebüro bin ich insgesamt zufrieden. (**GRUß_G1**, WARTE_G1, BERAT_G1, BUCH_G1 und VERAB_G1)	
Die **Begrüßung** (Wartezeit, Beratung, Buchung und Verabschiedung) im Reisebüro entspricht meinen Vorstellungen von einer idealen Begrüßung in einem Reisebüro. (**GRUß_G2**, WARTE_G2, BERAT_G2, BUCH_G2 und VERAB_G2)	
Die **Begrüßung** (Wartezeit, Beratung, Buchung und Verabschiedung) im Reisebüro hat meine Erwartungen erfüllt. (**GRUß_G3**, WARTE_G3, BERAT_G3, BUCH_G3 und VERAB_G3)	Stimme voll zu – Stimme gar nicht zu
Die **Begrüßung** (Wartezeit, Beratung, Buchung und Verabschiedung) durch die Mitarbeiter des Reisebüros entsprach insgesamt meinen Vorstellungen einer idealen Begrüßung in einem Reisebüro. (**GRUß_G4**, WARTE_G4, BERAT_G4, BUCH_G4 und VERAB_G4)	

Tab. D-3: Operationalisierung der Kontaktpunkte in dem Modell der prozessualen Wahrnehmung der Dienstleistungsqualität

---

[446] Für ein vergleichbares Vorgehen bei der Prozesszerlegung und der Operationalisierung der empirischen Erfassung der Dienstleistungsqualität im Tourismussektor vergleiche insbesondere die Studien 1, 2, 3, 4, 5 und 6 sowie in anderen Wirtschaftsbereichen die Studien 7 und 8 im Anhang III der vorliegenden Arbeit.

1.3. Empirische Erfassung der Gesamtzufriedenheit mit der wahrgenommenen Dienstleistungsqualität

Um die Handlungsrelevanz der durch Testkäufer gewonnenen Informationen über das Leistungsspektrum eines Dienstleistungsanbieters beurteilen zu können, bedarf es der Beantwortung der Frage, ob Mystery Shopper eine konstruktvalide Messung der Dienstleistungsqualität mit Hilfe der gegenwärtig vorliegenden Operationalisierungsansätze liefern? Für die Beantwortung dieser Frage genügt es jedoch nicht, ausschließlich zu überprüfen, ob die von den Testkunden wahrgenommene Zusammensetzung des Dienstleistungsqualitätskonstruktes der theoretisch postulierten entspricht. Des Weiteren muss der durch den zugrundeliegenden Operationalisierungsansatz erklärte Varianzanteil des Gesamtzufriedenheitsurteils der (Test-)kunden mit der wahrgenommenen Dienstleistungsqualität bewertet und der proklamierte Kausalzusammenhang zwischen diesen beiden Konstrukten auf seine nomologische Validität hin getest werden.[447] Zusätzlich ist bei der Leistungsfähigkeitsprüfung des hergeleiteten Mystery Shopping-Konzeptes zur Evaluation der Dienstleistungsqualität abzuklären, inwieweit das Gesamtzufriedenheitsurteil der Testkäufer bezüglich der wahrgenommenen Dienstleistungsqualität einer Prognosevaliditätsprüfung standhält.

Damit die zuvor aufgezeigten Fragen beantwortet werden können, erscheint es sinnvoll, neben den bereits oben dargestellten Operationalisierungsansätzen (vgl. Kapitel D.1.1. und D.1.2.) zusätzlich die Gesamtzufriedenheit der (Test-)kunden mit der wahrgenommenen Dienstleistungsqualität anhand eines globalen Urteils zu erfassen. Dementsprechend wurden in Anlehnung an *Bitner/Hubbert* sowie *Bettencourt* die folgenden Messindikatoren zur Erfassung der Gesamtzufriedenheit mit der wahrgenommenen Dienstleistungsqualität herangezogen (vgl. Tabelle D-4).[448]

---

[447] Vgl. Cronin/Taylor (1992), S. 55 ff.

Items	Ankerpunkt der siebenstufigen Ratingsskala
Mit dem Besuch im Reisebüro bin ich insgesamt zufrieden. (GESZU_G1)	Stimme voll zu – Stimme gar nicht zu
Der Besuch im Reisebüro entspricht meinen Vorstellungen eines idealen Besuches in einem Reisebüro. (GESZU_G2)	
Der Besuch hat meine Erwartungen erfüllt. (GESZU_G3)	
Wenn ich den Besuch in diesem Reisebüro (global) beurteile, bin ich mit diesem sehr zufrieden. (GESZU_G4)	

Tab. D-4: Operationalisierung der Gesamtzufriedenheit mit der wahrgenommenen Dienstleistungsqualität

2. Ziele und Vorgehensweise im Rahmen der empirischen Untersuchung

Grundlegendes Ziel der empirischen Untersuchung ist die Beurteilung der Handlungsrelevanz durch Mystery Shopper gewonnener Informationen. Diese soll anhand der Reliabilität und Validität des Dienstleistungsqualitäturteils der eingesetzten Testkäufer bewertet werden, die den in Kapitel C.4.2.2. hergeleiteten zwölf Voraussetzungen für einen erfolgreichen Einsatz der Mystery Shopping-Methodik folgen.

Um eine geeignete Datenbasis zur Überprüfung der Reliabilität und Validität des Dienstleistungsqualitätsurteils von Mystery Shoppern zu generieren, gilt es, ein besonderes Augenmerk auf die Festlegung des Erhebungsdesigns zu richten. Dabei determiniert das in Abschnitt B.4. erläuterte Schema zur Überprüfung der Reliabilität und Validität des Dienstleistungsqualitätsurteils von Testkäufern die Grundstruktur des gesamten Erhebungskonzepts. Darüber hinaus werden der Ablauf und das Design der durchgeführten Mystery Shopping-Studien sowie die Entwicklung des Fragebogens von den zwölf Voraussetzungen für ein leistungsfähiges Konzept zur Evaluation der Dienstleistungsqualität durch Testkäufer bestimmt.

Das gewählte Untersuchungsdesign gliedert sich in mehrere aufeinander folgende Schritte. Insgesamt kamen vier verschiedene Datenerhebungsinstrumente zum Einsatz: Bei diesen handelt es sich um explorative Interviews, Beobachtungen durch Testkunden, Kundeninterviews und eine schriftliche Kundenbefragung. Die Erläuterung der angewandten Erhebungsinstrumente, die Begründung für die gewählte empirische Vorgehensweise und die Beschrei-

---

[448] Vgl. Bitner/Hubbert (1994), S. 72 ff., und Bettencourt (1997), S. 383 ff.

bung der zugrunde liegenden Untersuchungsstichproben erfolgt in den anschließenden Abschnitten.

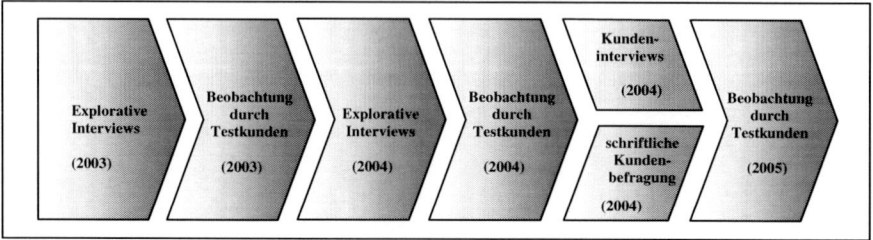

Abb. D-3: Zeitlicher Ablauf der empirischen Datenerhebung

2.1. Explorative Interviews mit Kunden, Mitarbeitern und Expedienten

In der vorliegenden Arbeit wurden im September 2003 und Juli 2004 explorative Interviews mit 30 Kunden, einem Mitarbeiter der Franchisezentrale und fünf Expedienten eines kooperierenden Reisebürounternehmens durchgeführt. Auf Basis dieser Ergebnisse und derjenigen der Literaturrecherche zum Thema „Operationalisierung der Dienstleistungsqualitätsmessung im Reisebüro" wurde ein (Beobachtungs-) Fragebogen, der den Voraussetzungen Fünf, Sechs und Zehn für den erfolgreichen Einsatz der Mystery Shopping-Methodik genügt, wie folgt entwickelt.

Um neben der theoretischen Operationalisierung auch die empirische Fundierung der Dienstleistungsqualitätsmessung zu gewährleisten, wurde das Konstrukt der Dienstleistungsqualität dem SERVPERF-Ansatz sowie dem Phasenmodell folgend in seine Dienstleistungsdimensionen bzw. -episoden zerlegt. Anschließend wurden die theoretisch fundierten Operationalisierungsansätze des Dienstleistungsqualitätskonstruktes anhand von teil-strukturierten Interviews unter Verwendung der Critical Incident-Technik empirisch überprüft. So wurde sichergestellt, dass der entwickelte (Beobachtungs-) Fragebogen ausschließlich reale Erlebnisinformationen und keine abstrakten Dienstleistungsdimensionen umfasst.[449]

Der auf diese Weise entwickelte (Beobachtungs-) Fragebogen wurde sowohl im Verlauf der zweiten und dritten Mystery Shopping-Studie als auch bei der Durchführung der mündlichen

---

[449] Vgl. hierzu die sechste Voraussetzung des Konzepts für den erfolgreichen Einsatz der Mystery Shopping-Methodik.

und schriftlichen Kundenbefragung eingesetzt.[450] Diese Vorgehensweise sollte durch einen unmittelbaren Vergleich der Kunden- und Testkäuferurteile die Kriteriumsvaliditätsprüfung der Mystery Shopping-Ergebnisse ermöglichen. Um die Vergleichbarkeit der Testkauf- und Kundenbefragungsdaten nicht zu gefährden, bestanden lediglich zwei marginale Unterschiede zwischen den beiden Fragebogenvarianten. Zum einen wurden in der Kundenbefragung zusätzlich soziodemographische Merkmale (wie z.B. das Alter, das Geschlecht und das Haushaltsnettoeinkommen) erfasst, um die Repräsentativität der Kundenstichprobe beurteilen zu können. Zum anderen mussten die Mystery Shopper den evaluierten Mitarbeiter anhand der Merkmale: Name, Geschlecht, geschätztes Alter, Haarfarbe, Brille, Körperfülle und sonstige auffällige Merkmale genauestens beschreiben, um dadurch ein Mitarbeiter-Matching bei der wiederholten Durchführung von Testkäufen gewährleisten zu können. Diese Verfahrensweise dient dazu, einen der Hauptmessfehlereinflüsse auf die Retest-Reliabilität von Testkaufurteilen, die Nichtübereinstimmung der Beurteilungsmerkmale und -objekte im Zeitablauf, zu reduzieren.[451]

Darüber hinaus wurde anhand der Informationen aus den explorativen Interviews ein „Drehbuch" für die Testkaufsituation entwickelt, dass dem Anspruch der ersten Voraussetzung für den erfolgreichen Einsatz der Mystery Shopping-Methodik entspricht. Nach Auskunft der befragten Kunden bzw. Expedienten wurde eine allgemeine touristische Dienstleistungssituation konstruiert, in der sich ein Reisebürokunde für die Beratung zu einer Städtereise nach Paris interessiert. Diese Situation wurde gewählt, da die Buchung von Städtereisen zum Durchführungszeitpunkt der Testkäufe und der Kundenbefragung nach Auskunft des kooperierenden Franchiseunternehmens die häufigsten Geschäftsvorfälle seien.[452]

Schließlich trugen die explorativen Interviews zur Einhaltung der Voraussetzungen Zwei und Drei für den erfolgreichen Einsatz der Mystery Shopping-Methodik bei, indem einerseits die Charakteristika eines typischen Kunden der Reisebürokette expliziert werden konnten. Andererseits ermöglichten es die ermittelten Erkenntnisse, einen für die fingierte Dienstleistungssituation geeigneten Beobachterleitfaden zu entwicklen. Dieser Beobachterleitfaden wurde spe-

---

[450] In der ersten Mystery Shopping-Studie wurde lediglich die Gesamtzufriedenheit der Testkunden mit der Dienstleistungsqualität erfasst. Diese wurde jedoch unter Verwendung der gleichen Skala wie in der zweiten und dritten Mystery Shopping-Studie in den Folgejahren gemessen.

[451] Vgl. insbesondere die Ausführungen zum „transient-error" in Kapitel B.2.2.1.2. der vorliegenden Arbeit.

[452] Vgl. Anhang IV der vorliegenden Arbeit.

ziell dazu eingesetzt, die Mystery Shopper mit charakteristischen Fragen eines Reisebürokunden und einem Ablaufplan für ein ideal-typisches Beratungsgespräch auszustatten.[453]

2.2. Beurteilung der Dienstleistungsqualität durch Mystery Shopper

Das Forschungsdesign zur Überprüfung der Handlungsrelevanz durch Mystery Shopper gewonnener Informationen sah vor, zu drei Messzeitpunkten Testkäufer in Reisebüros des kooperierenden Franchiseunternehmens zu entsenden. Nachfolgend soll die Verfahrensweise der durchgeführten Testkäufe chronologisch beschrieben werden. Dabei erfolgt zunächst die Erläuterung der Reisebüroauswahl. Im Anschluss wird die Wahl der Mystery Shopper und deren Vorbereitung auf die Testkäufe erläutert, bevor abschließend die Zielsetzung und das resultierende Vorgehen im Rahmen der einzelnen Testkaufstudien dargestellt werden.

Bei der Reisebüroauswahl für die erste und zweite Testkaufstudie handelt es sich um eine Stichprobe, die sich nahezu repräsentativ über das gesamte Bundesgebiet verteilt und sowohl ländliche als auch städtische Gebiete umfasst.[454] Zudem wurden ausschließlich solche Reisebüros berücksichtigt, die sich auf private Individual- und Pauschalreisen spezialisiert haben. Ursächlich für den Ausschluss von Reisebüros, die den größten Teil ihres Umsatzes mit der Abwicklung von Geschäftsreisen erwirtschaften, ist, dass die so genannten „BusinessPlus-Reisebüros" nach Auskunft des Franchisegebers einen face-to-face-Kundenkontakt von weniger als 15 Prozent verzeichnen und zugleich wesentlich umsatzstärker sind als diejenigen Reisebüros, die sich ausschließlich auf Privatkunden spezialisiert haben. Würden diese „BusinessPlus-Reisebüros" von den Testkunden besucht, so wäre zum einen die Gefahr des „Entdecktwerdens" aufgrund des geringen face-to-face-Kundenkontaktes sehr groß. Zum anderen würde die Prognosevalidität, die unter Verwendung des Umsatzes beurteilt werden soll, durch induzierte Messfehlereinflüsse verringert. Diese Messfehlereinflüsse resultieren einerseits aus einem vermeintlich schlechteren Dienstleistungsqualitätsattest der Testkunden in „Business-Plus-Reisebüros" gegenüber solchen für ausschließlich private Kunden. Verantwortlich für diese verzerrte Wahrnehmung der Dienstleistungsqualität ist die geringe Erfahrung der Expedienten im face-to-face-Kundenkontakt und deren mangelnde Vertrautheit mit der fingierten Testkaufsituation. Andererseits ist die etwaige Verringerung der Prognosevalidität auf den wesentlich höheren Umsatz der „BusinessPlus-Reisebüros" zurückzuführen, da sie vorwie-

---

[453] Der Beobachterleitfaden für die durchgeführten Testkäufe ist dem Anhang IV der vorliegenden Arbeit zu entnehmen.

gend für Geschäftskunden tätig sind, die zumeist hochpreisige Reisen buchen und sich wenig preissensibel verhalten.[455]

Im Anschluss an die Stichprobenbildung erfolgte unter Einhaltung von Voraussetzung Zwei die Auswahl der Testkäufer. Um der Gefahr von Antwortverzerrungen, beispielsweise aufgrund vorgefasster Meinungsbilder, zu entgehen wurden keine professionellen Mystery Shopper eines entsprechenden Dienstleisters eingesetzt. Stattdessen wurden die Testkäufe von Studenten und Auszubildenden durchgeführt, die bis zum damaligen Zeitpunkt noch nicht als Testkäufer tätig waren, aber über entsprechende Kauferfahrungen in der Vergangenheit verfügten und den Eckpunkten der Charakteristika von typischen Kunden[456] eines solchen Reisebüros entsprachen.[457]

Um die Voraussetzungen Drei und Vier für die Gewinnung handlungsrelevanter Testkaufergebnisse zu erfüllen, wurden die zuvor ausgewählten Mystery Shopper im Rahmen einer ca. 5-stündigen Schulung im Verhalten eines typischen Kunden einer Städtereise nach Paris und im Umgang mit dem Beobachtungsbogen geschult. Im Rahmen der Schulung wurde anfänglich der Umgang mit dem Beobachtungsbogen trainiert, indem der Versuchsleiter mit Hilfe eines Rollenspiels besonders gutes bzw. schlechtes Verkäuferverhalten demonstrierte und dieses von den Mystery Shoppern mittels des Beobachtungsbogens beurteilen ließ. Nachdem die Testkäufer Sicherheit im Umgang mit dem Beobachtungsbogen erlangt und die zu beobachtenden Kriterien verinnerlicht hatten, sollten sie in einer tatsächlichen Dienstleistungssituation lernen, eigenständig Käufer-Verkäufer-Interaktionen herbeizuführen, die denen einer als typisch zu bezeichnenden Reisebuchung/-beratung im Reisebüro entsprechen.[458] Dafür wurden gemeinsam mit dem Versuchsleiter reale Testkäufe unter Verwendung des „Dreh-

---

[454] Die Stichprobe für die erste und zweite Testkaufstaffel enthielt Reisebüros aus dem Großraum Berlin, Frankfurt, Hamburg, München, Stuttgart, dem Sauerland und dem Ruhrgebiet. Hingegen wurden in der dritten Testkaufstaffel ausschließlich Reisebüros in den Großräumen Berlin und Frankfurt besucht.

[455] Vgl. hierzu Maurer (2003), S. 304 f. Im Buchungsverhalten der beiden Segmente „Privat-" und „Geschäftsreisende" sind deutliche Unterschiede zu erkennen. Privatreisende, die ihren Urlaub planen, buchen meist sehr früh zu billigen Tarifen. Dabei kommt ihnen zugute, dass sie sehr flexibel sind und ihre Airline vielfach nach dem Preis auswählen. Demgegenüber ist der Ertragswert bei Geschäftsreisenden sehr hoch, da sie in ihrer Flexibilität eingeschränkt sind und meist kurzfristig buchen. Darüber hinaus sind Geschäftsreisende vielfach an bestimmte Fluglinien gebunden und somit in der Preiswahl beschränkt; sie sind nicht preissensibel. Bei dieser Kundengruppe entscheidet nicht der Preis sondern die Flexibilität in der Buchung, die zeitliche Lage der Flugzeiten und die Sitzverfügbarkeit.

[456] Wie schon erwähnt, wurden die Charakteristika typischer Kunden im Rahmen der explorativen Interviews mit den Expedienten und Kunden der kooperierenden Reisebürokette ermittelt.

[457] Vgl. für eine ähnliche Handlungsweise Finn (2001), S. 313, und Haas (2002), S. 287.

[458] Durch dieses Vorgehen sollte die Gefahr des ungewollten „Entdecktwerdens" minimiert werden.

buchs" für die Buchung einer Städtereise nach Paris in einer Vielzahl von Reisebüros in Marburg und der näheren Umgebung durchgeführt.[459]

Bei der Durchführung der Testkäufe wurde darauf geachtet, dass diese jeweils von zwei Mystery Shoppern gemeinsam absolviert wurden und dass die Testkäufer den Beobachtungsbogen in direktem Anschluss an den Testkauf getrennt voneinander ausfüllen. Indem jeder Testkauf von zwei Mystery Shoppern gemeinsam durchgeführt wurde, sollte die zwölfte Voraussetzung für den erfolgreichen Einsatz der Mystery Shopping-Methodik gesichert und die Güte der erhobenen Daten anhand der Interrater-Reliabilität prüfbar gemacht werden. Bedingt wird dieses Vorgehen von der Notwendigkeit (Fehl-) Entscheidungen auf Basis von nicht repräsentativen Einzelurteilen, die durch eine unzuverlässige Informationsbasis hervorgerufen werden, zu vermeiden. Konkret ist die Repräsentativität der Einzelurteile, wie in Abschnitt B.2.2.1.1.2. gezeigt, anhand der relativen Lage der Einzelurteile zweier Mystery Shopper zueinander zu beurteilen. Demgegenüber zielt die Beantwortung des Beobachtungsbogens durch die Mystery Shopper in direktem Anschluss an den Testkauf auf die Einhaltung der siebten und elften Voraussetzung des hergeleiteten Mystery Shopping-Konzeptes ab. Hierdurch soll sichergestellt werden, dass die sehr umfangreichen Erlebnisinformationen ausnahmslos erfasst werden, ohne das Erinnerungsvermögen der Testkunden zu überfordern.

Die Durchführung der drei Testkaufstudien erfolgte im November 2003, im August 2004 und im April 2005. Zu jedem Messzeitpunkt kamen neue Testkäufer zum Einsatz, die der zuvor erläuterten Vorgehensweise folgend instruiert wurden. Zusätzlich wurden die Testkaufpaare innerhalb eines Messzeitpunktes von einem zum nächsten Testkauf neu gruppiert.[460] Mit Hilfe des vollständigen Austausches der Testkäufer zwischen den Messzeitpunkten bzw. der Neugruppierung der Testkaufpaare während der Messzeitpunkte sollte der Gefahr des Wiedererkennens durch die Expedienten vorgebeugt werden. Darüber hinaus wurden in der ersten und zweiten Testkaufstudie jeweils zwei Testkäufe je Reisebüro zeitgleich durchgeführt. Der Vorteil eines solchen Vorgehens besteht darin, dass ein möglichst großes Spektrum der Qualität des Dienstleistungsangebotes eines Reisebüros untersucht werden kann, ohne Gefahr zu lau-

---

[459] Zusätzlich diente die Phase der Schulung als Pre-Test für den Beobachtungsbogen.
[460] Speziell durch die ständige Neugruppierung der Testkaufpaare sollte der Gefahr des „Entdecktwerdens" innerhalb eines Messzeitpunktes entgegengewirkt werden. Diese Gefahr resultiert daraus, dass eine Vielzahl der regional besuchten Reisebüros im Besitz weniger Franchisenehmer sind. Folglich stehen auch die Mitarbeiter in regelmäßigem Kontakt, insbesondere wenn Sie einen Testkäufer glauben erkannt zu haben.

fen, durch den mehrmalig aufeinander folgenden Besuch einer Verkaufsfiliale enttarnt zu werden.

Neben der Bestimmung von interner Konsistenz und Interrater-Reliabilität der Testkaufurteile, deren Untersuchung alle drei Mystery Shopping-Studien beabsichtigten, bestanden die Hauptziele der Studie im November 2003 einerseits in der Beurteilung der Prognosevalidität anhand des Außenkriteriums „Umsatz". Andererseits sollte der Ausgangspunkt für die Bewertung der langfristigen Retest-Reliabilität des Gesamtzufriedenheitsurteils der Testkäufer mit der wahrgenommenen Dienstleistungsqualität gelegt werden. Um dabei den etwaigen Einfluss eines „transient-error" auf die Retest-Reliabilität zu reduzieren,[461] mussten die Mystery Shopper beim ersten Besuch eines jeden Reisebüros darauf achten, keine auszubildenden Mitarbeiter für das Beratungsgespräch zu bemühen.[462] Zudem erhielten die Testkäufer die Aufgabe, den Reisebüromitarbeiter, der sie bediente, anhand detaillierter Notizen zu beschreiben, damit die Testkunden der nachfolgenden Studie diesen wiedererkennen und sich von ihm beraten lassen konnten.[463] Mit dieser Aufgabenstellung wurden sodann 344 Ergebnisse aus 172 „Test-Beratungsgesprächen" in 86 Reisebüros von 16 Testkäufern erhoben und für die Datenauswertung verwendet.[464]

Über die Replikation der Prognosevaliditätsprüfung der ersten Testkaufstudie hinaus zielte die zweite Staffel auf die Überprüfung der langfristigen Retest-Reliabilität des Gesamtzufriedenheitsurteils über die wahrgenommene Dienstleistungsqualität auf Basis der Testkaufergebnisse aus dem Jahr 2003 ab. Zudem sollte die Konkurrenzvalidität der Mystery Shopping-Ergebnisse durch einen unmittelbaren Vergleich des Dienstleistungsqualitätsurteils von Kunden und Testkäufern überprüft werden. Schließlich beabsichtigte die zweite Studie die Kenntnislücke darüber zu schließen, ob Testkäufer eine konstruktvalide Messung der Dienstleistungsqualität mit Hilfe der gegenwärtig vorliegenden Operationalisierungsansätze (SERV-PERF und Phasenmodell) leisten können. Analog zu den Testkunden der ersten Staffel erhielten die Mystery Shopper der zweiten Studie den Auftrag, sich während des Beratungsgesprächs von demselben Expedienten beraten zu lassen wie bereits die Testkäufer der Studie

---

128

im Jahr zuvor. Zur Erfüllung dieser Aufgabe erhielten die Testkunden die detaillierten Beschreibungen der im Vorjahr evaluierten Mitarbeiter. Für die Beantwortung der fixierten Fragestellungen wurde im August 2004 die zweite Testkaufstudie durchgeführt. Hierbei inszenierten 16 Testkäufer, 142 „Test-Beratungsgespräche" in 71 der 86 Reisebüros aus der ersten Testkaufstaffel.

Die dritte und letzte Testkaufstudie beabsichtigte, die kurzfristige Retest-Reliabilität von Testkaufurteilen zu bewerten und die Analyse der konstruktvaliden Messung gegenwärtiger Operationalisierungsansätze zur Evaluation der Dienstleistungsqualität zu wiederholen. Dazu wurden im April 2005 mit Unterstützung von 21 Testkäufern zweimal 76 Testkäufe mit einem zeitlichen Abstand von einer Woche in den Großräumen Berlin (40 Testkäufe) und Frankfurt (36 Testkäufe) durchgeführt. Bei diesen 76 Reisebüros handelte es sich um ein Convenience-Sample, dessen Stichprobe nicht deckungsgleich mit derjenigen des Vorjahres ist. Dennoch kann die Stichprobe der ausgewählten Reisebüros als strukturgleich zu der aus den ersten beiden Staffeln betrachtet werden, da es sich um Reisebüros der gleichen Franchisekette handelt. Bei der Durchführung der Testkäufe besaß die gleiche Maßgabe für die Mystery Shopper Gültigkeit wie bereits in den Studien aus dem Jahr 2003 und 2004. Die Testkäufer der ersten Woche sollten wiederum eine Bedienung durch auszubildende Expedienten vermeiden sowie den Reisebüromitarbeiter genauestens beschreiben, so dass sich die Testkunden der zweiten Woche von demselben Reisebüromitarbeiter beraten lassen konnten wie die Testkunden der Vorwoche. Tabelle D-5 fasst die Struktur der durchgeführten Testkäufe zusammen.

---

[464] Hierdurch wurde insbesondere der zwölften Voraussetzung für den erfolgreichen Einsatz der Mystery Shopping-Methodik zur Evaluation der Dienstleistungsqualität Rechnung getragen.

129

	Studie 1	Studie 2	Studie 3 1. Woche	Studie 3 2. Woche
Testkaufzeitpunkt	11/2003	08/2004	04/2005	04/2005
Anzahl der eingesetzten Testkaufpaare (á 2 Pers.)	2	2	1	1
Zahl der durchgeführten Testkäufe	172	142	40 (Berlin) 36 (Frankfurt)	40 (Berlin) 36 (Frankfurt)
Zahl der besuchten Reisebüros	86	71	76	76
Zusatzaufgabe der Testkäufer	- Vermeidung der Bedienung durch Expedienten in der Ausbildung - Detaillierte Beschreibung der Expedienten, von denen sie beraten wurden	- Auswahl des Expedienten für das Beratungsgespräch anhand der detaillierten Beschreibungen der Testkunden aus dem Vorjahr	- vgl. Studie 1	- vgl. Studie 2

Tab. D-5: Struktur der durchgeführten Testkäufe

Abschließend wurden die Testkaufdaten der einzelnen drei Messzeitpunkte mit der Methode von Armstrong/Overton auf mögliche Routineeffekte oder Anspruchsveränderungen der Mystery Shopper untersucht, indem die Raterurteile der zu Anfang absolvierten Testkäufe einer Studie mit den zum Ende durchgeführten Testkäufen verglichen wurden. Diese Gegenüberstellung zwischen erstem und letztem Quartil ergab für keinen der Indikatoren einen signifikanten Unterschied. Somit ist von einer veränderten Wahrnehmung mit wachsender Anzahl an durchgeführten Testkäufen abzusehen.[465]

2.3. Beurteilung der Dienstleistungsqualität anhand von Kundeninterviews und einer schriftlichen Kundenbefragung

Ziel der Gewinnung realer Kundendaten durch Interviews und eine schriftliche Befragung war es, die Konkurrenzvalidität des Dienstleistungsqualitätsurteils von Testkunden durch eine unmittelbare Gegenüberstellung des Qualitätsurteils von Mystery Shoppern und dem realer Kunden bewerten zu können.[466] Um die Beeinflussung der Konkurrenzvalidität durch Messfehler zu reduzieren,[467] wurde zum einen besonderer Wert darauf gelegt, diejenigen Reisebüros zur Teilnahme an der Kundenbefragung zu bewegen, die zuvor Stichprobenelement der zweiten Mystery Shopping-Studie im Jahr 2004 waren. Zum anderen sollten ausschließlich solche Kunden um die Teilnahme an der schriftlichen bzw. mündlichen Befragung gebeten

[465] Vgl. Armstrong/Overton (1977), S. 396 ff., und Wieseke (2004), S. 185.
[466] Vgl. hierzu insbesondere die Ausführungen in Abschnitt B.2.2.2.2. der vorliegenden Arbeit.
[467] Messfehlereinflüsse resultieren aus der Nichtübereinstimmung von Beurteilungsmerkmalen und -objekten bei der Bestimmung der Konkurrenzvalidität.

werden, die von einem Expedienten beraten wurden, der bereits im Rahmen der Testkaufstudie im August 2004 ein Mystery Shopping-Paar bedient hatte.[468]

Unter Berücksichtigung dieser Restriktionen wurden in der Zeit von August bis Oktober 2004 die Fragebögen der schriftlichen Befragung an die Kunden von 25 der 71 Reisebüros aus der Testkaufstudie des Jahres 2004 verteilt.[469] Die Fragebögen wurden in den einzelnen Reisebüros im Anschluss an die Kundenberatung persönlich durch den Reisebüromitarbeiter an die Kunden übergeben. Um einen drohenden Bias aufgrund einer künstlich selektierten Auswahl der Befragten durch die Expedienten zu verhindern, wurde mit den jeweiligen Reisebüroleitern vereinbart, die Fragebögen nach jedem Verkaufsgespräch an alle Kunden des entsprechenden Mitarbeiters verteilen zu lassen. Letztlich sind im Rahmen der schriftlichen Befragung 400 Fragebögen unter den Kunden der teilnehmenden Reisebüros ausgegeben worden.[470] Den Fragebögen lag ein Begleitschreiben mit der Beschreibung des Forschungsprojektes, eine Versicherung auf Wahrung der Anonymität und ein frankierter Rückumschlag an den Lehrstuhl für Marketing und Handelsbetriebslehre der Philipps-Universität Marburg bei. Um den Rücklauf zu erhöhen, wurden unter allen Teilnehmern der schriftlichen Befragung 10 Reisegutscheine im Wert von je 50,- Euro verlost.[471] Zudem wurden die Reisebüros mit einem geringen Rücklauf an Kundenfragebögen zwei und vier Wochen nach Beginn der Kundenbefragung in einer Nachfassaktion per Telefon an die Verteilung der Fragebögen erinnert. Der Rücklauf umfasste letztlich 67 auswertbare Fragebögen, was einer Rücklaufquote von 16,7 % entspricht.

Demgegenüber wurden die persönlichen Kundeninterviews nach einer telefonischen Terminabsprache mit dem jeweiligen Verkaufsleiter der einzelnen Reisebüros direkt vor Ort unmittelbar im Anschluss an ein Beratungsgespräch durchgeführt. Von den vorab kontaktierten Reisebüros erklärten sich 40 Verkaufsleiter mit der Durchführung von Kundeninterviews einverstanden. Die geschulten und mit einem Interviewerleitfaden ausgestatteten Interviewer erhielten ebenfalls die Aufgabe, nur solche Kunden zu interviewen, die von einem Expedienten beraten wurden, der bereits im Rahmen der Testkaufstudie im August 2004 ein Mystery

---

[468] Die Identifikation der Mitarbeiter erfolgte über die in der zweiten Testkaufstudie evaluierten Merkmale (Name, Geschlecht, geschätztes Alter, Haarfarbe, Brille, Körperfülle und sonstige auffällige Merkmale).

[469] Die Zahl der Reisebüros, in denen Kunden um ihre Teilnahme an der schriftlichen Befragung gebeten wurden, resultiert aus der Bereitschaft der jeweiligen Reisebüroleiter bzw. Franchisenehmer das Forschungsprojekt durch die aktive Verteilung der Fragebögen an ihre Kunden zu unterstützen.

[470] Die Zahl der ausgegebenen Fragebögen basiert auf einer Schätzung nach Auskunft der Büroleiter der einzelnen Reisebüros.

Shopping-Paar bedient hatte. Zudem sollten die Interviews in einer abgelegenen Ecke des Reisebüros geführt werden, so dass ein zu erwartender Bias aufgrund des Mithörens durch den Mitarbeiter vermieden werden konnte. Unter Berücksichtigung dieser Vorgabe konnten in der Zeit vom 25. Oktober - 12. November 2004 insgesamt 102 persönliche Interviews mit Kunden der kooperierenden Reisebüros geführt werden.

Vergleicht man nun die Beschreibung der Kundenstichprobe in Tabelle D-6 mit der für Deutschland repräsentativen Stichprobe von n = 2000 Reisebuchern, die vom Marktforschungsinstitut IPSOS im Auftrag der Stern-Redaktion „Trend Profile" untersucht wurde, so ist festzuhalten, dass die Kundenstichprobe aufgrund ihrer Struktur als repräsentativ für die Gruppe der potenziellen Reisebüro-Bucher einzustufen ist. Das Durchschnittsalter liegt mit 45 Jahren nur knapp unter dem der vorliegenden Untersuchungsstichproben (47 Jahre). Gleiches gilt für das durchschnittliche Haushaltsnettoeinkommen, das dem „Trend Profile" zufolge bei 2.155 Euro und in der vorliegenden Studie bei ca. 2.300 Euro liegt.

	Kunden-interviews	schriftliche Befragung	mündliche und schriftliche Befragung
Geschlecht			
weiblich	55 (53,9%)	42 (62,7%)	97 (57,4%)
männlich	47 (46,1%)	25 (37,3%)	72 (42,6%)
Alter			
Mittelwert (in Jahren)	47,0	47,6	47,2
Standardabweichung	17,8	13,8	18,1
Range	18 - 82	18 - 80	18 - 82
Haushaltsnettoeinkommen			
weniger als 1.500 €	12 (11,8%)	1 (1,5%)	13 (8,4%)
1.500 bis 2.499 €	19 (18,6%)	17 (25,4%)	36 (23,2%)
2.500 bis 3.499 €	19 (18,6%)	16 (23,9%)	35 (22,6%)
3.500 € und mehr	14 (13,7%)	19 (28,4%)	33 (21,3%)
keine Angabe	38 (37,3%)	14 (20,9%)	52 (24,5%)
Stichprobengröße			
Zahl der Reisebüro	40	25	65
Zahl der befragten Kunden	102	67	169

Tab. D-6: Struktur der Untersuchungsstichprobe im Rahmen der mündlichen und schriftlichen Kundenbefragung im Jahr 2004

Schließlich wurden die Daten der schriftlichen Befragung in ähnlicher Weise wie auch die Testkaufdaten mit Hilfe der Methode von Armstrong/Overton auf einen möglichen Non-Response-Bias[472] überprüft.[473] Dabei wurden die zurückgesandten Fragebögen des oben ge-

---

[471] Vgl. Linsky (1975), S. 91 zur Wirkung solcher Maßnahmen auf die Rücklaufquote.
[472] Vgl. hierzu Hammann/Erichson (1994), S. 109.
[473] Vgl. Armstrong/Overton (1977), S. 396 ff.

nannten Datensatzes nach ihrem Rücklaufdatum unterteilt. Ein Vergleich des Quartils der Frühantworter mit demjenigen der Spätantworter ergab einen Mittelwertunterschied in weniger als 10 Prozent der untersuchten Variablen. Dieser Wert ist ein Hinweis darauf, dass die Daten der schriftlichen Befragung keinem nennenswerten Non-Response-Bias unterliegen.

E. Reliabilität und Validität des Dienstleistungsqualitätsurteils von Mystery Shoppern im Spiegel empirischer Befunde

Ziel des folgenden Abschnittes ist es, das in Kapitel C.4.2.2. hergeleitete Konzept für den erfolgreichen Einsatz der Mystery Shopping-Methodik zur Evaluation der Dienstleistungsqualität auf seine Leistungsfähigkeit hin zu überprüfen. Konkret soll die Reliabilität und Validität des durch Testkäufer ermittelten Dienstleistungsqualitätsurteils anhand des in Abschnitt B hergeleiteten Prüfschemas bewertet werden.

Die Ergebnisse werden dabei jeweils getrennt nach dem SERVPERF-Ansatz und dem Phasenmodell zur Messung der wahrgenommenen Dienstleistungsqualität betrachtet, um einerseits eine unübersichtliche Darstellung zu vermeiden. Andererseits erscheint die gesonderte Darstellung der Ergebnisse sinnvoll, da ermittelt werden soll, ob Mystery Shopper eine konstruktvalide Messung der Dienstleistungsqualität mit Hilfe der gegenwärtig vorliegenden Operationalisierungsansätze leisten können und welcher der beiden Erklärungsansätze leistungsfähiger ist.

1. Überprüfung der Reliabilität des Dienstleistungsqualitätsurteils von Mystery Shoppern

1.1. Interne Konsistenz des Dienstleistungsqualitätsurteils von Mystery Shoppern

1.1.1. Interne Konsistenz der Komponenten des SERVPERF-Ansatzes

Im Rahmen der Reliabilitätsprüfung des Dienstleistungsqualitätsurteils von Mystery Shoppern sollen zunächst die latenten Konstrukte des SERVPERF-Ansatzes einer Prüfung auf interne Konsistenz unterzogen werden. Wie bereits in Abschnitt D.1.1. erläutert, setzt sich das (Test-)Kundenurteil über die offerierte Dienstleistungsqualität eines Reisebüros aus den Faktoren Tangibles, Reliability, Responsiveness, Assurance und Empathy zusammen.

Um die interne Konsistenz der Faktoren des SERVPERF-Ansatzes bestimmen zu können, wurden die Indikatoren dieser Komponenten sowohl in der zweiten als auch der dritten Testkaufstudie durch die Mystery Shopper evaluiert. Tabelle E-1, die eine Zusammenfassung der Ergebnisse enthält, ist zu entnehmen, dass das Gütekriterium der internen Konsistenz bei allen fünf Konstrukten des SERVPERF-Ansatzes über dem geforderten Richtwert von 0,70 liegt.[474] Das Cronbachs Alpha ist in der Testkaufstudie Zwei (Messzeitpunkt 2004) zwischen 0,76 und 0,90 sowie in Studie Drei (im Jahr 2005) zwischen 0,75 und 0,88 angesiedelt. Bei der Interpretation dieser Alpha-Koeffizienten muss allerdings berücksichtigt werden, dass die angegebenen Werte erst infolge der Bestimmung der Item-to-Total Korrelation und der anschließenden Elimination einzelner Indikatoren erreicht werden konnten. Den Ergebnissen der Item-to-Total Korrelation folgend musste zu beiden Messzeitpunkten jeweils der gleiche Indikator sowohl beim Faktor Responsiveness als auch beim Faktor Empathy eliminiert werden.[475] Konkret handelt es sich um den ersten Indikator des Faktors Responsiveness, durch dessen Elimination in der Studie Zwei (Drei) das Cronbachs Alpha von 0,67 auf 0,81 (0,65 auf 0,85) erhöht werden konnte. Bei dem Faktor Empathy musste jeweils der vierte Indikator eliminiert werden, wodurch zum Messzeitpunkt 2004 (2005) eine Erhöhung des Cronbachs Alpha von 0,68 auf 0,76 (0,67 auf 0,75) erzielt wurde.

Informationen zum Faktor „Tangibles"				
	Studie 2 (2004)		Studie 3 (2005)	
Cronbachs Alpha	0,81		0,86	
Informationen zu den Indikatoren des Faktors „Tangibles"				
Kurzbezeichnung des Indikators	Item-to-Total Korrelation		Mittelwert (Standardabweichung)	
	Studie 2 (2004)	Studie 3 (2005)	Studie 2 (2004)	Studie 3 (2005)
TANGIB_1	0,52	0,59	2,59 (1,24)	2,07 (1,37)
TANGIB_2	0,76	0,77	2,93 (1,45)	2,73 (1,74)
TANGIB_3	0,55	0,70	2,55 (1,22)	2,36 (1,39)
TANGIB_4	0,69	0,78	2,82 (1,28)	2,82 (1,63)
Informationen zum Faktor „Reliability"				
	Studie 2 (2004)		Studie 3 (2005)	
Cronbachs Alpha	0,89		0,88	
Informationen zu den Indikatoren des Faktors „Reliability"				
Kurzbezeichnung des Indikators	Item-to-Total Korrelation		Mittelwert (Standardabweichung)	
	Studie 2 (2004)	Studie 3 (2005)	Studie 2 (2004)	Studie 3 (2005)
RELIAB_1	0,80	0,78	3,04 (1,46)	2,67 (1,39)
RELIAB_2	0,80	0,78	3,08 (1,50)	2,56 (1,43)

---

[474] Für die jeweiligen Referenzwerte vgl. Tabelle B-9.
[475] Eine Übersicht zur empirischen Erfassung der Indikatoren ist dem Abschnitt D.1.1.3. zu entnehmen.

Fortsetzung von Tabelle E-1.

Informationen zum Faktor „Responsiveness"				
	Studie 2 (2004)		Studie 3 (2005)	
Cronbachs Alpha	0,81		0,85	

Informationen zu den Indikatoren des Faktors „Responsiveness"				
Kurzbezeichnung des Indikators	Item-to-Total Korrelation		Mittelwert (Standardabweichung)	
	Studie 2 (2004)	Studie 3 (2005)	Studie 2 (2004)	Studie 3 (2005)
RESPON_2	0,69	0,68	2,81 (1,73)	2,06 (1,65)
RESPON_3	0,64	0,55	2,79 (1,79)	1,92 (1,51)
RESPON_4	0,57	0,57	2,41 (1,64)	1,80 (1,43)

Informationen zum Faktor „Assurance"				
	Studie 2 (2004)		Studie 3 (2005)	
Cronbachs Alpha	0,90		0,82	

Informationen zu den Indikatoren des Faktors „Assurance"				
Kurzbezeichnung des Indikators	Item-to-Total Korrelation		Mittelwert (Standardabweichung)	
	Studie 2 (2004)	Studie 3 (2005)	Studie 2 (2004)	Studie 3 (2005)
ASSUR_1	0,82	0,79	2,93 (1,38)	2,47 (1,39)
ASSUR_2	0,85	0,77	2,93 (1,36)	2,30 (1,35)
ASSUR_3	0,70	0,52	2,29 (1,19)	1,92 (1,16)
ASSUR_4	0,70	0,54	2,84 (1,36)	3,07 (1,41)

Informationen zum Faktor „Empathy"				
	Studie 2 (2004)		Studie 3 (2005)	
Cronbachs Alpha	0,76		0,75	

Informationen zu den Indikatoren des Faktors „Empathy"				
Kurzbezeichnung des Indikators	Item-to-Total Korrelation		Mittelwert (Standardabweichung)	
	Studie 2 (2004)	Studie 3 (2005)	Studie 2 (2004)	Studie 3 (2005)
EMPATH_1	0,49	0,50	3,28 (1,93)	2,15 (1,81)
EMPATH_2	0,61	0,58	3,34 (1,71)	2,45 (1,71)
EMPATH_3	0,58	0,60	3,02 (1,72)	2,07 (1,48)

Tab. E-1: Interne Konsistenz der durch Mystery Shopper evaluierten Komponenten des SERVPERF-Ansatzes

1.1.2. Interne Konsistenz der Komponenten des Phasenmodells

Wie den Ausführungen zum Phasenmodell der Dienstleistungsqualität in Abschnitt D.1.2. zu entnehmen ist, setzt sich das Dienstleistungsqualitätsurteil eines Reisebüro-(test-)kunden bei dynamischer Betrachtungsweise aus den Phasen (Faktoren) Begrüßung, Wartezeit, Beratung, Buchung und Verabschiedung zusammen.[476] Zur Bestimmung der inneren Konsistenz dieser

---

[476] Eine Übersicht zur empirischen Erfassung der Phasen ist Abschnitt D.1.2.2. zu entnehmen.

Phasen wurden die Indikatoren des Phasenmodells sowohl von den Testkäufern der zweiten als auch der dritten Testkaufstudie bewertet.

Die so erhobenen Dienstleistungsqualitätsurteile der Testkäufer sind durch ein hohes Maß an interner Konsistenz gekennzeichnet. Ursächlich für dieses Attest ist, dass das Cronbachs Alpha bei allen fünf Phasen des dynamischen Ansatzes zur Bestimmung der Dienstleistungsqualität zu beiden Messzeitpunkten über dem geforderten Richtwert von 0,70 angesiedelt ist (vgl. Tabelle E-2).[477]

Informationen zum Faktor „Begrüßung"				
	Studie 2 (2004)		Studie 3 (2005)	
Cronbachs Alpha	0,98		0,99	
Informationen zu den Indikatoren des Faktors „Begrüßung"				
Kurzbezeichnung des Indikators	Item-to-Total Korrelation		Mittelwert (Standardabweichung)	
	Studie 2 (2004)	Studie 3 (2005)	Studie 2 (2004)	Studie 3 (2005)
GRUß_G1	0,96	0,96	3,29 (1,54)	2,50 (1,43)
GRUß_G2	0,96	0,96	3,57 (1,59)	2,80 (1,52)
GRUß_G3	0,96	0,97	3,38 (1,57)	2,53 (1,43)
GRUß_G4	0,96	0,97	3,52 (1,55)	2,76 (1,53)
Informationen zum Faktor „Wartezeit"				
	Studie 2 (2004)		Studie 3 (2005)	
Cronbachs Alpha	0,99		0,99	
Informationen zu den Indikatoren des Faktors „Wartezeit"				
Kurzbezeichnung des Indikators	Item-to-Total Korrelation		Mittelwert (Standardabweichung)	
	Studie 2 (2004)	Studie 3 (2005)	Studie 2 (2004)	Studie 3 (2005)
WARTE_G1	0,99	0,95	2,19 (1,86)	1,70 (1,51)
WARTE_G2	0,99	0,99	2,28 (1,93)	1,83 (1,68)
WARTE_G3	0,99	0,98	2,20 (1,90)	1,79 (1,66)
WARTE_G4	0,99	0,97	2,27 (1,94)	1,82 (1,68)

---

[477] Für die jeweiligen Referenzwerte vgl. Tabelle B-9.

Fortsetzung von Tabelle E-2.

Informationen zum Faktor „Beratung"

	Studie 2 (2004)		Studie 3 (2005)	
Cronbachs Alpha	0,99		0,99	

Informationen zu den Indikatoren des Faktors „Beratung"

Kurzbezeichnung des Indikators	Item-to-Total Korrelation		Mittelwert (Standardabweichung)	
	Studie 2 (2004)	Studie 3 (2005)	Studie 2 (2004)	Studie 3 (2005)
BERAT_G1	0,96	0,96	3,18 (1,60)	2,90 (1,55)
BERAT_G2	0,97	0,97	3,49 (1,63)	3,18 (1,64)
BERAT_G3	0,96	0,97	3,31 (1,65)	2,95 (1,59)
BERAT_G4	0,97	0,98	3,44 (1,65)	3,15 (1,66)

Informationen zum Faktor „Buchung"

	Studie 2 (2004)		Studie 3 (2005)	
Cronbachs Alpha	0,98		0,99	

Informationen zu den Indikatoren des Faktors „Buchung"

Kurzbezeichnung des Indikators	Item-to-Total Korrelation		Mittelwert (Standardabweichung)	
	Studie 2 (2004)	Studie 3 (2005)	Studie 2 (2004)	Studie 3 (2005)
BUCH_G1	0,96	0,97	3,13 (1,56)	2,96 (1,43)
BUCH_G2	0,96	0,96	3,38 (1,56)	3,26 (1,43)
BUCH_G3	0,96	0,97	3,24 (1,59)	2,98 (1,43)
BUCH_G4	0,97	0,97	3,33 (1,54)	3,21 (1,43)

Informationen zum Faktor „Verabschiedung"

	Studie 2 (2004)		Studie 3 (2005)	
Cronbachs Alpha	0,98		0,99	

Informationen zu den Indikatoren des Faktors „Verabschiedung"

Kurzbezeichnung des Indikators	Item-to-Total Korrelation		Mittelwert (Standardabweichung)	
	Studie 2 (2004)	Studie 3 (2005)	Studie 2 (2004)	Studie 3 (2005)
VERAB_G1	0,95	0,96	2,76 (1,23)	2,36 (1,35)
VERAB_G2	0,95	0,97	3,06 (1,25)	2,63 (1,43)
VERAB_G3	0,95	0,96	2,84 (1,28)	2,37 (1,36)
VERAB_G4	0,96	0,97	3,00 (1,23)	2,58 (1,42)

Tab. E-2: Interne Konsistenz der durch Mystery Shopper evaluierten Komponenten des Phasenmodells

1.1.3. Interne Konsistenz des Gesamtzufriedenheitsurteils von Mystery Shoppern

Das Urteil über die interne Konsistenz des Gesamtzufriedenheitsurteils der Testkäufer basiert auf den Daten aller drei durchgeführten Testkaufstudien der Jahre 2003 bis 2005.[478] Ebenso wie die interne Konsistenz der Komponenten des SERVPERF-Ansatzes und des Phasenmodells ist auch diejenige des Gesamtzufriedenheitsurteils der Testkäufer über die wahrgenommene Dienstleistungsqualität als äußerst hoch zu bezeichnen. Diese Bewertung resultiert daraus, dass die Alpha-Werte zu allen Testkaufzeitpunkten oberhalb von 0,98 angesiedelt sind.

Informationen zum Faktor „Gesamtzufriedenheit"					
	Studie 1 (2003)		Studie 2 (2004)		Studie 3 (2005)
Cronbachs Alpha	0,98		0,98		0,99

Informationen zu den Indikatoren des Faktors „Gesamtzufriedenheit"						
Kurzbezeichnung des Indikators	Item-to-Total Korrelation			Mittelwert (Standardabweichung)		
	Studie 1 (2003)	Studie 2 (2004)	Studie 3 (2005)	Studie 1 (2003)	Studie 2 (2004)	Studie 3 (2005)
GESZU_G1	0,92	0,95	0,97	3,65 (1,79)	3,19 (1,58)	3,04 (1,54)
GESZU_G2	0,95	0,96	0,97	4,24 (1,93)	3,61 (1,59)	3,35 (1,61)
GESZU_G3	0,96	0,96	0,96	4,03 (1,98)	3,36 (1,61)	3,08 (1,60)
GESZU_G4	0,95	0,96	0,97	4,24 (2,00)	3,50 (1,63)	3,27 (1,60)

Tab. E-3: Interne Konsistenz der mittels Mystery Shopping evaluierten Gesamtzufriedenheit über die wahrgenommene Dienstleistungsqualität

1.2. Exkurs: Interne Konsistenz des Dienstleistungsqualitätsurteils tatsächlicher Kunden

Bevor die Reliabilitätsprüfung des Dienstleistungsqualitätsurteils der Mystery Shopper fortgesetzt wird, soll zunächst die interne Konsistenz des Qualitätsurteils tatsächlicher Kunden der kooperierenden Reisebürokette beleuchtet werden. Hierbei erfolgt die Bewertung der internen Konsistenz des Qualitätsurteils wahrer Reisebürokunden auf Grundlage der im Jahr 2004 durchgeführten schriftlichen und mündlichen Kundenbefragung.[479]

Dieser Schritt erfährt Notwendigkeit durch die geplante Konkurrenzvaliditätsprüfung des Dienstleistungsqualitätsurteils von Testkäufern. Im Rahmen dieser Kriteriumsvaliditätsprüfung sollen die Ergebnisse der vorliegenden Kundenbefragung als Außenkriterium verwendet werden, indem eine unmittelbare Gegenüberstellung des Qualitätsurteils von Mystery Shoppern und dem realer Kunden erfolgt. Folglich bedarf es reliabler Kundenurteile um die Konkurrenzvalidität der Testkaufurteile verlässlich bewerten zu können.[480]

Wie bereits in Abschnitt D.2.3. erläutert, wurden die Kundenurteile sowohl mit Hilfe einer schriftlichen Befragung als auch durch persönliche Interviews erhoben. Diese Differenzierung

---

[478] Eine Übersicht zur empirischen Erfassung des Gesamtzufriedenheitsurteils der Testkäufer ist Abschnitt D.1.3. zu entnehmen.

[479] Zum Vorgehen im Rahmen dieser Kundenbefragung vgl. die Ausführungen in Kapitel D.2.3. der vorliegenden Arbeit.

[480] Vgl. hierzu insbesondere die Ausführungen in Abschnitt B.2.2.2.2. der vorliegenden Arbeit.

der Daten nach deren Erhebungsmethodik wurde im Zuge der weiteren Datenauswertung aufgegeben und die Daten der schriftlichen Befragung sowie der Interviews zu einem gemeinsamen Datensatz zusammengefasst. Ursächlich für dieses Vorgehen ist zum einen die Strukturgleichheit der beiden Stichprobengruppen (vgl. Tabelle D-6). Zum anderen resultiert die Aggregation der beiden Datensätze aus den Ergebnissen eines durchgeführten T-Tests. Dieser konnte bei keinem der verwendeten Indikatoren einen signifikanten Unterschied zwischen den Daten der schriftlichen Kundenbefragung und den persönlichen Interviews aufdecken.[481]

Tabelle E-4 zeigt, dass das Gütekriterium der internen Konsistenz bei allen fünf Konstrukten des SERVPERF-Ansatzes über dem geforderten Richtwert angesiedelt ist. Das Cronbachs Alpha liegt zwischen 0,73 und 0,86. Hierbei ist jedoch zu berücksichtigen, dass der Alpha-Koeffizient der Faktoren Assurance und Empathy nur nach der Elimination eines Indikators je Faktor, infolge der Bestimmung der Item-to-Total Korrelation, zu erreichen ist.[482]

Informationen zum Faktor „Tangibles"		
Cronbachs Alpha	0,83	
Informationen zu den Indikatoren des Faktors „Tangibles"		
Kurzbezeichnung des Indikators	Item-to-Total Korrelation	Mittelwert (Standardabweichung)
TANGIB_1	0,56	1,56 (0,74)
TANGIB_2	0,73	1,76 (0,84)
TANGIB_3	0,58	1,28 (0,59)
TANGIB_4	0,79	1,58 (0,75)
Informationen zum Faktor „Reliability"		
Cronbachs Alpha	0,84	
Informationen zu den Indikatoren des Faktors „Reliability"		
Kurzbezeichnung des Indikators	Item-to-Total Korrelation	Mittelwert (Standardabweichung)
RELIAB_1	0,73	1,39 (0,63)
RELIAB_2	0,73	1,31 (0,54)
Informationen zum Faktor „Responsiveness"		
Cronbachs Alpha	0,73	
Informationen zu den Indikatoren des Faktors „Responsiveness"		
Kurzbezeichnung des Indikators	Item-to-Total Korrelation	Mittelwert (Standardabweichung)
RESPON_1	0,38	1,39 (0,98)
RESPON_2	0,58	1,32 (0,73)
RESPON_3	0,46	1,21 (0,58)
RESPON_4	0,30	1,40 (0,85)

---

[481] Zudem wird dieses Vorgehen von den Erkenntnissen der Studie von Coderre/Mathieu/St-Laurent gestützt, die ebenfalls keinen signifikanten Unterschied zwischen den Ergebnissen einer Online-, einer schriftlichen Befragung und einem Interview aufdecken konnte. Vgl. Coderre/Mathieu/St-Laurent (2004), S. 347ff.

[482] Es handelt sich dabei sowohl um den vierten Indikator des Faktors Assurance als auch des Faktors Empathy. Eine Übersicht zur empirischen Erfassung der Indikatoren ist dem Abschnitt D.1.1.3. zu entnehmen.

Fortsetzung von Tabelle E-4.

Informationen zum Faktor „Assurance"		
Cronbachs Alpha	0,86	
Informationen zu den Indikatoren des Faktors „Assurance"		
Kurzbezeichnung des Indikators	Item-to-Total Korrelation	Mittelwert (Standardabweichung)
ASSUR_1	0,74	1,37 (0,56)
ASSUR_2	0,72	1,37 (0,60)
ASSUR_3	0,60	1,17 (0,41)
Informationen zum Faktor „Empathy"		
Cronbachs Alpha	0,79	
Informationen zu den Indikatoren des Faktors „Empathy"		
Kurzbezeichnung des Indikators	Item-to-Total Korrelation	Mittelwert (Standardabweichung)
EMPATH_1	0,57	1,45 (0,97)
EMPATH_2	0,59	1,45 (0,96)
EMPATH_3	0,67	1,63 (1,11)

Tab. E-4: Interne Konsistenz der mittels einer Kundenbefragung evaluierten Komponenten des SERVPERF-Ansatzes

Gegenüber dem vorstehenden Befund stellt sich die interne Konsistenz der Komponenten des Phasenmodells zur Messung der Dienstleistungsqualität, die in Tabelle E-5 abgebildet sind, noch eindeutiger dar. Hier liegt das Cronbachs Alpha mit Werten zwischen 0,95 und 0,97 weit über dem geforderten Mindestwert.

Informationen zum Faktor „Begrüßung"		
Cronbachs Alpha	0,95	
Informationen zu den Indikatoren des Faktors „Begrüßung"		
Kurzbezeichnung des Indikators	Item-to-Total Korrelation	Mittelwert (Standardabweichung)
GRUß_G1	0,87	1,36 (0,66)
GRUß_G2	0,91	1,47 (0,76)
GRUß_G3	0,89	1,33 (0,69)
GRUß_G4	0,89	1,40 (0,69)
Informationen zum Faktor „Wartezeit"		
Cronbachs Alpha	0,96	
Informationen zu den Indikatoren des Faktors „Wartezeit"		
Kurzbezeichnung des Indikators	Item-to-Total Korrelation	Mittelwert (Standardabweichung)
WARTE_G1	0,90	1,39 (0,63)
WARTE_G2	0,89	1,41 (0,67)
WARTE_G3	0,92	1,35 (0,63)
WARTE_G4	0,88	1,37 (0,61)

Fortsetzung von Tabelle E-5.

Informationen zum Faktor „Beratung"		
Cronbachs Alpha	0,95	
Informationen zu den Indikatoren des Faktors „Beratung"		
Kurzbezeichnung des Indikators	Item-to-Total Korrelation	Mittelwert (Standardabweichung)
BERAT_G1	0,84	1,31 (0,53)
BERAT_G2	0,93	1,41 (0,64)
BERAT_G3	0,89	1,36 (0,57)
BERAT_G4	0,91	1,41 (0,62)
Informationen zum Faktor „Buchung"		
Cronbachs Alpha	0,96	
Informationen zu den Indikatoren des Faktors „Buchung"		
Kurzbezeichnung des Indikators	Item-to-Total Korrelation	Mittelwert (Standardabweichung)
BUCH_G1	0,90	1,39 (0,62)
BUCH_G2	0,90	1,43 (0,66)
BUCH_G3	0,90	1,40 (0,63)
BUCH_G4	0,92	1,41 (0,64)
Informationen zum Faktor „Verabschiedung"		
Cronbachs Alpha	0,97	
Informationen zu den Indikatoren des Faktors „Verabschiedung"		
Kurzbezeichnung des Indikators	Item-to-Total Korrelation	Mittelwert (Standardabweichung)
VERAB_G1	0,86	1,34 (0,58)
VERAB_G2	0,96	1,42 (0,68)
VERAB_G3	0,95	1,35 (0,61)
VERAB_G4	0,91	1,42 (0,70)

Tab. E-5: Interne Konsistenz der mittels einer Kundenbefragung evaluierten Komponenten des Phasenmodells

Gleiches wie für die interne Konsistenz der Komponenten des SERVPERF-Ansatzes und der Faktoren des Phasenmodells gilt auch für das Gesamtzufriedenheitsurteil realer Kunden bezüglich der von ihnen wahrgenommenen Dienstleistungsqualität (vgl. Tabelle E-6). Folglich kann in allen drei Fällen von einer ausreichenden internen Konsistenz der Konstruktmessung ausgegangen werden.

Informationen zum Faktor „Gesamtzufriedenheit"		
Cronbachs Alpha	0,94	
Informationen zu den Indikatoren des Faktors „Gesamtzufriedenheit"		
Kurzbezeichnung des Indikators	Item-to-Total Korrelation	Mittelwert (Standardabweichung)
GESZU_G1	0,85	1,32 (0,52)
GESZU_G2	0,86	1,50 (0,69)
GESZU_G3	0,83	1,34 (0,58)
GESZU_G4	0,89	1,40 (0,66)

Tab. E-6: Interne Konsistenz der mittels einer Kundenbefragung evaluierten Gesamtzufriedenheit über die wahrgenommene Dienstleistungsqualität

Bei der weiteren Betrachtung der Indikatoren des SERVPERF-Ansatzes, des Phasenmodells und auch derjenigen des Gesamtzufriedenheitsurteils über die wahrgenommene Dienstleistungsqualität ist jedoch besonders auffällig, dass die Mittelwerte nahe am Optimum ((zwischen 1,21 und 1,76), (zwischen 1,31 und 1,50) bzw. (zwischen 1,32 und 1,50)) liegen. Außerdem sind diese Mittelwerte durch eine nur geringe Standardabweichung von 0,41 bis 0,98 beim SERVPERF-Ansatz, von 0,52 bis 0,76 beim Phasenmodell und von 0,52 bis 0,69 beim Gesamtzufriedenheitsurteil gekennzeichnet.

Da sich die Kundenurteile trotz des Versuchs, die Messfehlereinflüsse durch das gewählte Design der Kundenbefragung zu reduzieren, durchgehend im oberen Bereich der Skala befinden und die Standardabweichung Werte von unter Eins aufweist, ist anzunehmen, dass die Ergebnisse der Kundenbefragung von Deckeneffekten überlagert werden.[483] Dies bedeutet im vorliegenden Fall, dass die meisten befragten Reisebürokunden die Dienstleistungsqualität des jeweiligen Reisebüros mit sehr hoher Zufriedenheit beurteilt haben und dass sich die untersuchten Reisebüros und deren offerierte Dienstleistungsqualität nach Auffassung der Kunden scheinbar nicht unterscheiden.

Die Deckeneffekte selbst stellen möglicherweise das Resultat des Abbaus kognitiver Dissonanzen beim Kunden dar. Zentrale Idee der Theorie kognitiver Dissonanz, die das vorliegende Kundenverhalten erklären kann, ist:[484]

1. Zwei oder mehrere, im Bewusstsein der Person relevante Kognitionen, die psychologisch als nicht vereinbar erlebt werden, verursachen Dissonanzen.

---

[483] Zum Vorgehen bei der Kontrolle der Messfehlereinflüsse vgl. die Ausführungen in Kapitel D.2.3. der vorliegenden Arbeit.
[484] Vgl. hierzu und im folgenden Fischer/Wiswede (1997), S.229.

2. Je wichtiger die beteiligten Kognitionen und je größer der Anteil der dissonanten zu den konsonanten Kognitionen ist, desto mehr Dissonanz wird erregt.

3. Der Zustand der Dissonanz wird als unangenehm erlebt. Das Individuum versucht daher, die Dissonanz zu reduzieren.

4. Die Reduktion von Dissonanz kann erfolgen über eine Reduktion der Bedeutung der dissonanten Elemente, durch eine Addition konsonanter Elemente oder durch eine Neubewertung bzw. Umbewertung der dissonanten Elemente.

Dies soll an einem Beispiel verdeutlicht werden. Ein Kunde, der soeben eine Reise im Reisebüro gebucht hat, wird zur Teilnahme an einer Befragung zur Dienstleistungsqualität des Reisebüros aufgefordert. Der Kunde wird im Rahmen der Befragung sicherlich kein negatives Urteil über die erhaltene Dienstleistung abgeben, da er auf diese Weise seine eigene Kaufentscheidung in Frage stellen würde. Die Erklärung für dieses Verhalten liegt in der oben beschriebenen Theorie kognitiver Dissonanzen, nach der ein Kunde sein Qualitätsurteil auf die vorher getroffene Kaufentscheidung abstimmt. Infolgedessen erhält man als Befragungsergebnis überwiegend „gute" bis „sehr gute" Kundenurteile, die sich als Deckeneffekt in der Kundenstichprobe zu erkennen geben.

Demnach wären den vorliegenden Kundendaten infolge der evidenten Deckeneffekte zum einen keine Aussagen über latente Verbesserungspotentiale im Unternehmen zu entnehmen. Zum anderen resultiert daraus, dass die Ergebnisse dieser Kundenbefragung vorerst als ungeeignet für die geplante Konkurrenzvaliditätsprüfung der Testkaufurteile zu betrachten sind.[485]

Ein abschließendes Urteil über die Brauchbarkeit des Dienstleistungsqualitätsurteils der befragten Reisebürokunden kann jedoch erst dann erfolgen, wenn diese auf ihre Prognosevalidität hin überprüft wurden. Sollte sich dabei das Gesamtzufriedenheitsurteil der Reisebürokunden als prognosevalide herausstellen, so ist von der scheinbaren Existenz der Deckeneffekte in der Kundenstichprobe abzusehen. In diesem Fall wäre das äußerst positive Gesamtzufriedenheitsurteil ausschließlich auf die von den Kunden wahrgenommene Dienstleistungsqualität und nicht auf den mutmaßlichen Abbau kognitiver Dissonanzen zurückzuführen.

---

[485] Diese Gegebenheit ist auf die Forderung in Abschnitt B.2.2.2.2. zurückzuführen, dass ein Außenkriterium nur dann für die Prüfung der Kriteriumsvalidität geeignet ist, wenn es sich zuvor selbst als reliabel und valide herausgestellt hat.

1.3. Interrater-Reliabilität des Dienstleistungsqualitätsurteils von Mystery Shoppern

Den zweiten Schritt der Reliabilitätsprüfung stellt die Analyse der Interrater-Reliabilität der Testkaufurteile dar. Um diese im Rahmen der durchgeführten Testkaufstudien beurteilen zu können, wurde jeder Testkauf, wie bereits in Kapitel D.2.2. detailliert erläutert, von zwei Mystery Shoppern gemeinsam inszeniert.

Darüber hinaus lassen die Ausführungen in Abschnitt B.2.2.1.1.2.3. den Intraklassen-Korrelationskoeffizienten und insbesondere den ICC_1 als das im vorliegenden Fall geeignete Gütekriterium zur Bestimmung der Interrater-Reliabilität erscheinen. Die besondere Eignung des einfaktoriellen, unjustierten ICC ist zum einen darauf zurückzuführen, dass der ICC_1 im Rahmen der Reliabilitätsprüfung mittels Mystery Shopping erhobener Daten nicht nur gleiche „Rangreihen", sondern auch möglichst „gleiche Werte" verlangt. Dadurch ist er unter den ICC als einer der strengeren Koeffizienten zur Prüfung der Interrater-Reliabilität zu betrachten.[486]

Zum anderen ist ausschließlich der ICC_1 zur Beurteilung der Interrater-Reliabilität einzusetzen, wenn die beurteilten Merkmalsträger von unterschiedlichen Ratern bewertet wurden. Da bei den durchgeführten Testkaufstudien die Gefahr des „Entdecktwerdens" durch die Expedienten besonders groß war, wurden die Testkäufer nach Beendigung einer jeden Studie gänzlich ausgewechselt. Zudem wurden aus gleichem Grund die eingesetzten Mystery Shopping-Paare innerhalb einer Studie von Testkauf zu Testkauf neu gruppiert.[487] Folglich muss der aus dem Einsatz wechselnder Rater resultierende Messfehler berücksichtigt werden, indem die Schätzung der Konkordanz durch die Verwendung des ICC_1 erfolgt.

1.3.1. Interrater-Reliabilität der Mystery Shopper-Urteile über die Indikatoren des SERVPERF-Ansatzes

Zur Bestimmung der Interrater-Reliabilität der Mystery Shopper-Urteile über die Indikatoren des SERVPERF-Ansatzes wurde für jeden dieser Indikatoren auf Grundlage der im Rahmen der zweiten (2004) und dritten (2005) Testkaufstudie erhobenen Daten der ICC_1 berechnet.[488] Den daraus resultierenden Ergebnissen in Tabelle E-7 ist zu entnehmen, dass die Interrater-Reliabilität für die Indikatoren der Faktoren Tangibles, Reliability, Responsiveness und Assu-

---

[486] Vgl. Diehl/Staufenbiel (2001), S. 170.
[487] Zur genauen Vorgehensweise im Rahmen der Testkaufstudien vgl. die Ausführungen in Kapitel D.2.2. der vorliegenden Arbeit.
[488] Zur Berechnung des ICC_1 vgl. die Formel B-2.9.

rance sowohl in der zweiten als auch der dritten Testkaufstudie durchgehend über dem geforderten Richtwert von 0,4 angesiedelt sind.[489]

Auffällig ist allerdings, dass zum Zeitpunkt der zweiten Studie (2004) der ICC_1 für die Indikatoren des Faktors Empathy Werte zwischen 0,21 und 0,30 aufweist, wohingegen die Interrater-Reliabilität derselben Indikatoren zum Messzeitpunkt 2005 weit über dem geforderten Richtwert liegen. Verantwortlich hierfür sind Verständnis- bzw. Interpretationsprobleme der Mystery Shopper, die im Rahmen der Pre-Tests und der Testkäuferschulung nicht aufgetreten sind. Über vergleichbare Probleme berichten auch *van Dyke/Kappelman/Prybutok*, die mit Werten zwischen 0,57 und 0,89 in Abhängigkeit von der Stichprobe und dem Untersuchungsgegenstand zu äußerst heterogenen Alpha-Koeffizienten für den Faktor Empathy gelangen.[490] Infolge dieser Erkenntnis wurden die eingesetzten Mystery Shopper der dritten Testkaufstudie wesentlich intensiver im Umgang mit den Indikatoren des Faktors Empathy geschult, sodass die Verständnis- bzw. Interpretationsprobleme gelöst werden konnten. Der Erfolg dieser intensivierten Schulungsmaßnahmen wird durch die gestiegenen Werte des ICC_1 dokumentiert. Obgleich das Interpretationsproblem der Testkäufer bei der Evaluation der Indikatoren des Faktors Empathy zum Durchführungszeitpunkt der dritten Studie beseitigt werden konnte, haben die niedrigen Werte des ICC_1 in der zweiten Testkaufstudie zur Folge, dass der Faktor Empathy und dessen Indikatoren im Rahmen der weiteren Betrachtung der Daten aus dem Jahre 2004 aufgrund ihrer geringen Verlässlichkeit nicht weiter berücksichtigt werden.

---

[489] Für den entsprechenden Referenzwert vgl. Tabelle B-9.
[490] Vgl. van Dyke/Kappelman/Prybutok (1999), S. 6 ff.

Messzeitpunkt / Variable	Studie 2 (2004)	Studie 3 (2005)
TANGIB_1	0,84*	0,85*
TANGIB_2	0,76*	0,85*
TANGIB_3	0,60*	0,79*
TANGIB_4	0,75*	0,86*
RELIAB_1	0,78*	0,82*
RELIAB_2	0,79*	0,83*
RESPON_2	0,66*	0,71*
RESPON_3	0,53*	0,65*
RESPON_4	0,50*	0,75*
ASSUR_1	0,64*	0,76*
ASSUR_2	0,63*	0,81*
ASSUR_3	0,72*	0,67*
ASSUR_4	0,50*	0,76*
EMPATH_1	0,21	0,71*
EMPATH_2	0,30	0,78*
EMPATH_3	0,28	0,68*

* signifikant auf dem 1% Niveau

Tab. E-7: Intraklassen-Korrelation (ICC_1) der Testkaufurteile über die Indikatoren des SERVPERF-Ansatzes

1.3.2. Interrater-Reliabilität der Mystery Shopper-Urteile über die Indikatoren des Phasenmodells

Ebenso wie die Überprüfung der Interrater-Reliabilität der Indikatoren des SERVPERF-Ansatzes fußt auch die vorliegende Bewertung der Verlässlichkeit des Mystery Shopper-Urteils über die Komponenten des Phasenmodells auf Basis der in den Testkaufstudien Zwei und Drei ermittelten Daten. Die Ergebnisse dieser Verlässlichkeitsprüfung zeigen (vgl. Tabelle E-8), dass der ICC_1 sowohl in Studie Zwei als auch in Studie Drei für alle Indikatoren der Phasen Begrüßung, Wartezeit, Beratung, Buchung und Verabschiedung über dem geforderten Richtwert für die Interrater-Reliabilität angesiedelt ist.[491]

---

[491] Für den entsprechenden Referenzwert vgl. Tabelle B-9.

Messszeitpunkt / Variable	Studie 2 (2004)	Studie 3 (2005)
GRUß_G1	0,76[**]	0,94[**]
GRUß_G2	0,81[**]	0,92[**]
GRUß_G3	0,79[**]	0,93[**]
GRUß_G4	0,77[**]	0,92[**]
WARTE_G1	0,95[**]	0,94[**]
WARTE_G2	0,92[**]	0,94[**]
WARTE_G3	0,94[**]	0,94[**]
WARTE_G4	0,94[**]	0,92[**]
BERAT_G1	0,78[**]	0,94[**]
BERAT_G2	0,74[**]	0,94[**]
BERAT_G3	0,81[**]	0,94[**]
BERAT_G4	0,83[**]	0,95[**]
BUCH_G1	0,77[**]	0,92[**]
BUCH_G2	0,80[**]	0,92[**]
BUCH_G3	0,77[**]	0,93[**]
BUCH_G4	0,78[**]	0,93[**]
VERAB_G1	0,55[**]	0,85[**]
VERAB_G2	0,43[*]	0,85[**]
VERAB_G3	0,44[*]	0,84[**]
VERAB_G4	0,53[**]	0,87[**]

[*] signifikant auf dem 5% Niveau
[**] signifikant auf dem 1% Niveau

Tab. E-8: Intraklassen-Korrelation (ICC$_1$) der Testkaufurteile über die Indikatoren des Phasenmodells

1.3.3. Interrater-Reliabilität der Mystery Shopper-Urteile über die Indikatoren der Gesamtzufriedenheit mit der wahrgenommenen Dienstleistungsqualität

Schließlich wurde mit Hilfe des gleichen Vorgehens wie in den vorherigen Abschnitten E.1.3.1. und E.1.3.2. die Interrater-Reliabilität der Testkäuferurteile über die verwendeten Indikatoren zur Messung der Gesamtzufriedenheit mit der wahrgenommenen Dienstleistungsqualität beurteilt. Dabei stellte sich das Gesamtzufriedenheitsurteil der Testkäufer über alle drei Testkaufstudien hinweg, mit Werten des ICC$_1$ die ausnahmslos oberhalb von 0,80 liegen, als äußerst Interrater-Reliabel heraus (vgl. Tabelle E-9).

Messszeitpunkt / Variable	Studie 1 (2003)	Studie 2 (2004)	Studie 3 (2005)
GESZU_G1	0,89[*]	0,82[*]	0,94[*]
GESZU_G2	0,83[*]	0,82[*]	0,93[*]
GESZU_G3	0,86[*]	0,81[*]	0,93[*]
GESZU_G4	0,81[*]	0,82[*]	0,94[*]

[*] signifikant auf dem 1% Niveau

Tab. E-9: Intraklassen-Korrelation (ICC$_1$) der Testkaufurteile über die Indikatoren der Gesamtzufriedenheit mit der wahrgenommenen Dienstleistungsqualität

Demzufolge ist zu konstatieren, dass die vorstehenden Befunde zur Interrater-Reliabilität der Testkäuferurteile über die Indikatoren des SERVPERF-Ansatzes, des Phasenmodells und diejenigen zur Messung der Gesamtzufriedenheit bezüglich der wahrgenommenen Dienstleistungsqualität ein hohes Maß an Verlässlichkeit signalisieren. Dieses Urteil resultiert aus den zugehörigen Werten des ICC_1-Koeffizienten, die, bis auf die oben diskutierte Ausnahme, durchweg oberhalb des Grenzwertes von 0,4 angesiedelt sind.[492]

In Verknüpfung mit dem Befund über ein hohes Maß an interner Konsistenz des Dienstleistungsqualitätsurteils der Mystery Shopper führt diese Erkenntnis zu dem Schluss, dass die zur Datengewinnung eingesetzte Mystery Shopping-Methodik zu einer Datenbasis führt, die ein hohes Maß an Reliabilität „at a point in time" besitzt.

1.4. Retest-Reliabilität des Dienstleistungsqualitätsurteils von Mystery Shoppern

Damit ein abschließendes Urteil über die Verlässlichkeit des Dienstleistungsqualitätsurteils von Testkäufern formuliert werden kann, ist es das Ziel des nachfolgenden Abschnittes, die Reliabilität der Testkaufergebnisse „over time" zu bewerten. Wie die Ausführungen in Abschnitt B.2.2.1.2. gezeigt haben, versucht die Retest-Reliabilität den Zufallsfehler zu quantifizieren, indem die Untersuchungsstichprobe mehrmals innerhalb eines gewissen Zeitabstandes mit Hilfe des gleichen Messinstrumentes beurteilt wird. Bei diesem Vorgehen ist es zwingend notwendig, den „transient-error", der den Hauptmessfehlereinfluss auf die Retest-Reliabilität darstellt, zu kontrollieren. Dieser Messfehler resultiert aus der Nichtübereinstimmung der Beurteilungsmerkmale sowie der -objekte im Zeitablauf.[493]

Um diesen etwaigen Einfluss des „transient-errors" auf die Retest-Reliabilität zu reduzieren, erhielten die Mystery Shopper in jeder der drei durchgeführten Testkaufstudien eine Zusatzaufgabe (vgl. Tabelle D-5). So sollten die Testkäufer beim ersten Besuch eines jeden Reisebüros zum einen darauf achten, keine auszubildenden Mitarbeiter für das Beratungsgespräch zu bemühen. Zum anderen erhielten sie die Aufgabe, den Expedienten, der sie bediente, anhand detaillierter Notizen zu beschreiben, damit die Testkunden der nachfolgenden Studie diesen wiedererkennen und sich von ihm beraten lassen konnten.[494]

Zudem wurde das „Drehbuch" der Testkaufsituation in jeder der drei Testkaufstudien unverändert eingesetzt, sodass von allen Mystery Shoppern jeweils eine Beratung für eine Städtereise nach Paris verlangt wurde. Überdies ist den qualitativen Interviews mit der Geschäftsführung der Reisebürokette zu entnehmen, dass in dem Zeitraum zwischen den Testkaufstu-

---

[492] Für den entsprechenden Referenzwert vgl. Tabelle B-9.
[493] Vgl. insbesondere die Ausführungen zum „transient-error" in Kapitel B.2.2.1.2. der vorliegenden Arbeit.
[494] Zur genauen Vorgehensweise im Rahmen der Testkaufstudien vgl. die Ausführungen in Kapitel D.2.2. der vorliegenden Arbeit.

dien keine Interventionsmaßnahmen durchgeführt wurden, sodass generell von einer Ergebnisbeeinflussung durch den „transient-error" abzusehen ist.[495]

Im vorliegenden Fall bestimmt sich die Retest-Reliabilität durch die Korrelation der zu verschiedenen Messzeitpunkten mit Hilfe von Testkäufern evaluierten Dienstleistungsqualität der Reisebüros. Um hierbei dem in der Literatur wiederkehrend thematisierten Problem eines auf der einen Seite zu kurzen[496] und auf der anderen Seite zu langen[497] Zeitintervalls zwischen den Messzeitpunkten t_1 und t_2 zu begegnen, wurde für die Zuverlässigkeitsprüfung im Rahmen der vorliegenden Arbeit einerseits ein Zeitintervall von einer Woche und andererseits eines von einem Jahr gewählt.

Unabhängig vom Zeitintervall bedarf die Berechnung des Bravais Pearson´schen Korrelationskoeffizienten eines für jeden der Messzeitpunkte aggregierten Testkaufurteils über die einzelnen Faktoren der verschiedenen Ansätze zur Messung der Dienstleistungsqualität, die einander gegenübergestellt werden sollen.[498] Gemäß dieser Forderung und den Ergebnissen der Prüfung auf interne Konsistenz in Kapitel E.1.1. wurden zunächst die Indikatoren der verschiedenen Messansätze zur Evaluation der Dienstleistungsqualität zu ihrem zugehörigen Faktor verdichtet. Anschließend wurden die so gebildeten Faktormittelwerte der beiden Mystery Shopper, die zusammen einen Testkauf inszenierten, zu einem gemeinsamen Urteil über das besuchte Reisebüro aggregiert. Dieses Vorgehen erscheint legitim, da die Ergebnisse der Interrater-Reliabilitätsprüfung in Abschnitt E.1.3. zeigen konnten, dass die Testkäufer die evaluierten Indikatoren sowohl mit nahezu gleichen „Rangreihen" als auch mit gleichen „Werten" beurteilt haben.

1.4.1. Retest-Reliabilität der Komponenten des SERVPERF-Ansatz

Wie schon den Ausführungen in Abschnitt D.2.2. zu entnehmen war, fokussiert speziell die dritte Testkaufstudie die kurzfristige Retest-Reliabilitätsprüfung der Komponenten des

---

[495] Mit Interventionsmaßnahmen sind solche Eingriffe gemeint, die darauf abzielen, mit Hilfe von Schulungen (Destinations-, Verkaufsschulungen etc.) das Dienstleistungsangebot der Reisebüros in der Untersuchungsstichprobe signifikant zu verändern.

[496] Versucht man das Zeitintervall zwischen den Messzeitpunkten t_1 und t_2 zu verkürzen, um die Veränderung des wahren Wertes als Störeinfluss auf den Retest-Reliabilitätskoeffizienten auszublenden, so läuft man Gefahr, einen Erinnerungs- bzw. Reaktanzeffekt herbeizuführen.

[497] Aufgrund eines zu langen Zeitintervalls zwischen den Messzeitpunkten t_1 und t_2 kann es beispielsweise aufgrund von Lerneffekten zu einer Veränderung des wahren Wertes kommen. Diese Veränderung führt aber gleichzeitig zu einer Reduktion des Retest-Reliabilitätskoeffizienten, da dieser einer zeitlichen Konstanz des wahren Wertes bedarf.

[498] Vgl. hierzu die Ausführungen in Kapitel B.2.2.1.2. der vorliegenden Arbeit.

SERVPERF-Ansatzes und des Phasenmodells. Demgemäß basieren die in Tabelle E-10 zusammengetragenen Ergebnisse zur Retest-Reliabilität der Komponenten des SERVPERF-Ansatzes auf den im Jahr 2005 durchgeführten Testkäufen.

Die Befunde der kurzfristigen Reliabilitätsanalyse zeigen, dass die Werte des Retest-Reliabilitätskoeffizienten für die Faktoren des SERVPERF-Ansatzes durchgehend über dem geforderten Wert von 0,60 liegen und jeweils auf dem 1%-Niveau signifikant sind.[499] Eine Ausnahme bildet lediglich der Faktor Responsiveness, der mit einem Wert von 0,58 vernachlässigbar gering unterhalb des geforderten Wertes, bei einem Zeitintervall zwischen den Messzeitpunkten t_1 und t_2 von einer Woche, angesiedelt ist. Folglich ist von einer akzeptablen kurzfristigen Retest-Reliabilität der von Testkäufern evaluierten Komponenten des SERV-PERF-Ansatzes auszugehen.

Gruppen-variablen Δt	1 Woche
TANGIBLES	0,72[*]
RELIABILITY	0,74[*]
RESPONSIVNESS	0,58[*]
ASSURANCE	0,66[*]
EMPATHY	0,66[*]
[*] signifikant auf dem 1% Niveau	

Tab. E-10: Retest-Reliabilität der Komponenten des SERVPERF-Ansatzes

1.4.2. Retest-Reliabilität der Komponenten des Phasenmodells

Ein ähnliches Bild wie zuvor bei den Faktoren des SERVPERF-Ansatzes zeichnet sich auch im Rahmen der kurzfristigen Retest-Reliabilitätsprüfung der Komponenten des Phasenmodells ab. Tabelle E-11 liefert die Analyseergebnisse, die ebenfalls auf den Daten der dritten Testkaufstudie aus dem Jahr 2005 basieren. Den dort zusammengetragenen Ergebnissen ist zu entnehmen, dass die Werte des Retest-Reliabilitätskoeffizienten für die Faktoren des Phasenmodells, bei einem Zeitintervall von einer Woche, durchgehend über dem geforderten Wert von 0,60 liegen und jeweils auf dem 1%-Niveau signifikant sind.[500] Somit sind auch die durch Mystery Shopper evaluierten Qualitätsurteile über die Phasen einer Reisebürodienstleistung als äußerst retestreliabel zu bezeichnen.

---

[499] Für den entsprechenden Referenzwert vgl. Tabelle B-9.
[500] Für den entsprechenden Referenzwert vgl. Tabelle B-9.

Gruppen-variablen $\quad\quad\quad \Delta t$	1 Woche
BEGRÜßUNG	0,64[*]
WARTEZEIT	0,67[*]
BERATUNG	0,78[*]
BUCHUNG	0,76[*]
VERABSCHIEDUNG	0,63[*]

[*] signifikant auf dem 1% Niveau

Tab. E-11: Retest-Reliabilität der Komponenten des Phasenmodells

1.4.3. Retest-Reliabilität des Gesamtzufriedenheitsurteils der Mystery Shopper

Ein abschließendes Bild der Konkordanz soll die Bewertung der Retest-Reliabilität des Gesamtzufriedenheitsurteils der Mystery Shopper mit der wahrgenommenen Dienstleistungsqualität liefern. Gegenüber den vorherigen Ausführungen basiert dieser Teil der Reliabilitätsanalyse sowohl auf einem kurzfristigen als auch auf einem langfristigen Retest-Reliabilitätsurteil.

Wie in Kapitel D.2.2. erläutert, fußt die Analyse der langfristigen Retest-Reliabilität des Gesamtzufriedenheitsurteils, mit einem Zeitintervall von einem Jahr zwischen den Messzeitpunkten t_1 und t_2, auf den Daten der ersten und zweiten Testkaufstudie. Wohingegen die Bewertung der kurzfristigen Retest-Reliabilität des Zufriedenheitsurteils der Testkäufer mit der wahrgenommenen Dienstleistungsqualität auf der Informationsbasis der dritten Studie gründet.

Nicht nur die Ergebnisse der kurzfristigen, sondern auch die der langfristigen Retest-Reliabilitätsprüfung attestieren ein verlässliches Gesamtzufriedenheitsurteil der Testkäufer im Zeitablauf (Tabelle E-12). Dies ist einerseits daran ersichtlich, dass die Korrelationskoeffizienten für das Zeitintervall von einer Woche durchgehend über dem geforderten Wert von 0,60 liegen und jeweils auf dem 1%-Niveau signifikant sind. Andererseits ist aber auch der Retest-Reliabilitätskoeffizient für den zeitlichen Abstand von einem Jahr zwischen den Messzeitpunkten mit 0,64 weit über dem geforderten Wert von 0,30 angesiedelt.[501]

---

[501] Für den entsprechenden Referenzwert vgl. Tabelle B-9.

Gruppen-variablen ᐧᐧᐧ Δt	1 Woche	1 Jahr
GESAMTZUFRIEDENHEIT	0,81[*]	0,64[*]
[*] signifikant auf dem 1% Niveau		

Tab. E-12: Retest-Reliabilität des Gesamtzufriedenheitsurteils über die wahrgenommene Dienstleistungs-qualität

Nachdem die vorstehenden Befunde zur internen Konsistenz, sowie zur Interrater- und Retest-Reliabilität die Verlässlichkeit der gewonnenen Daten- und Informationsbasis nachweisen konnten, ist die notwendige Bedingung für das Leistungsfähigkeitsattest über die Eignung der Mystery Shopping-Methodik zur Evaluation der Dienstleistungsqualität erfüllt. Um aber einen abschließenden Befund über die Leistungsfähigkeit des in Abschnitt C.4.2.2. hergeleiteten Mystery Shopping-Konzeptes formulieren zu können, ist das weitere Vorgehen auf die Bewertung der Validität des Dienstleistungsqualitätsurteils der Testkäufer fokussiert.

2. Überprüfung der Validität des Dienstleistungsqualitätsurteils von Mystery Shoppern

2.1. Inhaltsvalidität des Dienstleistungsqualitätsurteils von Mystery Shoppern

Die Inhaltsvalidität bezeichnet das Ausmaß, in dem die Variablen eines Messmodells das zu messende Konstrukt inhaltlich erfassen. Zur Überprüfung der Inhaltsvalidität werden häufig Expertenurteile herangezogen. Diese Experten werden insbesondere im Rahmen der Entwicklung des (Beobachtungs-)Fragebogens und des Forschungsdesigns um Rat gebeten. Mit deren Hilfe soll eine vollständige Erfassung des interessierenden Konstruktes anhand geeigneter Itembatterien und eines praktikablen Studiendesigns sichergestellt werden.[502]

Wie den Ausführungen in Abschnitt D.2.1. zu entnehmen ist, wurde dieser Forderung in der vorliegenden Arbeit dadurch Rechnung getragen, dass sowohl im September 2003 als auch im Juli 2004 halbstandardisierte Interviews, deren Dauer zwischen 20 und 45 Minuten variierten, durchgeführt wurden. Befragt wurden dabei 30 Kunden, ein Mitarbeiter der Franchisezentrale und fünf Expedienten eines dem Franchisesystem angeschlossenen Reisebüros.

Mit Hilfe der im Rahmen dieser Interviews gewonnenen Informationen wurde sodann zum einen ein „Drehbuch" für die Testkaufsituation entwickelt, das dem typischen Ablauf eines Beratungsgesprächs entspricht. Zum anderen konnten aufgrund der ermittelten Erkenntnisse

---

[502] Vgl. hierzu die Ausführungen in Kapitel B.2.2.2.1. der vorliegenden Arbeit.

die Charakteristika eines typischen Kunden der Reisebürokette expliziert werden, welche die Auswahl geeigneter Testkäufer unterstützten.

Außerdem wurden die beiden theoretisch fundierten Operationalisierungsansätze zur Messung der Dienstleistungsqualität (SERVPERF und Phasenmodell) unter Verwendung der Critical Incident-Technik mit Hilfe der Berichte der Interviewpartner hinterleuchtet. Hierdurch wurde sichergestellt, dass die Mystery Shopper die wahrgenommene Dienstleistungsqualität anhand realer Erlebnisinformationen evaluieren und nicht mittels Indikatoren abstrakter Dienstleistungsdimensionen. Demzufolge ist von einer ausreichenden Inhaltsvalidität des eingesetzten Messinstrumentariums auszugehen.

2.2. Kriteriumsvalidität des Dienstleistungsqualitätsurteils von Mystery Shoppern

Den zweiten Schritt im Rahmen der Validitätsprüfung des Dienstleistungsqualitätsurteils von Mystery Shoppern stellt die Analyse der Kriteriumsvalidität dar. Wie in Abschnitt B.2.2.2.2. erläutert, quantifiziert die Kriteriumsvalidität den systematischen Fehler eines Messinstrumentes, indem sie den korrelativen Zusammenhang zwischen dem zu validierenden Konstrukt und einem Außenkriterium ermittelt. Daher sollte von dem gewählten externen Kriterium bekannt sein, dass es das zu beurteilende Konstrukt reliabel und valide erfasst bzw. in einem validen kausalen Zusammenhang mit Selbigem steht. Darüber hinaus wurde an oben genannter Stelle bereits dargelegt, dass in Abhängigkeit vom Zeitpunkt, zu dem dieses Außenkriterium erhoben wird, die Kriteriumsvalidität weiter in ein Maß der Konkurrenz- und eines der Prognosevalidität zergliedert werden kann.[503]

In Analogie zur Assessment Center-Literatur, die sich im Zuge der Entwicklung dieses Werkzeugs zur Personalauswahl und -beurteilung ebenfalls mit der Kriteriumsvalidität auseinandersetzen musste, orientiert sich die Wahl der geeigneten Außenkriterien an eben diesem Schrifttum. Die Sichtung der zugehörigen Literatur ergab, dass die Konkurrenzvalidität vielfach über den von Kollegen bzw. Vorgesetzten bewerteten Berufserfolg bestimmt wird, wohingegen Verkaufszahlen der Mitarbeiter und ähnliche ökonomische Faktoren als Außenkriterium zur Beurteilung der Prognosevalidität Verwendung finden.[504]

---

[503] Vgl. Balderjahn (2003), S. 131 f.
[504] Vgl. hierzu insbesondere die Ergebnisse der Metaanalyse von Arthur et al. (2003) und Schiel (2004), S. 42.

Infolgedessen wurde zum einen das Dienstleistungsqualitätsurteil realer Kunden als externes Kriterium zur Beurteilung der Konkurrenzvalidität des Qualitätsurteils von Mystery Shoppern ausgewählt. Ursächlich für diese Entscheidung ist, dass letztlich der Kunde mit seiner Kaufentscheidung maßgeblich für den wirtschaftlichen Erfolg eines Reisebüros verantwortlich ist. Zum anderen wurde der Umsatz bzw. der Umsatz je Mitarbeiter als „hartes" ökonomisches Außenkriterium für die Bewertung der Prognosevalidität präferiert,[505] da die Dienstleistungsqualität nachweislich in einem validen kausalen Zusammenhang mit dem Umsatz eines Unternehmens steht.[506]

Der Ablauf der Kriteriumsvaliditätsprüfung wird nun einerseits von der Zergliederung in die Konkurrenz- bzw. Prognosevalidität bestimmt. Andererseits ist aber auch das bislang als eingeschränkt brauchbar geltende Dienstleistungsqualitätsurteil der befragten Reisebürokunden formgebend für den weiteren Verlauf der Kriteriumsvaliditätsprüfung.[507] Um die Existenz der vermuteten Deckeneffekte (vgl. Kapitel E.1.2.) zumindest partiell ausschließen und die Brauchbarkeit des Dienstleistungsqualitätsurteils der Reisebürokunden für die vorgesehene Konkurrenzvaliditätsprüfung beurteilen zu können, ist zunächst einmal das Gesamtzufriedenheitsurteil der Kundenstichprobe auf Prognosevalidität zu überprüfen.

Sollte sich das Gesamtzufriedenheitsurteil der Reisebürokunden als prognosevalide herausstellen, so kann vom Vorhandensein von Deckeneffekten in der Kundenstichprobe abgesehen werden. In diesem Fall wäre das äußerst positive Gesamtzufriedenheitsurteil ausschließlich auf die von den Kunden wahrgenommene Dienstleistungsqualität und nicht auf den mutmaßlichen Abbau kognitiver Dissonanzen zurückzuführen. Stellt sich das Gesamtzufriedenheits-

---

[505] Neben dem Umsatz wurde auch der Umsatz je Mitarbeiter als Außenkriterium zur Bestimmung der Prognosevalidität herangezogen. Diese Entscheidung basiert auf der Überlegung, dass der Umsatz je Mitarbeiter das exaktere der beiden Kriterien zur Überprüfung der Validität darstellt. Ursächlich für die höhere Genauigkeit des Umsatzes je Mitarbeiter als Indikator für die Dienstleistungsqualität ist in der Verfälschung des Umsatzes durch die Unternehmensgröße des jeweiligen Reisebüros zu sehen.

Zum besseren Verständnis seien diese Überlegungen an einem Beispiel illustriert. Die Ergebnisse einer Vielzahl empirischer Untersuchungen konnten zeigen, dass Unternehmen mit einem hohen Maß an Dienstleistungsqualität hohe Umsätze verzeichnen. Darüber hinaus ergaben diese Studien aber auch, dass nicht nur die Dienstleistungsqualität die Höhe des Umsatzes determiniert, sondern auch die Größe des Unternehmens. Folglich könnte man bei Vernachlässigung der Unternehmensgröße irrtümlicherweise der Annahme verfallen, dass die hohen Umsatzzahlen eines Unternehmens ausschließlich auf die offerierte Dienstleistungsqualität zurückzuführen sind. Um diesem Dilema zu entgehen, wurde in der vorliegenden Arbeit die Unternehmensgröße mit Hilfe der Zahl der Beschäftigten Reisebüromitarbeiter berücksichtigt. Hierdurch konnte der Umsatz je Mitarbeiter als „korrigiertes Außenkriterium" zur Bestimmung der Prognosevalidität ermittelt werden.

[506] Einen Nachweis dieses Wirkungszusammenhangs im Bereich touristischer Dienstleistungen liefern Augustyn/Ho (1998), S. 71ff.

urteil der Reisebürokunden jedoch als nicht prognosevalide heraus, so muss auf die Überprüfung der Konkurrenzvalidität des Dienstleistungsqualitätsurteils der Testkäufer anhand realer Kundendaten verzichtet werden. Zum Abschluss ist, unabhängig von der Brauchbarkeit des Qualitätsurteils der befragten Reisebürokunden, das Gesamtzufriedenheitsurteil der Testkunden auf Prognosevalidität zu untersuchen.

2.2.1. Prognosevalidität des Gesamtzufriedenheitsurteils tatsächlicher Kunden

Ziel der folgenden Ausführungen ist es, die Brauchbarkeit des Dienstleistungsqualitätsurteils tatsächlicher Reisebürokunden für die Konkurrenzvaliditätsprüfung zu bewerten. Dazu wird deren Gesamtzufriedenheitsurteil mit der von ihnen wahrgenommenen Dienstleistungsqualität auf Prognosevalidität überprüft. Die Datenbasis für die Ermittlung der Prognosevalidität bilden die Ergebnisse der von August bis Oktober 2004 durchgeführten schriftlichen und mündlichen Kundenbefragung sowie die Umsätze der kooperierenden Reisebüros aus dem Geschäftsjahr 2004.

Tabelle E-13 sind die Ergebnisse der Bravais Pearson-Korrelation zwischen den Außenkriterien Umsatz bzw. Umsatz je Mitarbeiter und dem Gesamtzufriedenheitsurteil der Reisebürokunden zu entnehmen. Es zeigt sich, dass die nicht signifikanten Korrelationskoeffizienten von 0,12 und 0,16 unter dem geforderten Wert von 0,30 angesiedelt sind.[508] Folglich ist dieses Gesamtzufriedenheitsurteil der Reisebürokunden als nicht prognosevalide zu betrachten.

Messzeitpunkt Kriteriums- variablen	GESZU_04 (2004)
Umsatz	0,12
Umsatz je Mitarbeiter	0,16

Tab. E-13: Prognosevalidität des Gesamtzufriedenheitsurteils realer Reisebürokunden mit der wahrgenommenen Dienstleistungsqualität

Durch den vorstehenden Befund erhärtet sich der bereits in Kapitel E.1.2. geäußerte Verdacht auf die Existenz von Deckeneffekten in der Kundenstichprobe. Berücksichtigt man den von *Augustyn/Ho* nachgewiesenen Kausalzusammenhang zwischen Dienstleistungsqualität und Erfolg, so kann das äußerst positive Qualitätsurteil der Kunden bei gleichzeitig mangelnder Prognosevalidität des Gesamtzufriedenheitsurteils offensichtlich nicht das Ergebnis der wahr-

---

[507] Vgl. hierzu die Ausführungen in Abschnitt E.1.2.
[508] Für den entsprechenden Referenzwert vgl. Tabelle B-9.

genommenen Dienstleistungqualität sein.[509] Stattdessen ist das durchweg positive Dienstleistungsqualitätsurteil der Reisebürokunden als Resultat des Abbaus kognitiver Dissonanzen zu sehen.

Somit implizieren die vorstehenden Erkenntnisse bezüglich der Prognosevalidität der Kundendaten, dass im vorliegenden Fall ein Urteil über die Kriteriumsvalidität des Dienstleistungsqualitätsurteils der Testkäufer nur anhand der Außenkriterien Umsatz bzw. Umsatz pro Mitarbeiter getroffen werden kann. Auf die Überprüfung der Konkurrenzvalidität des Dienstleistungsqualitätsurteils der Testkäufer anhand realer Kundendaten muss hingegen verzichtet werden.

2.2.2. Prognosevalidität des Gesamtzufriedenheitsurteils von Mystery Shoppern

Obgleich die Konkurrenzvaliditätsprüfung im Rahmen der vorliegenden Arbeit nicht möglich erscheint, soll die Prognosevalidität Aufschluss über die Kriteriumsvalidität des Dienstleistungsqualitätsurteils von Testkäufern geben. Die Datenbasis für die Ermittlung der Prognosevalidität bilden zum einen die Ergebnisse der ersten und zweiten Testkaufstudie und zum anderen die zugehörigen Umsätze der kooperierenden Reisebüros aus den Geschäftsjahren 2003 und 2004.

Tabelle E-14 enthält die Befunde zur Prognosevalidität des Gesamtzufriedenheitsurteils der Testkäufer. Die Betrachtung des Resultats dieser Validitätsanalyse offenbart, dass die Werte des Korrelationskoeffizienten zwischen dem Gesamtzufriedenheitsurteil über die wahrgenommene Dienstleistungsqualität und dem Umsatz bzw. dem Umsatz je Mitarbeiter sowohl zum Messzeitpunkt 2003 als auch 2004 durchgehend über dem geforderten Wert von 0,30 liegen.[510] Ferner sind die Werte fast ausschließlich auf dem 5%-Niveau signifikant.[511]

Kriteriums-variablen — Messzeitpunkt	GESZU_03 (2003)	GESZU_04 (2004)
Umsatz	0,32[*]	0,38[**]
Umsatz je Mitarbeiter	0,39[**]	0,40[**]

[*] signifikant auf dem 10% Niveau
[**] signifikant auf dem 5% Niveau

Tab. E-14: Prognosevalidität des Gesamtzufriedenheitsurteils der Mystery Shopper mit der wahrgenommenen Dienstleistungsqualität

---

[509] Augustyn/Ho (1998), S. 71 ff. weisen den Kausalzusammenhang zwischen Dienstleistungsqualität und Unternehmenserfolg im Tourismussektor nach.

[510] Für den entsprechenden Referenzwert vgl. Tabelle B-9.

[511] Ausnahme bildet das Validitätsurteil anhand des Umsatzes im Jahr 2003, das lediglich auf dem 10% Niveau signifikant ist.

Zudem ist positiv zu berichten, dass die von 2003 bis 2005 erhobenen Testkaufdaten entgegen der Kundenstichprobe nicht durch die dort aufgedeckten Deckeneffekte gekennzeichnet sind. Tabelle E-1 (Tabelle E-2) ist zu entnehmen, dass sich die Mittelwerte der Indikatoren des SERVPERF-Ansatzes (Phasenmodells) zwischen 1,80 und 3,34 (1,70 und 4,24) mit einer Standardabweichung in der Range von 1,16 bis 1,93 (1,23 bis 2,00) bewegen.

Unter Berücksichtigung dieses Befundes und der Ergebnisse der Prognosevaliditätsprüfung ist von einer durchaus zufrieden stellenden Kriteriumsvalidität des Dienstleistungsqualitätsurteils der Mystery Shopper auszugehen. Wohingegen aus den Befunden in Abschnitt E.2.2.1. ein verheerendes Urteil über das in der Marktforschungspraxis am häufigsten eingesetzte Verfahren zur Datengewinnung, die Kundenbefragung, resultiert.

2.3. Konstruktvalidität des Dienstleistungsqualitätsurteils von Mystery Shoppern

Wie die Ausführungen in Abschnitt A.2. gezeigt haben, existieren bislang keine Erkenntnisse darüber, ob Testkäufer eine konstruktvalide Messung der Dienstleistungsqualität anhand der gegenwärtig vorliegenden Operationalisierungsansätze leisten können. Um diese Kenntnislücke zu schließen, bedarf es eines Falsifikationsversuchs der proklamierten Zusammensetzung des beobachteten Dienstleistungsqualitätskonstruktes.[512]

Dies geschieht, wie in Abschnitt B.2.2.2.3. ausgeführt, mit Hilfe der nomologischen Validitätsprüfung. Das dort erläuterte Vorgehen führt zu einem positiven Validitätsattest, wenn die gemessenen Konstrukte und die empirischen Relationen zwischen diesen Konstrukten der theoretischen Vorstellung entsprechen. Folglich bedarf es eines Vergleichs der von den Testkunden wahrgenommenen Bestandteile der Dienstleistungsqualität und deren Einfluss auf das Gesamtzufriedenheitsurteil mit den in den Kapiteln D.1.1. und D.1.2. theoretisch hergeleiteten Wirkungszusammenhängen.

2.3.1. Konstruktvalidität des SERVPERF-Ansatzes

Um die Kenntnislücke darüber zu schließen, ob Testkäufer eine konstruktvalide Messung der Dienstleistungsqualität mit Hilfe des SERVPERF-Ansatzes leisten können und inwieweit die ermittelten Informationen Handlungsrelevanz besitzen, soll nachfolgend die Beurteilung der Konstruktvalidität vorgenommen werden. Dafür werden die latenten Kon-

---

[512] Vgl. Keppler (1996), S. 218.

strukte des SERVPERF-Ansatzes einer simultanen Prüfung unterzogen.[513] Zur Evaluation der Modellgüte kommen die Resultate der konfirmatorischen Faktorenanalyse zum Einsatz. Diese basiert auf den Daten der zweiten und dritten Testkaufstudie aus den Jahren 2004 und 2005.

Die Ergebnisse dieser konfirmatorischen Faktorenanalyse sind Tabelle E-15 bzw. E-16 zu entnehmen. Es ist ersichtlich, dass die im Rahmen der zweiten Testkaufstudie evaluierten Indikatoren des Faktors Empathy bei der Ermittlung der lokalen Gütekriterien und dem durchgeführten χ^2-Differenztest nicht berücksichtigt wurden. Verantwortlich für den Ausschluss dieser Indikatoren des Faktors Empathy von der Analyse der Testkaufdaten aus dem Jahr 2004 ist deren mangelnde Interrater-Reliabilität.[514]

Tabelle E-15 zeigt, dass die globalen Gütekriterien – mit Ausnahme des RMSEA[515] – sowohl zum Zeitpunkt der zweiten als auch der dritten Testkaufstudie die geforderten Normwerte erfüllen.[516] Zudem zeugen die lokalen Gütekriterien von einer akzeptablen Modellanpassung an die Testkaufdaten, da im Jahr 2004 (2005) alle Items eine Indikatorreliabilität von mindestens 0,35 (0,28) sowie einen signifikanten t-Wert der Faktorladungen aufweisen. Schließlich ergeben sich hinsichtlich der Faktorreliabilität und der durchschnittlich erfassten Varianz ebenso überzeugende Werte. Folgerichtig ist sowohl zum zweiten als auch zum dritten Testkaufzeitpunkt von einer konvergenzvaliden Messung der Dienstleistungsqualität mit Hilfe des SERVPERF-Ansatzes auszugehen.

---

[513] Vgl. Homburg/Giering (1996), S. 13, und Braunstein (2001), S.234.

[514] Für eine Begründung der mangelnden Interrater-Reliabilität der Indikatoren des Faktors Empathy vgl. die Ausführungen in Kapitel E.1.3.1. dieser Arbeit.

[515] Generell sollten die geforderten Mindestwerte der Anpassungsmaße nicht als Falsifikationskriterium betrachtet werden, sondern viel eher als Richtwerte, die sich in den letzten Jahren als zuverlässig erwiesen haben. Vgl. Loevenich (2000), S. 179.

[516] Für die entsprechenden Referenzwerte vgl. Tabelle B-6. GFI und AGFI wurden in der vorliegenden Studie als globale Gütekriterien nicht berücksichtigt, da diese Gütemaße einerseits sehr anfällig für die Stichprobengröße und die Modellkomplexität sind und andererseits für die Modellbewertung von lediglich nachrangiger Bedeutung sind. Vgl. hierzu Wieseke (2004), S. 212 und die dort angegebenen Quellen.

Globale Gütekriterien

Gütemaß	χ²-Wert/df		RMSEA		TLI		CFI		IFI	
Jahr	Studie 2 (2004)	Studie 3 (2005)	Studie 2 (2004)	Studie 3 (2005)	Studie 2 (2004)	Studie 3 (2005)	Studie 2 (2004)	Studie 3 (2005)	Studie 2 (2004)	Studie 3 (2005)
Wert	3,88	3,95	0,10	0,10	0,92	0,91	0,94	0,92	0,94	0,92

Lokale Gütekriterien

Gütemaß / Konstrukt	Faktorladung		t-Wert der Faktorladung		Indikatorreliabilität		Faktorreliabilität		Durchschnittlich erfasste Varianz	
Jahr	Studie 2 (2004)	Studie 3 (2005)	Studie 2 (2004)	Studie 3 (2005)	Studie 2 (2004)	Studie 3 (2005)	Studie 2 (2004)	Studie 3 (2005)	Studie 2 (2004)	Studie 3 (2005)
Tangibles							0,82	0,86	0,54	0,61
TANGIB_1	0,59	0,62	9,63	11,49	0,35	0,38				
TANGIB_2	0,87	0,84	13,85	17,47	0,76	0,71				
TANGIB_3	0,66	0,79	10,90	15,91	0,44	0,62				
TANGIB_4	0,78	0,86	*	*	0,61	0,74				
Reliability							0,89	0,88	0,81	0,78
RELIAB_1	0,85	0,84	22,07	20,89	0,71	0,71				
RELIAB_2	0,95	0,93	*	*	0,91	0,86				
Responsiveness							0,80	0,85	0,58	0,65
RESPON_2	0,76	0,82	11,21	13,71	0,58	0,67				
RESPON_3	0,79	0,85	11,53	14,10	0,63	0,72				
RESPON_4	0,73	0,75	*	*	0,53	0,57				
Assurance							0,89	0,83	0,67	0,56
ASSUR_1	0,96	0,93	13,55	10,60	0,91	0,87				
ASSUR_2	0,96	0,89	13,62	10,45	0,93	0,80				
ASSUR_3	0,66	0,56	10,09	7,97	0,43	0,32				
ASSUR_4	0,63	0,53	*	*	0,39	0,28				
Empathy	k.A.[1]		k.A.[1]		k.A.[1]		k.A.[1]	0,77	k.A.[1]	0,53
EMPATH_1		0,61		9,59		0,38				
EMPATH_2		0,84		12,27		0,71				
EMPATH_3		0,71		*		0,50				
Gesamtzufriedenheit							0,98	0,99	0,93	0,95
GESZU_G1	0,97	0,99	*	*	0,94	0,97				
GESZU_G2	0,96	0,97	41,24	53,70	0,91	0,94				
GESZU_G3	0,97	0,98	47,53	60,67	0,95	0,95				
GESZU_G4	0,96	0,97	42,57	53,79	0,92	0,94				

[1] Aufgrund der mangelnden Interrater-Reliabilität wurden diese Indikatoren von der weiteren Analyse ausgeschlossen

Tab. E-15: Globale und lokale Gütekriterien des SERVPERF-Ansatzes zur Messung der Dienstleistungsqualität

Anknüpfend an die Beurteilung der Konvergenzvalidität soll mit Hilfe des χ^2-Differenztests eine Überprüfung des SERVPERF-Ansatzes auf Diskriminanzvalidität unternommen werden.[517] Wie Tabelle E-16 zu entnehmen ist, liegen die Werte des χ^2-Differenztests durchgängig über dem Grenzwert von 3,84.[518] Somit kann nicht nur zum Zeitpunkt der zweiten sondern auch zu dem der dritten Testkaufstudie auf eine ausreichende Diskriminanzvalidität der Dienstleistungsqualitätsmessung mit Hilfe des SERVPERF-Ansatzes geschlossen werden

---

[517] Vgl. zum Vorgehen im Rahmen der Verwendung des χ^2-Differenztests die Ausführungen in Abschnitt B.2.2.2.3. der vorliegenden Arbeit.
[518] Für den entsprechenden Referenzwert vgl. Tabelle B-6.

	Tangibles		Reliability		Responsiveness		Assurance		Empathy	
	Studie 2 (2004)	Studie 3 (2005)	Studie 2 (2004)	Studie 3 (2005)	Studie 2 (2004)	Studie 3 (2005)	Studie 2 (2004)	Studie 3 (2005)	Studie 2 (2004)	Studie 3 (2005)
Reliability	8,23	5,82	-	-	-	-	-	-	-	-
Responsiveness	11,71	10,44	55,35	19,70	-	-	-	-	-	-
Assurance	33,49	9,88	48,89	18,79	13,03	27,09	-	-	-	-
Empathy	k.A.[1]	22,01	k.A.[1]	18,88	k.A.[1]	22,41	k.A.[1]	17,37	-	-

[1] Aufgrund der mangelnden Interrater-Reliabilität wurden diese Indikatoren von der weiteren Analyse ausgeschlossen

Tab. E-16: Diskriminanzvalidität der Konstrukte des SERVPERF-Ansatzes auf Basis des χ^2-Differenztest

Aufgrund der vorstehenden Befunde ist zunächst davon auszugehen, dass die von den Test-kunden wahrgenommenen Bestandteile der Dienstleistungsqualität der theoretischen Vorstel-lung des SERVPERF-Ansatzes entsprechen. Um allerdings zu einem abschließenden Urteil über die Konstruktvalidität und somit über die Handlungsrelevanz der gewonnenen (Testkauf-)Informationen zu gelangen, müssen die von den Mystery Shoppern wahrgenommenen empi-rischen Relationen zwischen den erfassten Konstrukten und insbesondere deren Einfluss auf das Gesamtzufriedenheitsurteil mit der theoretischen Vorstellung aus Kapitel D.1.1. vergli-chen werden.

Vor diesem Hintergrund sollen nun die Wirkungszusammenhänge der Komponenten des SERVPERF-Ansatzes und deren Einfluss auf das Gesamtzufriedenheitsurteil diskutiert wer-den. Dabei informiert Abbildung E-1 über die standardisierten Regressionskoeffizienten zwi-schen den Konstrukten zum Durchführungszeitpunkt der zweiten Studie und Abbildung E-2 über diejenigen der dritten Testkaufstudie.

Neben der Gütebeurteilung des Gesamtmodells können auch die Parameterschätzwerte für die Teilstrukturen des SERVPERF-Ansatzes als zufrieden stellend beurteilt werden. Diese Be-wertung beruht darauf, dass die Messindikatoren durchgehend reliable Werte aufweisen (Fak-torladungen > 0.4) und damit akzeptable Operationalisierungen des Urteils über die Dienst-leistungsqualität darstellen.[519] Einschränkend muss jedoch, wie bereits oben ausgeführt, die Tatsache berücksichtigt werden, dass aufgrund der Ergebnisse der Interrater-Reliabilitätsprüfung der Faktor Empathy von der weiteren Betrachtung der Testkaufergebnis-se der zweiten Studie ausgeschlossen werden musste. Ferner ist festzustellen, dass sowohl in der zweiten als auch der dritten Testkaufstudie alle berücksichtigten Komponenten des SERVPERF-Ansatzes einen signifikanten Einfluss auf das Gesamtzufriedenheitsurteil der Testkäufer ausüben und insgesamt 20% bzw. 32% der Varianz dieses Konstruktes aufklären.

Weiter ist Abbildung E-1 bzw. E-2 zu entnehmen, dass der Faktor Assurance sowohl in der zweiten Studie als auch in der dritten Studie den stärksten Einfluss auf das Gesamtzufrieden-heitsurteil der Mystery Shopper besitzt. Zudem stellt sich der Einfluss der Faktoren Tangibles und Responsiveness als im Zeitablauf nahezu gleichgewichtig heraus. Eine Ausnahme bildet lediglich der Faktor Reliability, dessen Regressionskoeffizient zum Zeitpunkt der zweiten Testkaufstudie den Wert 0,23 und zum Messzeitpunkt der dritten Studie den Wert 0,09 annimmt. Diese Gegebenheit könnte darauf zurückzuführen sein, dass zum Messzeitpunkt 2004 nur vier der fünf Faktoren im Strukturgleichungsmodell berücksichtigt wurden, wohingegen im Jahr 2005 alle fünf Faktoren berücksichtigt worden sind. In diesem Fall könnte ein gewisser Teil der Varianzerklärungskraft des Faktors Reliability zugunsten des Faktors Empathy verloren gehen.

Aufgrund der vorstehenden Befunde ist alles in allem von einer konstruktvaliden und handlungsrelevante Informationen liefernden Messung der Diensteistungsqualität anhand des SERVPERF-Ansatzes auszugehen. So wurde der Nachweis erbracht, dass die von den Testkunden erfassten Konstrukte, die empirischen Relationen zwischen diesen Konstrukten sowie deren Einfluss auf das Gesamtzufriedenheitsurteil der theoretischen Vorstellung entsprechen.

---

[519] Für die entsprechenden Referenzwerte vgl. Tabelle B-6.

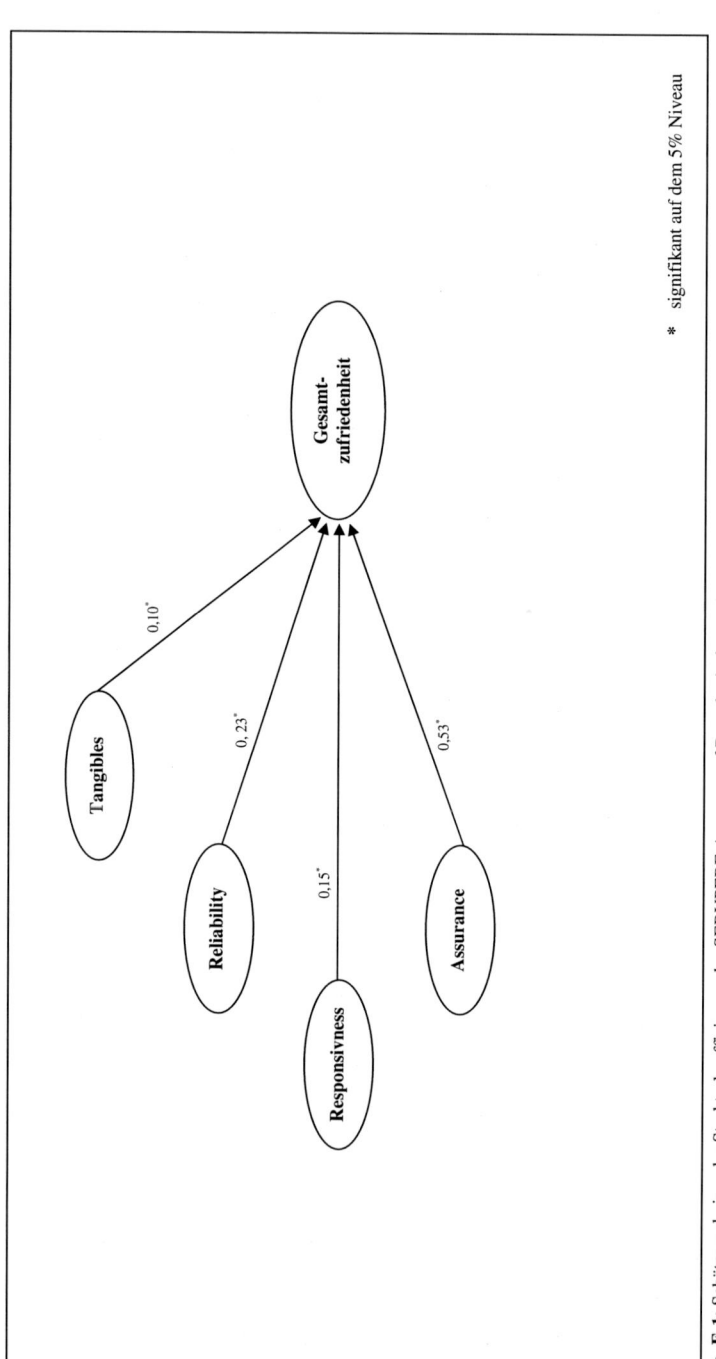

Abb. E-1: Schätzergebnisse der Strukturkoeffizienten des SERVPERF-Ansatzes auf Datenbasis der zweiten Testkaufstudie

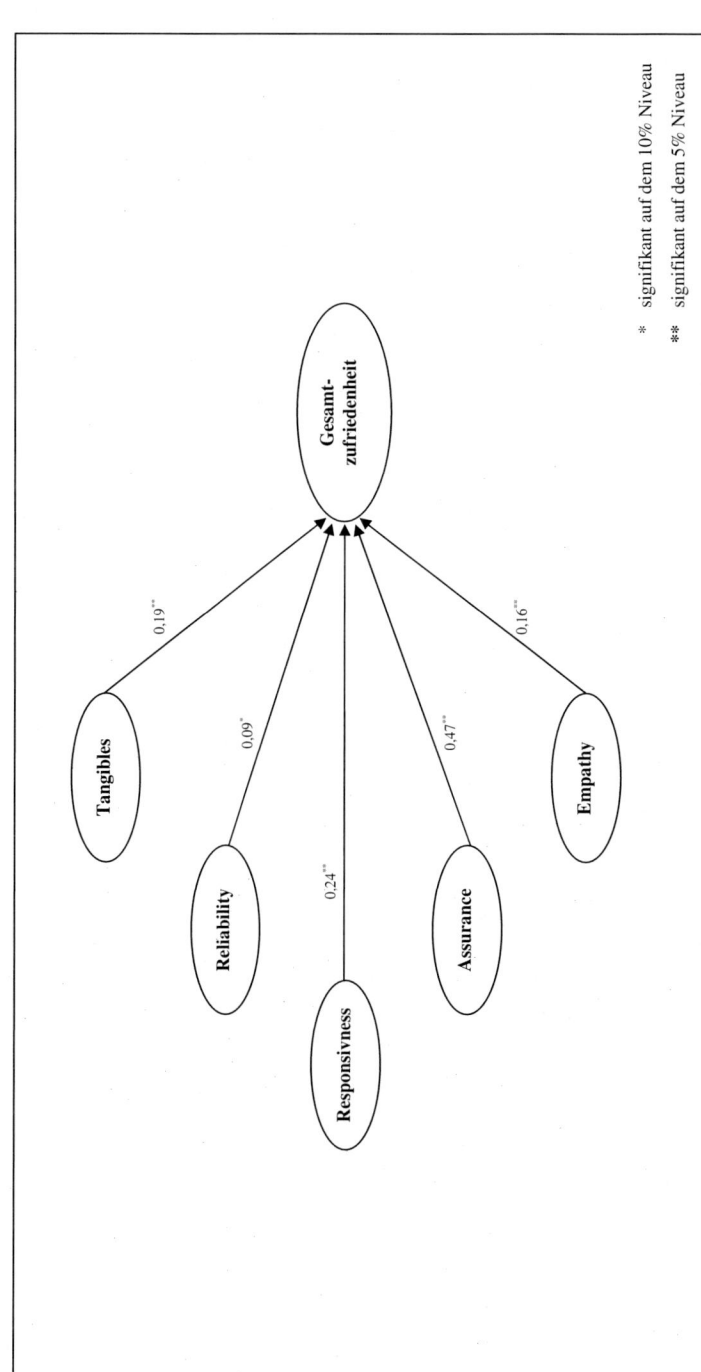

Abb. E-2: Schätzergebnisse der Strukturkoeffizienten des SERVPERF-Ansatzes auf Datenbasis der dritten Testkaufstudie

2.3.2. Konstruktvalidität des Phasenmodells

Die Überprüfung der Konstruktvalidität des Phasenmodells zur Messung der Dienstleistungsqualität erfolgt, ebenso wie die des SERVPERF-Ansatzes, unter Verwendung der in Kapitel B.2.2.2.3. erläuterten Gütemaße. Tabelle E-17 liefert eine Übersicht über die geschätzten Fit-Indizes. Diese basieren sowohl auf den Daten der zweiten als auch der dritten Testkaufstudie und attestieren eine ebenso gute Anpassung der gemessenen Konstrukte und der empirischen Relationen zwischen diesen Konstrukten an die theoretischen Vorstellungen wie bereits zuvor der SERVPERF-Ansatz. Mit Ausnahme des RMSEA zum Messzeitpunkt 2005 überschreiten sämtliche globalen Gütekriterien die vorgegebenen Mindeststandards deutlich.[520]

Eine passable Modellanpassung wird auch durch die Ausprägung der lokalen Gütekriterien symbolisiert. Die Indikatorreliabilität liegt bei keiner der beiden durchgeführten Testkaufstudien unter dem geforderten Schwellenwert von 0,20. Gleichzeitig erweisen sich alle Faktorladungen als statistisch signifikant. Auch hinsichtlich der Faktorreliabilität und der durchschnittlich erfassten Varianz ist in allen Fällen ein Wert festzustellen, der über den gesetzten Normen liegt. In der Summe kann dem Phasenmodell ein akzeptabler Fit mit den realen Daten und somit eine konvergenzvalide Messung der Dienstleistungsqualität bescheinigt werden.

Eine Überprüfung der Diskriminanzvalidität mit Hilfe des χ^2-Differenztests kann an dieser Stelle aufgrund der Messung der wahrgenommenen Dienstleistungsqualität als Konstrukt 2. Ordnung nicht erfolgen. Vielmehr wird aufgrund der vorstehenden Ergebnisse der Konvergenzvaliditätsprüfung auf einen ausreichenden Grad an Konstruktvalidität geschlossen.[521]

---

[520] Für die entsprechenden Referenzwerte hierzu und im folgenden vgl. Tabelle B-6.
[521] Vgl. Lauer (2001), S. 307 ff. So liegt die Grundidee eines Konstruktes 2. Ordnung darin, dass die Zusammenhänge zwischen Faktoren der ersten Ordnung auf die Existenz eines übergeordneten Faktors zurückzuführen sind. Da nun die Faktoren erster Ordnung als Indikatoren des Konstrukts 2. Ordnung fungieren, ist eine für den χ^2-Differenztest notwendige Fixierung der Kovarianz auf Eins zwischen einem beliebigen latenten Konstrukt und einem Konstrukt 2. Ordnung nicht definiert, weil das Konstrukt 2. Ordnung nicht direkt gemessen wird.

Globale Gütekriterien

Gütemaß	χ²-Wert/df		RMSEA		TLI		CFI		IFI	
Jahr	Studie 2 (2004)	Studie 3 (2005)	Studie 2 (2004)	Studie 3 (2005)	Studie 2 (2004)	Studie 3 (2005)	Studie 2 (2004)	Studie 3 (2005)	Studie 2 (2004)	Studie 3 (2005)
Wert	2,47	4,32	0,07	0,11	0,97	0,95	0,98	0,96	0,98	0,96

Lokale Gütekriterien

Gütemaß / Konstrukt	Faktorladung Studie 2 (2004)	Faktorladung Studie 3 (2005)	t-Wert der Faktorladung Studie 2 (2004)	t-Wert der Faktorladung Studie 3 (2005)	Indikatorreliabilität Studie 2 (2004)	Indikatorreliabilität Studie 3 (2005)	Faktorreliabilität Studie 2 (2004)	Faktorreliabilität Studie 3 (2005)	Durchschnittlich erfasste Varianz Studie 2 (2004)	Durchschnittlich erfasste Varianz Studie 3 (2005)
Begrüßung							0,98	0,98	0,94	0,94
GRUß_G1	0,97	0,98	*	*	0,94	0,97				
GRUß_G2	0,97	0,94	47,14	43,75	0,95	0,89				
GRUß_G3	0,97	0,99	45,98	74,02	0,94	0,98				
GRUß_G4	0,97	0,96	46,01	47,59	0,94	0,91				
Wartezeit							0,99	0,99	0,98	0,96
WARTE_G1	0,99	0,95	*	*	0,98	0,91				
WARTE_G2	0,99	0,99	78,50	51,43	0,98	0,99				
WARTE_G3	0,99	0,99	88,82	49,04	0,99	0,98				
WARTE_G4	0,99	0,97	77,76	44,82	0,98	0,96				
Beratung							0,99	0,99	0,94	0,95
BERAT_G1	0,98	0,97	*	*	0,96	0,94				
BERAT_G2	0,96	0,97	44,55	44,27	0,93	0,94				
BERAT_G3	0,98	0,98	53,38	58,29	0,96	0,96				
BERAT_G4	0,97	0,97	47,17	46,19	0,94	0,95				
Buchung							0,98	0,98	0,94	0,94
BUCH_G1	0,96	0,96	*	*	0,93	0,92				
BUCH_G2	0,97	0,97	38,62	38,07	0,93	0,94				
BUCH_G3	0,97	0,97	47,37	77,79	0,93	0,93				
BUCH_G4	0,98	0,98	43,85	41,12	0,97	0,97				
Verabschiedung							0,98	0,98	0,92	0,93
VERAB_G1	0,95	0,96	*	*	0,90	0,92				
VERAB_G2	0,97	0,98	39,29	34,03	0,94	0,95				
VERAB_G3	0,95	0,95	34,61	60,28	0,90	0,91				
VERAB_G4	0,98	0,98	41,07	34,02	0,95	0,95				
Gesamtzufriedenheit							0,98	0,99	0,93	0,95
GESZU_G1	0,97	0,99	*	*	0,94	0,97				
GESZU_G2	0,96	0,97	41,24	53,70	0,91	0,94				
GESZU_G3	0,97	0,98	47,53	60,67	0,95	0,95				
GESZU_G4	0,96	0,97	42,57	53,79	0,92	0,94				

Tab. E-17: Globale und lokale Gütekriterien des Phasenmodells zur Messung der Dienstleistungsqualität

Aufgrund der vorliegenden Befunde ist zunächst davon auszugehen, dass die von den Testkunden wahrgenommenen Bestandteile der Dienstleistungsqualität der theoretischen Vorstellung des Phasenmodells entsprechen. Um allerdings zu einem abschließenden Urteil über die Konstruktvalidität und Handlungsrelevanz der gewonnenen (Testkauf-)daten zu gelangen, müssen die von den Mystery Shoppern wahrgenommenen empirischen Relationen zwischen den erfassten Konstrukten und insbesondere deren Einfluss auf das Gesamtzufriedenheitsurteil der theoretischen Vorstellung aus Kapitel D.1.2. gegenübergestellt werden.

Daher sollen zum Abschluss die Wirkungszusammenhänge der Komponenten des Phasenmodells diskutiert werden. Dabei informiert Abbildung E-3 über die standardisierten Regressionskoeffizienten zwischen den Kontaktpunkten und Episoden sowie den direkten und indirekten Effekten der Faktoren 2. Ordnung auf die Gesamtzufriedenheit der Testkunden mit der wahrgenommenen Dienstleistungsqualität zum Zeitpunkt der zweiten Testkaufstudie, wohingegen Abbildung E-4 einen Überblick über diejenigen der dritten Testkaufstudie vermittelt.

Neben der Gütebeurteilung des Gesamtmodells können auch die Parameterschätzwerte für die Teilstrukturen des Modellbereichs über die angenommene Zusammensetzung der Dienstleistungsepisoden aus den entsprechenden Kontaktpunkten als zufriedenstellend beurteilt werden. Dieser Befund ist darauf zurückzuführen, dass die Messindikatoren durchgehend reliable Werte aufweisen (Faktorladungen > 0.4) und damit akzeptable Operationalisierungen des Qualitätsurteils über die einzelnen Dienstleistungsepisoden darstellen. Zudem ist festzustellen, dass sowohl in der zweiten als auch der dritten Testkaufstudie alle Episoden des Phasenmodells einen signifikanten Einfluss auf das Gesamtzufriedenheitsurteil der Testkäufer ausüben und insgesamt 16% bzw. 19% der Varianz dieses Konstruktes aufklären.

Schließlich ist Abbildung E-3 bzw. E-4 zu entnehmen, dass die Hauptnutzungsphase sowohl in der zweiten als auch der dritten Studie den stärksten Einfluss auf das Gesamtzufriedenheitsurteil der Mystery Shopper besitzt. Darüber hinaus stellt sich der Einfluss der Hauptnutzungsphase auf die Nachnutzungsphase als im Zeitablauf nahezu gleichgewichtig heraus.

Hingegen liefern die Regressionskoeffizienten der Vornutzungsphase auf die Haupt- bzw. die Nachnutzungsphase ein im Zeitablauf sehr heterogenes Bild. So steigt der Einfluss der Vorauf die Hauptnutzungsphase von der zweiten zur dritten Testkaufstudie von 0,17 auf 0,52. Gleiches gilt für die Beeinflussung der Nach- durch die Vornutzungsphase. Hier nimmt der

169

Regressionskoeffizient von 0,12 zum Messzeitpunkt 2004 auf 0,48 im Jahr 2005 zu. In Anlehnung an die wissenschaftlichen Erkenntnisse der Gedächtnisforschung sind Primacy-[522]
und Recency-Effekte[523] denkbar, die eine unterschiedliche Gewichtung der einzelnen Dienstleistungsepisoden bei der Bildung des Gesamtzufriedenheitsurteils zur Folge haben.[524] Im
vorliegenden Fall wäre das Gesamtzufriedenheitsurteil der Testkäufer der dritten Studie somit
durch einen Primacy-Effekt beeinflusst. Diese Vermutung wird durch die Bedeutungsverän-
derung der Vornutzungsphase auf die Haupt- und Nachnutzungsphase ebenso wie von den
ermittelten totalen Effekten der Vornutzungsphase auf die Gesamtzufriedenheit gestützt, da
beim Vergleich der Testkaufergebnisse der zweiten und dritten Studie zu erkennen ist, dass
auch der totale Effekt von 0,20 auf 0,55 wächst. Zusätzlich bestätigt das Schrifttum zum Phasenmodell diese Mutmaßung, in dem eine Vielzahl empirischer Untersuchungen über die sehr
heterogene spezifische Stärke des Einflusses einzelner Dienstleistungsepisoden auf die Gesamtzufriedenheit berichten.[525]

Aufgrund der vorstehenden Befunde zum Phasenmodell ist von einer konstruktvaliden Messung der Dienstleistungsqualität, die handlungsrelevante Informationen liefert, auszugehen.
So wurde der Nachweis erbracht, dass die von den Testkunden erfassten Kontaktpunkte sowie
der direkte und indirekte Effekt der Faktoren 2. Ordnung auf die Gesamtzufriedenheit der
Testkunden mit der wahrgenommenen Dienstleistungsqualität der theoretischen Vorstellung
aus Kapitel D.1.2. entsprechen.

---

[522] Der Recency-Effekt bezeichnet einen Positionseffekt aus dem Bereich der Wahrnehmung, der besagt, dass
sich in einer Abfolge von Botschaften die letzte „Dosis" am besten durchsetzt, da sie, besonders bei langen
Botschaftsfolgen, besser im Gedächtnis haften bleibt. Vgl. hierzu Steiner/Rain (1989), S. 136 ff.
[523] Der Primacy-Effekt bezeichnet einen Positionseffekt aus dem Bereich der Wahrnehmung, der besagt, dass
sich in einer Abfolge von Botschaften die erste „Dosis" am stärksten durchsetzt, weil hier die Aufmerksamkeit noch am höchsten und der Rezipient noch unvoreingenommen ist. Vgl. hierzu Steiner/Rain (1989), S.
136 ff.
[524] Vgl. Trommsdorf (1993), S. 267, und Siefke (1998), S. 86.
[525] Vgl. hierzu die Studien 1, 2, 5 und 6 der Synopse im Anhang III dieser Arbeit, die zu einer Vielzahl sehr
unterschiedlicher Ergebnisse gelangen.

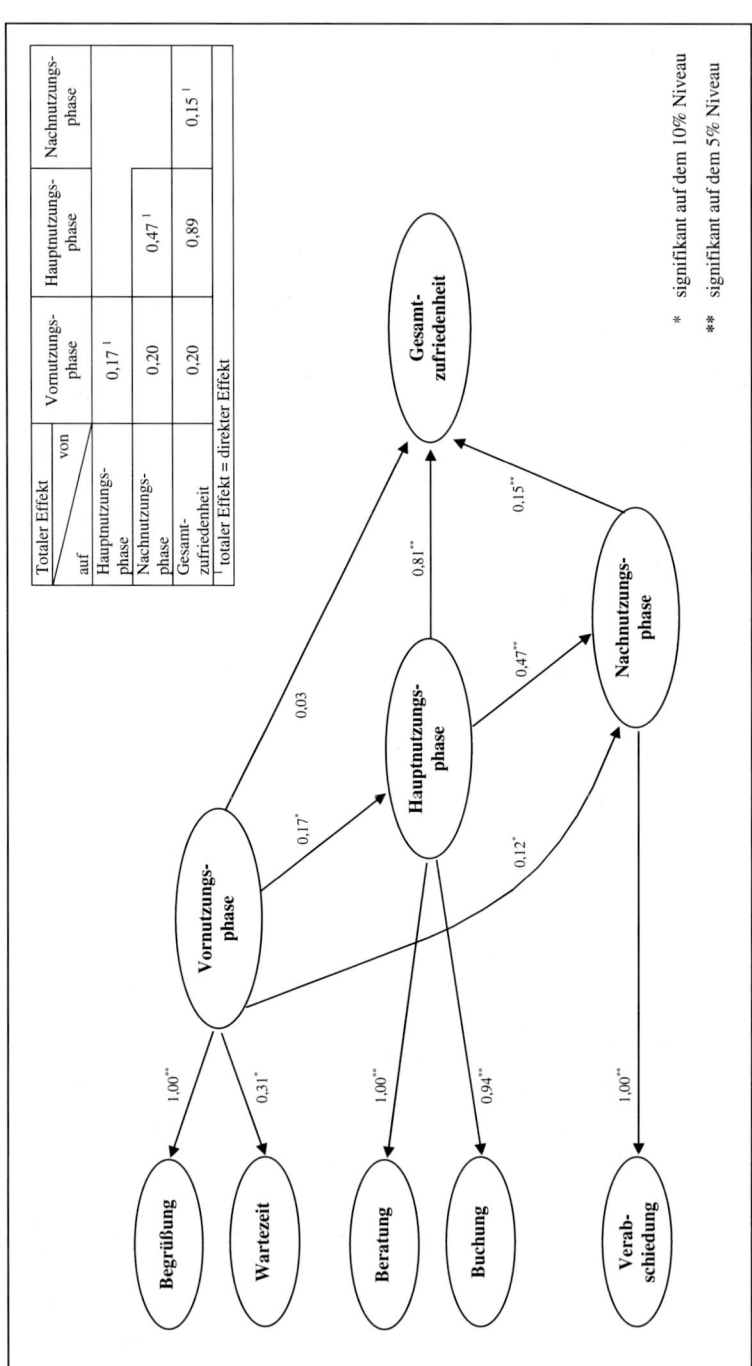

Abb. E-3: Schätzergebnisse der Strukturkoeffizienten des Phasenmodells auf Datenbasis der zweiten Testkaufstudie

Totaler Effekt auf	von Vornutzungs-phase	Hauptnutzungs-phase	Nachnutzungs-phase
Hauptnutzungs-phase	0,17 [1]		
Nachnutzungs-phase	0,20	0,47 [1]	
Gesamt-zufriedenheit	0,20	0,89	0,15 [1]

[1] totaler Effekt = direkter Effekt

*   signifikant auf dem 10% Niveau

**   signifikant auf dem 5% Niveau

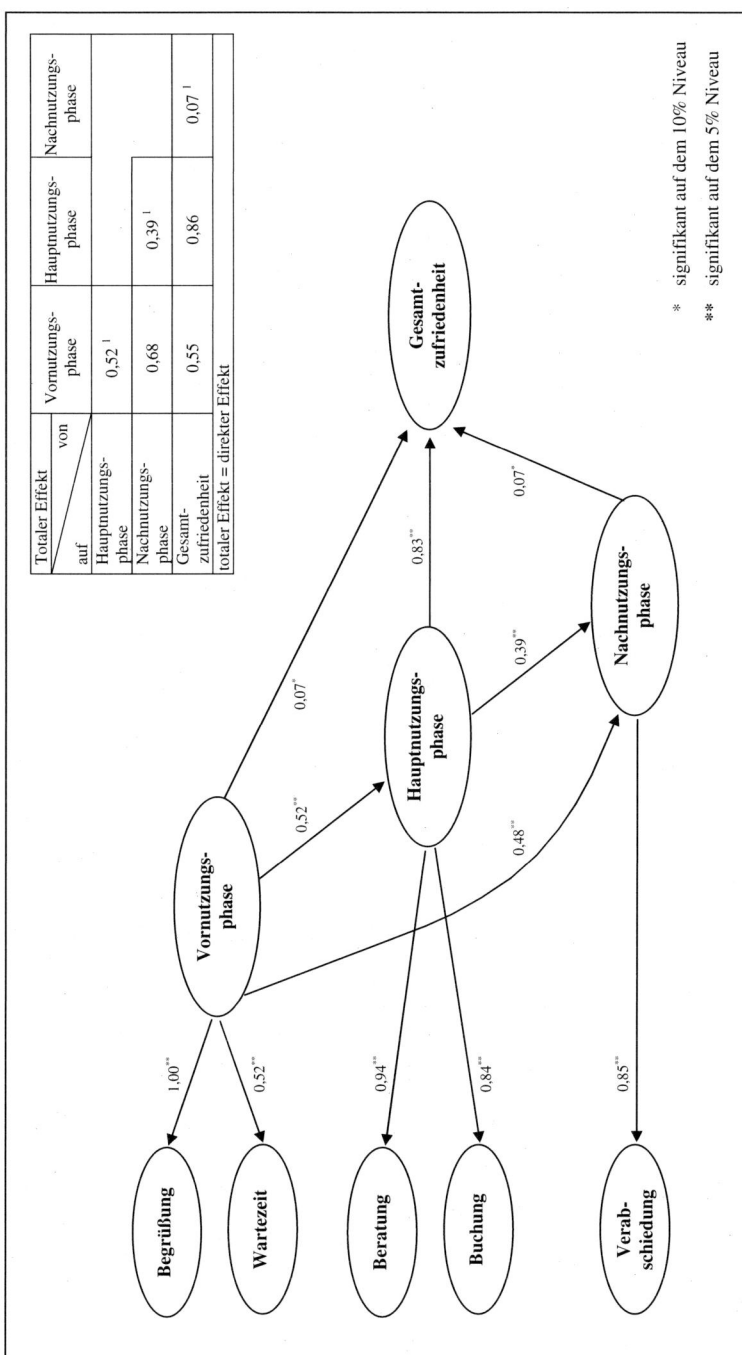

The table within the figure:

Totaler Effekt auf von	Vornutzungs- phase	Hauptnutzungs- phase	Nachnutzungs- phase
Hauptnutzungs- phase	0,52 [1]		
Nachnutzungs- phase	0,68	0,39 [1]	
Gesamt- zufriedenheit	0,55	0,86	0,07 [1]
totaler Effekt = direkter Effekt			

* signifikant auf dem 10% Niveau

** signifikant auf dem 5% Niveau

Abb. E-4: Schätzergebnisse der Strukturkoeffizienten des Phasenmodells auf Datenbasis der dritten Testkaufstudie

F. Zusammenfassung der Untersuchungsergebnisse, Implikationen, Restriktionen und Ansatzpunkte für künftige Forschungsaktivitäten

1. Zusammenfassung der Untersuchungsergebnisse und Ableitung von Handlungsempfehlungen

Im folgenden Abschnitt sollen Handlungsempfehlungen für den Einsatz der Mystery Shopping-Methodik zur Messung der Dienstleistungsqualität und für die Auswahl eines geeigneten Testkauf-Anbieters abgeleitet werden. Die Herleitung dieser Implikationen gründet zum einen auf einer Zusammenfassung der zentralen Befunde zur Güte des Dienstleistungsqualitätsurteils von Testkäufern. Zum anderen werden die in Kapitel C.4.2.2. erläuterten zwölf Voraussetzungen für den erfolgreichen Einsatz der Mystery Shopping-Methodik sowie die eigenen praktischen Erfahrungen mit dem Einsatz des Testkaufverfahrens zur Ableitung von Handlungsempfehlungen herangezogen.

(1) Zusammenfassung der Untersuchungsergebnisse
Tabelle F-1 enthält die Zusammenfassung der zentralen Befunde zur Güte der durchgeführten Kundenbefragung, wohingegen Tabelle F-2 die Übersicht zu den Untersuchungsergebnissen der Reliabilitäts- und Validitätsanalyse des Dienstleistungsqualitätsurteils von Testkäufern liefert. Besonders auffällig bei der Analyse der Kundendaten war(en):

- Die Mittelwerte der Kundenurteile nahe des Optimums mit Standardabweichungen weit unter dem Wert von 1 bei allen Indikatoren der evaluierten Konstrukte des SERVPERF-Ansatzes, des Phasenmodells und der Gesamtzufriedenheit mit der wahrgenommenen Dienstleistungsqualität.

- Dass aufgrund der Korrelation zwischen dem Umsatz (Umsatz je Mitarbeiter) und dem Gesamtzufriedenheitsurteil der Reisebürokunden von 0,12 (0,16) keine Prognosevalidität nachgewiesen werden konnte.

Wie bereits erwähnt, wurden für diese Befunde Deckeneffekte verantwortlich gemacht. Infolge des gewählten Studiendesigns vermag einzig der Abbau kognitiver Dissonanzen das äußerst positive Dienstleistungsqualitätsurteil bei gleichzeitig nicht nachweisbarer Prognosevalidität zu erklären.

	Kundenbefragung		
	SERVPERF-Ansatz	Phasenmodell	Gesamtzufriedenheit
I. Reliabilitätsprüfung			
Interne Konsistenz	**gegeben**		

	Indikatorelimination:
	- vierter Indikator des
	  Faktors Assurance
	- vierter Indikator des
	  Faktors Empathy
		gegeben	**gegeben**

	Es wurden Deckeneffekte in der Kundenstichprobe vermutet aufgrund: - Mittelwerten nahe des Optimums - Standardabweichungen der Kundenurteile weit unter dem Wert von 1		
II. Validitätsprüfung			
Kriteriumsvalidität			**Konkurrenzvalidität nicht nachprüfbar**
	Konkurrenzvalidität nicht nachprüfbar	**Konkurrenzvalidität nicht nachprüfbar**	- Prognosevalidität ist anhand des externen Kriteriums Umsatz und/oder Umsatz je Mitarbeiter nicht nachweisbar.
	Es bestätigten sich Deckeneffekte in der Kundenstichprobe infolge: - mangelnder Prognosevalidität des Gesamtzufriedenheitsurteils der Reisebürokunden. Somit ist das durchweg positive Dienstleistungsqualitätsurteil der Reisebürokunden nicht auf die tatsächlich wahrgenommene Dienstleistung zurückzuführen, sondern als Resultat des Abbaus kognitiver Dissonanzen zu sehen. Daraus folgt, dass die wechselseitige Prüfung der Konkurrenzvalidität mit Hilfe der Testkundenurteile nicht möglich ist.		

Tab. F-1: Untersuchungsergebnisse zur Prüfung der Reliabilität und Validität des Dienstleistungsqualitätsurteils realer Reisebürokunden

Sowohl im Hinblick auf die Herleitung von Handlungsempfehlungen als auch der Formulierung von Restriktionen der vorliegenden Untersuchung und Ansatzpunkten für künftige Forschungsaktivitäten erscheinen die folgenden Aspekte der Reliabilitäts- und Validitätsanalyse
des Dienstleistungsqualitätsurteils von Testkunden besonders erwähnenswert:

- Die Interrater-Reliabilität der Indikatoren des Faktors Empathy war mit Werten des
  $ICC_1 < 0,30$ im Rahmen der zweiten Testkaufstudie nicht gegeben. Ursächlich hierfür
  waren Verständnis- bzw. Interpretationsprobleme der Mystery Shopper. Da *van Dy-*
  ke/Kappelman/Prybutok über vergleichbare Probleme mit dem Faktor Empathy in
  Abhängigkeit von der Stichprobe und dem Untersuchungsgegenstand berichten, wurden die eingesetzten Mystery Shopper der dritten Testkaufstudie, wie von den oben
  genannten Autoren empfohlen, wesentlich intensiver im Umgang mit den Indikatoren

des Faktors Empathy geschult, sodass die Verständnis- bzw. Interpretationsprobleme gelöst werden konnten.[526]

- Aufgrund der diagnostizierten Deckeneffekte in den Daten der Kundenbefragung war die Kriteriumsvaliditätsprüfung mit Hilfe der Konkurrenzvalidität nicht möglich. Im Rahmen der Prognosevaliditätsprüfung konnte jedoch aufgrund von Werten des Bravais Pearson´schen-Korrelationskoeffizienten zwischen 0,32 und 0,38 (0,39 und 0,40) für das Außenkriterium Umsatz (Umsatz je Mitarbeiter) auf ein ausreichendes Maß an Kriteriumsvalidität geschlossen werden.

- Sowohl der SERVPERF-Ansatz als auch das Phasenmodell erscheinen nur bedingt geeignet, handlungsrelevante Informationen beim Einsatz von Testkunden zur Evaluation der Dienstleistungsqualität zu produzieren. So ermöglicht es der SERVPERF-Ansatz in der zweiten Testkaufstudie 20% bzw. in der dritten Studie 32% der Varianz des Gesamtzufriedenheitsurteils zu erklären. Noch geringer ist der durch die Episoden des Phasenmodells erklärte Anteil der Varianz des Gesamtzufriedenheitsurteils (16% bzw. 19%).

Ungeachtet der vorstehenden Einschränkungen kann aufgrund der weiteren empirischen Befunde konstatiert werden, dass die Mystery Shopping-Methodik bei Einhaltung des Voraussetzungskatalogs für den erfolgreichen Einsatz von Testkäufern ein äußerst reliables und valides Instrument zur Evaluation der Dienstleistungsqualität einer Reisebürokette darstellt.

---

[526] van Dyke/Kappelman/Prybutok (1999), S. 6 ff. stellen heraus, dass die Interpretations- und Verständnisprobleme gemildert werden können, wenn den Auskunftspersonen der Bedeutungsinhalt der Indikatoren des Faktors Empathy näher erläutert wird.

Mystery Shopping

1. Reliabilitätsprüfung

	SERVPERF-Ansatz		Phasenmodell		Gesamtzufriedenheit		
	Studie 2 (2004)	Studie 3 (2005)	Studie 2 (2004)	Studie 3 (2005)	Studie 1 (2003)	Studie 2 (2004)	Studie 3 (2005)
Interne Konsistenz	**gegeben** Indikatorelimination: - erster Indikator des Faktors Responsiveness - vierter Indikator des Faktors Empathy	**gegeben** Indikatorelimination: - erster Indikator des Faktors Responsiveness - vierter Indikator des Faktors Empathy	**gegeben**	**Gegeben**	**gegeben**	**gegeben**	**gegeben**
Interrater-Reliabilität	**eingeschränkt gegeben** Indikatorelimination: - aufgrund mangelnder Interrater-Reliabilität ($ICC_i \leq 0{,}3$) wurden die Indikatoren des Faktors Empathy von der Analyse der Testaufdaten des Messzeitpunktes 2004 ausgeschlossen.	**gegeben**	**gegeben**	**Gegeben**	**gegeben**	**gegeben**	**gegeben**
Retest-Reliabilität	Studie 3 (2005) **kurzfristige Retest-Reliabilität** ($\Delta t = 1$ Woche) **gegeben**		Studie 3 (2005) **kurzfristige Retest-Reliabilität** ($\Delta t = 1$ Woche) **Gegeben**		**langfristige Retest-Reliabilität** ($\Delta t = 1$ Jahr) **gegeben**		**kurzfristige Retest-Reliabilität** ($\Delta t = 1$ Woche) **gegeben**

II. Validitätsprüfung	Mystery Shopping						
	SERVPERF-Ansatz		Phasenmodell		Gesamtzufriedenheit		
	Studie 2 (2004)	Studie 3 (2005)	Studie 2 (2004)	Studie 3 (2005)	Studie 1 (2003)	Studie 2 (2004)	Studie 3 (2005)
Inhaltsvalidität	**gegeben**	**gegeben**	**gegeben**	**Gegeben**	**gegeben**	**gegeben**	**gegeben**
Kriteriumsvalidität	Studie 2 (2004) — Konkurrenzvalidität ist anhand des vorliegenden Dienstleistungsqualitätsurteils wahrer Kunden der Reisebürokette nicht prüfbar, da die Daten der Kundenbefragung von Deckeneffekten überlagert sind.		Studie 2 (2004) — Konkurrenzvalidität ist anhand des vorliegenden Dienstleistungsqualitätsurteils wahrer Kunden der Reisebürokette nicht prüfbar, da die Daten der Kundenbefragung von Deckeneffekten überlagert sind.		**Prognosevalidität gegeben** — Konkurrenzvalidität ist anhand des vorliegenden Dienstleistungsqualitätsurteils wahrer Kunden der Reisebürokette nicht prüfbar, da die Daten der Kundenbefragung von Deckeneffekten überlagert sind.	**Prognosevalidität gegeben**	**gegeben**
Konstruktvalidität	**eingeschränkt gegeben** - die Indikatoren des Faktors Empathy mussten aufgrund mangelnder Interrater-Reliabilität von der weiteren Analyse ausgeschlossen werden.	**gegeben**	**gegeben**	**gegeben**		**eingeschränkt gegeben** - durch die Faktoren des SERVPERF-Ansatzes konnten lediglich 20% der Varianz dieses Konstrukts aufgeklärt werden - durch die Episoden des Phasenmodells konnten lediglich 16% der Varianz dieses Konstruktes aufgeklärt werden	**eingeschränkt gegeben** - durch die Faktoren des SERVPERF-Ansatzes konnten lediglich 32% der Varianz dieses Konstrukts aufgeklärt werden - durch die Episoden des Phasenmodells konnten lediglich 19% der Varianz dieses Konstruktes aufgeklärt werden

Tab. F-2: Untersuchungsergebnisse zur Prüfung der Reliabilität und Validität des Dienstleistungsqualitätsurteils von Mystery Shoppern

(2) Handlungsempfehlungen für den Einsatz von Testkäufern zur Evaluation der Dienstleistungsqualität und die Wahl des geeigneten Testkauf-Anbieters

Wie die vorstehenden Ergebnisse zeigen, ermöglicht der Einsatz von Testkäufern, sofern diese den zwölf Voraussetzungen aus Abschnitt C.4.2.2. folgen, die Gewinnung reliabler und valider Informationen über die Servicequalität eines Dienstleistungsanbieters der Reisebürobranche. Da nicht jeder Dienstleistungsanbieter dazu fähig ist, ein eigenständiges Mystery Shopping-Konzept für die Evaluation der Dienstleistungsqualität seines Unternehmens zu entwickeln, kann der oben genannte Voraussetzungskatalog als ein Rezeptbuch verstanden werden, der auf den jeweiligen Anwendungskontext abzustimmen bzw. weiterzuentwickeln ist.

Sollte ein Dienstleistungsanbieter hingegen an einer Mystery Shopping-Diagnose seiner Leistungen, aber nicht an der eigenständigen Durchführung der Testkäufe interessiert sein, besteht die Hauptschwierigkeit für das Dienstleistungsunternehmen in der Auswahl eines qualifizierten Anbieters. Hierin liegt im derzeitigen Markt die größte Schwäche. Nur wenige Mystery Shopping-Agenturen orientieren sich bislang bei der Durchführung von Testkäufen an Qualitätsstandards, die denen des Voraussetzungskatalogs entsprechen. Daher sollen an dieser Stelle fünf Richtlinien formuliert werden, die es einem Dienstleistungsanbieter ermöglichen ein geeignetes Marktforschungsinstitut für die Durchführung von Testkaufstudien auszuwählen und die Potenziale von Mystery Shopping-Studien vollständig zu erschließen.[527]

Richtlinie 1: Verlassen Sie sich ausschließlich auf hinreichend trainierte Testkäufer!

Die Hauptursache für nicht verlässliche und fehlerhafte Resultate bei der Analyse der Dienstleistungsqualität sind mangelhaft geschulte Mystery Shopper. Da Testkäuferschulungen sehr aufwendig sind, versuchen viele Testkauf-Anbieter an dieser Stelle Kosten zu sparen – mit fatalen Folgen für die Qualität der Mystery Shopping-Ergebnisse. Die Implikationen werden dadurch ungenau, instabil und unzuverlässig. Zudem sind Zusammenhänge mit Erfolgskennziffern, wie dem Umsatz je Mitarbeiter, nicht mehr nachweisbar. Folglich sollte die Intensität der Testkäuferschulung bei der Auswahl von Mystery Shopping-Anbietern dringend beachtet werden. Insbesondere sollte man Anbietern aus dem Weg gehen, die ihre Testkäufer

---

[527] Vgl. hierzu und im Folgenden Wieseke/Schmidt/Lingenfelder (2006), S. 42 ff.

ausschließlich über Internet-Portale gewinnen und keiner persönlichen Schulung unterziehen.[528]

Richtlinie 2: Verlassen Sie sich nicht auf die Beobachtungen von einzelnen Testkäufern! Nur wenn mindestens zwei Testkäufer eine gemeinsam erlebte Situation unabhängig voneinander beurteilen, kann sichergestellt werden, dass eine verlässliche Beurteilung vorgenommen wird. In Anlehnung an die Interrater-Reliabilität sollten Bewertungsaspekte, in denen keine oder nur eine geringe Übereinstimmung vorliegt, nicht in die weitere Auswertung eingehen. Urteilt nur eine einzige Person, steigt die Wahrscheinlichkeit von fehlerhaften und somit ungerechten Urteilen.[529]

Richtlinie 3: Messen Sie „einfache"/objektive Qualitätsstandards, aber auch komplexe, psychologische Erfolgsfaktoren! Es ist darauf zu achten, dass nicht nur objektive Qualitätsstandards bewertet werden – wie z.B. das Vorhandensein eines Namensschilds oder ob der Kunde mit Namen angesprochen wird. Diese Kriterien beeinflussen die Kaufentscheidung des Kunden nur marginal. Viel bedeutsamer sind dagegen komplexere, psychologische Erfolgsfaktoren, wie die Vertrauenswürdigkeit des Mitarbeiters im Kundenkontakt (z.B. der Faktor Assurance im SERVPERF-Ansatz) oder die Qualität der Beratung bzw. Buchungsbearbeitung (z.B. die Hauptnutzungsphase im Phasenmodell).[530] Sie sollten daher den Hauptteil der beobachteten Faktoren einnehmen. Um diese Kriterien messbar zu machen, müssen die Mystery Shopper zum einen intensiv darin geschult werden, eine Verkäufer-Käufer-Interaktion herzustellen, die ein ausreichendes Maß an unternehmerischem Erfolgspotenzial sichtbar werden lässt. Zum anderen muss die Beobachtung geschärft und der Umgang mit einem solch komplexen Messinventar eingeübt werden.

---

[528] So sind Testkauf-Anbieter wie die Marktforschungsinstitute SKOPOS oder MSM auf dem Markt zu finden, die ihre Testkunden in persönlichen Vorstellungsgesprächen auswählen und in Rollenspielen sowie Pretests auf die Testkaufsituation vorbereiten. Demgegenüber existieren aber auch Anbieter wie die Firma Checkstone oder Shop´n Check, die ihre Testkunden ausschließlich im Internet aquirieren, per Email mit dem Testkaufszenario versorgen und keiner persönlichen Schulung unterziehen.

[529] Vgl. hierzu die Ausführungen in Kapitel B.2.2.1.1.2. dieser Arbeit.

[530] Vgl. hierzu die Ergebnisse der empirischen Studien in Abschnitt E.2.3.

Richtlinie 4: Werten Sie Ihre Ergebnisse mit Hilfe von multivariaten statistischen Analyseverfahren aus!

Bei der Auswertung von Testkaufdaten ist der Einsatz multivariater statistischer Analyseverfahren für die Ableitung von Handlungskonsequenzen und deren Priorisierung unumgänglich. Eine ausschließlich quantitative Auszählung der Bewertungen und die Ermittlung von Mittelwertprofilen ist nicht ausreichend. Beispielsweise ermöglicht erst die Anwendung von multivariaten Verfahren die Bewertung der Beobachterübereinstimmung. Vor allem aber gestatten es nur die multivariaten Analyseverfahren, wichtige von unwichtigen Ergebnissen zu trennen. Denn nur wenn gleichzeitig mehrere Bewertungskriterien in Zusammenhang mit den relevanten Erfolgsfaktoren (wie z.B. der Kundenzufriedenheit oder dem wirtschaftlichen Erfolg) gebracht werden, kann eine Priorisierung der zu ergreifenden Maßnahmen ermittelt werden.[531]

Richtlinie 5: Nutzen Sie Testkäufe nicht ohne auch betriebswirtschaftliche Kennzahlen als Erfolgsmaße zu verwenden!

Ihr maximales Wirkungspotenzial entfaltet die Mystery Shopping-Methodik dann, wenn harte, ökonomische Erfolgskriterien in die Analyse der Testkaufdaten mit einbezogen werden. Speziell für den Fall, dass mehrere Betriebe oder Outlets im Fokus der Betrachtung stehen, sind diese Kennzahlen geeignet, um zu ermitteln, in welchen Aspekten des Leistungsangebotes sich erfolgreiche von nicht erfolgreichen Betrieben bzw. Outlets unterscheiden. Liegen solche Informationen vor, sind Maßnahmen – wie z.B. gezielte Personalentwicklung – leicht ableitbar. Werden hingegen keine betriebswirtschaftlichen Kennzahlen einbezogen, so besteht die Gefahr, dass bei der Planung von Folgemaßnahmen Aspekte übergewichtet werden, die für den betriebswirtschaftlichen Erfolg irrelevant sind, während relevante Faktoren unberücksichtigt bleiben.

Zusammenfassend bleibt festzuhalten, dass die Methode des Mystery Shoppings nicht zuletzt aufgrund ihrer kriteriumsvaliden Messung der Gesamtzufriedenheit das Potenzial für eine nützliche Ergänzung zur vielfach genutzten Kundenbefragung besitzt.[532] Der Grund für diese Einschätzung ist auf die Tatsache zurückzuführen, dass die wahren Reisebürokunden (im Gegensatz zu den Testkunden) in der vorliegenden Studie nicht dazu in der Lage sind, die Dienstleistungsqualität anhand der gesamten Bandbreite der gegenwärtig vorliegenden Quali-

---

[531] Vgl. Anderson/Mittal (2000), S. 108 ff., und Rust/Zahorik/Keinigham (1994), S. 60 f.
[532] Vgl. van der Wiele/Hesselink/van Waarden (2005), S. 17.

tätsstandards zu beurteilen.[533] Diese Beurteilung manifestiert sich in der von Deckeneffekten gekennzeichneten Kundenstichprobe und dem Faktum, dass die realen Kunden nicht fähig sind, ein prognosevalides Gesamtzufriedenheitsurteil über die wahrgenommene Dienstleistungsqualität abzugeben. Verantwortlich für diesen Befund erscheint, dass die Testkunden eine typische Dienstleistungssituation fingieren, um die unternehmerischen Erfolgspotenziale sichtbar werden zu lassen und dadurch dem Expedienten mehr abverlangen als ein üblicher Reisebürokunde. Folglich erscheint es einem realen Kunden wesentlich schwerer, die Dienstleistungsqualität zu beurteilen als einem geschulten Testkunden. Da nun aber das Management eines Dienstleistungsanbieters sowohl an Informationen über die Qualitätseinschätzung realer Kunden als auch an der Wirkung einzelner Dienstleistungsfacetten auf den Unternehmenserfolg interessiert ist, erscheint es ratsam, auf eine Kombination von Kundenbefragungs- und Testkaufdaten zurückzugreifen.

2. Restriktionen der Untersuchung

An dieser Stelle sollen die Einschränkungen der Arbeit aufgezeigt werden, welche die Interpretationsfähigkeit der zutage geschürften Befunde und deren Generalisierbarkeit einschränken. Diese Restriktionen ergeben sich zum einen aus dem gewählten Anwendungskontext sowie der inhaltlichen Eingrenzung der Forschungsfragen. Zum anderen resultieren die Einschränkungen aus dem gewählten theoretischen Bezugsrahmen für die Herleitung eines Schemas zur Überprüfung der Reliabilität und Validität und dem daraus abgeleiteten Design der empirischen Studie. Die kritische Reflektion der im Rahmen dieser Arbeit vorgebrachten Befunde und deren Interpretation sollen Anregungen für zukünftigen Forschungsbedarf geben:

(1)   Generelle Restriktionen des Untersuchungsdesigns

Das im Rahmen der vorliegenden Arbeit gewählte Untersuchungsdesign weist verschiedene Limitationen auf, die die Aussagefähigkeit der Befunde und die Generalisierbarkeit der zutage geförderten Ergebnisse einschränken. Hierbei gilt es speziell, die folgenden Einschränkungen zu berücksichtigen:

- Mit Blick auf den Anwendungskontext liegt eine wesentliche Limitation der Arbeit zweifellos darin, dass der dargestellte Voraussetzungskatalog für den erfolgreichen Einsatz der Mystery Shopping-Methodik zur Evaluation der Dienstleistungsqualität lediglich in einer Reisebürokette der Tourismusbranche getestet wird. Somit versteht

---

[533] Für eine ähnliche Einschätzung vgl. Wilson (2001), S. 721 ff.

sich von selbst, dass die Übertragung der gewonnenen Erkenntnisse auf andere Reisebüroketten oder aber auch Dienstleistungsbranchen nur mit der gebotenen Skepsis zulässig ist.

- Darüber hinaus erscheint es erforderlich, darauf hinzuweisen, dass das Mystery Shopping-Konzept ausschließlich zur Messung der Dienstleistungsqualität eingesetzt wird. Wie jedoch die Ausführungen in Kapitel C.4.2.1. gezeigt haben, können Testkäufer ebenso zum Benchmarking oder der Konkurrenzbeobachtung eingesetzt werden. Folglich sollte eine unreflektierte Übertragung der vorliegenden Erkenntnisse auf weitere mögliche Einsatzgebiete gründlich überdacht werden.

- Eine generelle Limitation ergibt sich zudem aus der teilweise fragmentierten Güteprüfung des Dienstleistungsqualitätsurteils der Testkäufer. So wurde beispielsweise aufgrund des forschungsökonomischen Charakters der Arbeit nur parallel zum Zeitpunkt der zweiten Testkaufstudie eine Kundenbefragung durchgeführt, die eine Konkurrenzvaliditätsprüfung der Testkaufergebnisse ermöglichen sollte. Infolge der Deckeneffekte in der Kundenstichprobe musste die Überprüfung der Kriteriumsvalidität anhand der Konkurrenzvalidität jedoch unterbleiben.

(2) Restriktionen der Untersuchung zur Beurteilung der Handlungsrelevanz des Dienstleistungsqualitätsurteils von Testkäufern

Die erste Forschungsfrage zielt auf die Herleitung eines Voraussetzungskatalogs ab, bei dessen Einhaltung Mystery Shopper handlungsrelevante Informationen über die Qualität des Dienstleistungsangebotes einer Reisebürokette erheben können. Dabei müssen über die generellen Restriktionen hinaus folgende Limitationen berücksichtigt werden:

- Wie die Ergebnisse der Interrater-Reliabilitätsprüfung der Indikatoren des SERVPERF-Ansatzes im Rahmen der zweiten Testkaufstudie gezeigt haben, sind die Indikatoren des Faktors Empathy mit Verständnis- bzw. Interpretationsproblemen behaftet. Obgleich diese Probleme durch entsprechende Schulungsmaßnahmen beseitigt werden können, scheint Vorsicht beim Einsatz des SERVPERF-Ansatzes und insbesondere bei der Verwendung der Indikatoren des Faktors Empathy bei der Evaluation der Dienstleistungsqualität mit Hilfe von Testkäufern angebracht.

- Hinsichtlich des Einsatzes des Phasenmodells zur Messung der von Testkäufern wahrgenommenen Dienstleistungsqualität gilt es zu berücksichtigen, dass in der dritten Testkaufstudie Primacy-Effekte, die von der Vornutzungsphase ausgehen, aufgedeckt wurden. Diese sind jedoch in den Testkaufdaten der zweiten Studie nicht vor-

findbar. Ursächlich für den Unterschied im Bedeutungsgewicht der Vornutzungsphase auf das Gesamtzufriedenheitsurteil der Testkäufer sind die verschiedenen Reisebü-
rostichproben, die den beiden Testkaufstudien zugrunde liegen. Folglich lassen weder
die in der zweiten Testkaufstudie noch die in der dritten Studie generierten Befunde
einen generalisierbaren Transfer auf die Reisebürobranche zu. Insofern erscheint der
Vorschlag nahe liegend, das Bedeutungsgewicht der jeweiligen Dienstleistungspha-
sen im Einzelfall zu analysieren und individuelle Handlungsempfehlungen zu generieren.

- Desweiteren gilt es im Hinblick auf die Handlungsrelevanz der gewonnenen Informationen zu berücksichtigen, dass sowohl die Komponenten des SERVPERF-Ansatzes
  (20% bzw. 32%) als auch diejenigen des Phasenmodells (16% bzw. 19%) nur einen
  mäßigen Teil der Varianz im Gesamtzufriedenheitsurteil der Testkäufer zu erklären in
  der Lage sind. Vor dem Hintergrund der Ergebnisse der Studie von Augustyn/Ho, die
  einen wesentlich stärkeren Zusammenhang zwischen der Dienstleistungsqualität und
  dem Zufriedenheitsurteil von Reisebürokunden nachweisen können, stellt sich die
  Frage nach der Notwendigkeit einer Modifikation der beiden Ansätze zur Messung
  der Dienstleistungsqualität bei Verwendung der Mystery Shopping-Methodik zur Datengewinnung.[534] Dies gilt speziell bei einem ansonsten äußerst positiven Reliabili-
  täts- und Validitätsattest der durch Testkäufer gewonnenen Daten.

(3) Restriktionen der Untersuchung von Reliabilität und Validität des Dienstleistungsqualitätsurteils von Testkäufern

Die zweite und dritte Forschungsfrage richtet sich auf die Reliabilität und Validität des
Dienstleistungsqualitätsurteils von Testkäufern, die dem Voraussetzungskatalog für einen
erfolgreichen Einsatz der Mystery Shopping-Methodik folgen. Hierbei bedarf es der Diskussion folgender Restriktionen:

- Bei der Interpretation der hier vorgestellten Untersuchungsergebnisse muss berücksichtigt werden, dass das für die Gütebeurteilung hergeleitete Prüfschema sowie die
  enthaltenen Referenzgrößen aus der KTT deduziert wurden. Bereits in Kapitel B.3. ist
  dargestellt worden, dass mit der Generalisierbarkeitstheorie eine Alternative zur KTT
  existiert, die für sich in Anspruch nimmt, eine Güteprüfung über Branchen und
  Einsatzgebiete hinweg leisten zu können. Wie an oben genannter Stelle allerdings
  nachgewiesen wurde, gelangt die Generalisierbarkeitstheorie über einen varianzanaly-

tischen Umweg zu vergleichbaren Ergebnissen wie die KTT. Somit bleibt es künftigen Studien vorbehalten, die Generalisierbarkeit des vorliegenden Befundes über die Leistungsfähigkeit der Mystery Shopping-Methodik in anderen Branchen und Einsatzgebieten eingehender zu untersuchen.

- Des Weiteren erscheint der Hinweis angebracht, dass sich die Kontrolle der Messfehlereinflüsse auf die Elimination des „transient-error" begrenzt. Dieser Messfehler resultiert aus der Nichtübereinstimmung der Beurteilungsmerkmale sowie der -objekte im Zeitablauf und beeinflusst somit in besonderem Maße das Urteil über die Retest-Reliabilität und Prognosevalidität.[535] Da der „transient-error" als die bedeutendste Einflussgröße erachtet wurde und es aus forschungs-ökonomischer Sicht nicht möglich ist, alle erdenklichen Messfehlereinflüsse zu kontrollieren, soll es zukünftigen Forschungsbemühungen vorbehalten bleiben, weitere bedeutende Mesfehlereinflüsse zu identifizieren und deren Wirkung sowohl auf die Reliabilität als auch die Validität von Testkaufergebnissen zu kontrollieren.

- Im Rahmen der ersten und zweiten Testkaufstudie wurde die langfristige Retest-Reliabilität des Gesamtzufriedenheitsurteils der Testkäufer überprüft. Demgegenüber bestand das Ziel der dritten Testkaufstudie darin, sowohl die kurzfristige Retest-Reliabilität des Gesamtzufriedenheitsurteils als auch die der Faktoren des SERV-PERF-Ansatzes und des Phasenmodells zu bewerten. Bei diesem Vorgehen bleibt jedoch die Bewertung der langfristigen Retest-Reliabilität der Faktoren des SERV-PERF-Konzeptes und des Phasenmodells offen. Diesbezügliche Erkenntnisse sind von großem Interesse und müssen in Zukunft durch andere Untersuchungen erbracht werden.

- Als weitere Restriktion dieser Arbeit kann der Rückgriff auf das Schrifttum zur Accessment Center-Methodik bei der Suche nach geeigneten Außenkriterien zur Bestimmung der Kriteriumsvalidität gesehen werden. Dies geschieht aus Mangel an vergleichbaren empirischen Beiträgen zum Untersuchungsgegenstand. Insofern könnte diese Limitation dazu anregen, im Rahmen zukünftiger Forschungsbemühungen weitere externe Kriterien in die Validitätsanalyse einzubeziehen.

- Ein weiteres Manko der Untersuchung ist in der kleine Kundenstichprobe zu sehen. So finden zwar 169 Kundeninterviews Eingang in die Analyse - diese sind je-

---

[534] Vgl. Augustyn/Ho (1998), S. 71 ff.
[535] Vgl. insbesondere die Ausführungen zum „transient-error" in Kapitel B.2.2.1.2. der vorliegenden Arbeit.

doch, trotz des betriebenen Aufwandes und des restriktiven Designs der Datengewinnung, durch ein hohes Maß an Deckeneffekten gekennzeichnet.

- Aus der zuvor benannten Limitation und dem Faktum, dass es aus forschungsökonomischen Gründen nicht möglich war, zu allen Testkaufzeitpunkten parallel Kundenbefragungen durchzuführen, resultiert, dass die vorliegende Arbeit nicht in der Lage ist, die Konkurrenzvalidität des Dienstleistungsqualitätsurteils von Testkäufern zu beleuchten. Hierdurch verschließt sich die eigene Untersuchung wertvollen Erkenntnissen, die durch zukünftige Forschungsarbeiten gewonnen werden müssen.

3. Ansatzpunkte für künftige Forschungsaktivitäten

Wie in Abschnitt F.2. dargelegt, unterliegt die vorliegende Arbeit bestimmten Limitationen. Diese Restriktionen markieren jedoch zugleich auch Ansatzpunkte für weiterführende Forschungsaktivitäten.

Mit Blick auf den Anwendungsgegenstand der vorliegenden Arbeit - die Dienstleistungsqualitätsmessung mit Hilfe von Testkäufern - gilt es, die traditionellen Messansätze (SERVPERF-Ansatz und Phasenmodell) im Hinblick auf ihre Eignung zur Generierung handlungsrelevanter Informationen noch einmal kritisch zu hinterleuchten. Obgleich sich das in der vorliegenden Arbeit verwendete Messinventar, wie die entsprechenden Reliabilitäts- und Validitätskoeffizienten dokumentieren, zur Evaluation der Dienstleistungsqualität eignet, erscheint es dessen ungeachtet unabdingbar, diese beiden Messansätze im Hinblick auf ihre Brauchbarkeit unter Einsatz von Testkäufern weiterzuentwickeln, zu kombinieren oder aber auch neue geeignetere Messansätze zu entwickeln.

Die Bedeutung der Einhaltung des Voraussetzungskatalogs für den erfolgreichen Einsatz von Testkäufern konnte in der vorliegenden Arbeit mehr als deutlich herausgeschält werden. Da sich dieser allerdings vornehmlich auf die Evaluation der Dienstleistungsqualität bezieht, bildet eine weitere Stoßrichtung möglicher Forschungsbemühungen die Anpassung des vorliegenden Voraussetzungskatalogs an den Einsatz der Mystery Shopping-Methodik in anderen Branchen bzw. zur Beantwortung anderer Fragestellungen:

- So wurde bereits in Kapitel C.4.2.1. erläutert, dass Testkäufer ebenso zum Zweck von Benchmarking oder der Konkurrenzbeobachtung eingesetzt werden können. Veranschaulicht man sich nun z.B. die zweite Voraussetzung des Mystery Shopping-Konzeptes, so ist denkbar, dass die Kunden der zu beobachtenden Konkurrenz durch andere Charakteristika gekennzeichnet sind als diejenigen des Unternehmens, das den Vergleich zum Wettbewerber beabsichtigt. Da der Konkurrent die durchgeführte Beobachtung nicht bemerken soll, aber auch nicht nach den typischen Charakteristika seiner Kunden befragt werden kann, bedarf es an dieser Stelle einer Anpassung des Anforderungskatalogs.

• Vergleichbar zur vorstehenden Argumentation ergibt sich ein weiterer Anpassungsbedarf an dem Voraussetzungskatalog für den Fall, dass Testkäufer in einer anderen Dienstleistungsbranche zum Einsatz gelangen. So kann z.B. die Einhaltung der zwölften Voraussetzung - die den Einsatz von Testkaufpaaren fordert - im Bankensektor zu Problemen führen. Dort handelt es sich um eine wesentlich privatere Dienstleistungssituation wie in einem Reisebüro, sodass der Einsatz eines Testkaufpaares unmittelbar zur Aufdeckung der Testkaufsituation führen würde.[536]

Fruchtbaren Boden für weiterreichende Forschungsbemühungen verkörpert indes auch die Generalisierung der vorliegenden Befunde für weitere Dienstleistungsbranchen und Einsatzgebiete:

• Um an dem vorgenannten Beispiel anzuknüpfen, ist zu ermitteln, ob der Einsatz von Testkäufern beim Benchmarking oder der Konkurrenzbeobachtung zu vergleichbar reliablen und validen Ergebnissen gelangt wie im vorliegenden Fall - der Dienstleistungsqualitätsmessung im Reisebüro.

• Die Frage nach der Reliabilität und Validität der durch Testkunden ermittelten Informationen besitzt ebenso Gültigkeit für den Fall, dass die Mystery Shopping-Methodik zur Evaluation der Dienstleistungsqualität in anderen Dienstleistungsbranchen, die über vergleichsweise mehr oder weniger emotionale bzw. beratungsintensive Produkte verfügen, eingesetzt wird.

Nicht zuletzt erscheint es im Hinblick auf weitere Forschungsarbeiten angezeigt, die in dieser Arbeit hinterlassenen Forschungslücken der Reliabilitäts- und Validitätsprüfung zu schließen. Hierzu kämen beispielsweise die langfristige Retest-Reliabilitätsprüfung der Faktoren des SERVPERF-Konzeptes und des Phasenmodells sowie die Konkurrenzvaliditätsprüfung anhand brauchbarer Kundendaten in Frage.

---

[536] So zeigt Zenker in seiner Studie, dass private Bankdienstleistungen in 90 Prozent der Fälle von Einzelpersonen in Anspruch genommen werden. Vgl. Zenker (2006), S. 132 ff.

G. Anhang

Anhang I: Synopse einer vergleichenden Analyse von 14 Studien zum Einsatz der Interrater-Reliabilität und der Ergebnisinterpretation[537]

Nr.	Autor(en)/Jahr	Bereich	Untersuchungsschwerpunkt	Charakteristika der Untersuchung[538]	Befunde zur Interrater-Reliabilität und deren Interpretation
1	Conway/Jako/ Goodman (1995)	Psychologie	Meta-Analyse zur Interrater-Reliabilität von Auswahlgesprächen	**Grundgesamtheit:** 70 Studien die sich mit der Interrater-Reliabilität von Auswahlgesprächen beschäftigen **Anzahl der Rater (n_R)/Fallzahl (n):** k.A. **Methodik:** ICC* und Korrelationskoeffizient nach Bravais Pearson	**Werte des Koeffizienten:** durchschnittlich 0.70 mit einer Varianz von 0.035 **Interpretation:** k.A.
2	Eisen/Phillips/ Baer/Beer/ Atala/ Rasmussen (1998)	Psychologie	Untersuchung der Reliabilität und Validität des Brown Assessment of Beliefs Scale (BABS)	**Grundgesamtheit:** Patienten aus 2 Universitätskliniken mit Zwangsneurose und Dysmorphophobie **Anzahl der Rater ($\hat{n}_R$)/Fallzahl (n):** n_R = 3 Interviewer; n = 60 Patienten **Methodik:** ICC*	**Werte des Koeffizienten:** 0.78 – 0.96 **Interpretation:** hohe Interrater-Reliabilität

[537] Die Synopse umfasst ausschließlich wissenschaftliche Beiträge aus Peer Reviewed Journals die seit 1995 veröffentlicht wurden. Die verwendeten Suchbegriffe lauten: Interrater-Reliability, Interrater Reliability, Interrater Reliabilität, Interrater Reliabilität, Intraclass Correlation-Coefficient, Intraklassen Korrelation-Koeffizient, Intraclass Correlation Coefficient, Intraklassen Korrelation Koeffizient, Intraklassen Korrelationskoeffizient, Intraklassenkorrelation, ICC.

[538] Der mit einem Stern versehene ICC kennzeichnet Studien, aus denen nicht ersichtlich ist, welche Form des ICC eingesetzt wurde, um die Interrater-Reliabilität zu bestimmen.

				Grundgesamtheit: / Anzahl der Rater / Methodik	Werte des Koeffizienten: / Interpretation
3	Epstein/ Harniss/ Pearson/Ryser (1999)	Psychologie	Untersuchung der Interrater- und Retest-Reliabilität der Behavioral and Emotional Rating Scale (BERS)	**Grundgesamtheit:** Studenten mit Verhaltensstörung und Störungen emotionaler Prozesse **Anzahl der Rater (n_R)/Fallzahl (n):** $n_R = 9$; 2 Lehrer; n = 96 Studenten **Methodik:** Korrelationskoeffizient nach Bravais Pearson	**Werte des Koeffizienten:** 0.83 – 0.98 (Signifikant auf dem Niveau von 0.0001) **Interpretation:** hohe Interrater-Reliabilität
4	Acklin/ McDowell/ Verschell/Chan (2000)	Psychologie	Untersuchung der Beurteilerüber-einstimmung und der Interrater-Reliabilität des Rorschach-Tests	**Grundgesamtheit:** Studenten und Patienten einer psychiatrischen Klinik **Anzahl der Rater (n_R)/Fallzahl (n):** $n_R = 2$ Interviewer; n = 40 (20 Studenten und 20 Patienten) **Methodik:** ICC_2	**Werte des Koeffizienten:** Studenten: 0.60 – 0.81 Patienten: 0.60 – 0.81 **Interpretation:** mittlere Interrater-Reliabilität
5	Endicott/Tracy/ Burt/Olson/ Coccaro (2002)	Psychologie	Untersuchung der Interrater-Reliabilität der modifizierten Overt Aggression Scale (OAS-M)	**Grundgesamtheit:** Patienten einer Klinik **Anzahl der Rater (n_R)/Fallzahl (n):** $n_R = 7$ bis 8 Rater je Patient; n = 8 Patienten **Methodik:** ICC_2	**Werte des Koeffizienten:** 0.96 **Interpretation:** hohe Interrater-Reliabilität
6	Poganatz (2002)	Psychologie	Untersuchung des Fragebogens zur Arbeitsanalyse (FAA)	**Grundgesamtheit:** k.A. **Anzahl der Rater (n_R)/Fallzahl (n):** $n_R = 2$ Studenten (aus einer Gruppe von 30); n = 61 Probanden **Methodik:** Korrelationskoeffizient nach Bravais Pearson	**Werte des Koeffizienten:** durchschnittlich 0.79 **Interpretation:** k.A.

7	Jacobsen/Kloss/Hand/Moritz (2003)	Psychologie	Untersuchung der Reliabilität der deutschen Version der Yale-Brown Obsessive Compulsive Scale	**Grundgesamtheit:** Patienten einer psychiatrischen Klinik **Anzahl der Rater (n_R)/Fallzahl (n):** $n_R = 2$ Diplom Psychologen; n = 22 Patienten **Methodik:** Korrelationskoeffizient nach Bravais Pearson	**Werte des Koeffizienten:** 0.74 – 0.97 **Interpretation:** hohe Interrater-Reliabilität
8	Kokai/Inada/Ohara/Shimizu/Iwado/Morita (2003)	Psychologie	Untersuchung der Interrater- und Retest-Reliabilität der japanischen Version der Subjective Deficit Syndrome Scale (SDSS)	**Grundgesamtheit:** Schizophrenie-Patienten einer Klinik **Anzahl der Rater (n_R)/Fallzahl (n):** $n_R = 4$ Psychologen; n = 13 Patienten **Methodik:** ICC_1	**Werte des Koeffizienten:** 0.67 – 0.96 **Interpretation:** hohe Interrater-Reliabilität
9	Nevonen/Broberg/Clinton/Norring (2003)	Psychologie	Untersuchung der Reliabilität und Validität des Interviews "Rating of Anorexia and Bulimia" (RAB-R)	**Grundgesamtheit:** Bulimie-Patienten einer Universitätsklinik **Anzahl der Rater (n_R)/Fallzahl (n):** $n_R = 2$ Interviewer; n = 71 Patienten **Methodik:** Cohens κ	**Werte des Koeffizienten:** 0.65 – 0.87 **Interpretation:** hohe Interrater-Reliabilität
10	Viglione/Taylor (2003)	Psychologie	Untersuchung der Interrater-Reliabilität des Rorschach-Tests	**Grundgesamtheit:** k.A. **Anzahl der Rater (n_R)/Fallzahl (n):** $n_R = 2$ Studenten (aus einer Gruppe von 15); n = 84 Probanden **Methodik:** ICC^*	**Werte des Koeffizienten:** durchschnittlich 0.80 **Interpretation:** hohe Interrater-Reliabilität

11	Lingenfelder/ Wieseke/ Schmidt (2003)	Wirtschafts-wissenschaften	Analyse der Dienstleistungs-qualität in Reise-bürounternehmen	**Grundgesamtheit:** Reisebüros einer im Franchisesystem organisierten Reisebürokette **Anzahl der Rater (n_R)/Fallzahl (n):** $n_R = 2$ Studenten führten gemeinsam einen Testkauf durch; n = 39 Reise-büros, die zweimal besucht wurden **Methodik:** ICC_1	**Werte des Koeffizienten:** 0.44 – 0.93 **Interpretation:** hohe Interrater-Reliabilität, wobei Werte ≤ 0.60 keine weitere Berücksichtigung in der Analyse fin-den.
12	Dierdorff/ Wilson (2003)	Psychologie	Meta-Analyse zur Interrater-Reliabilität in der Leistungsdiagnos-tik	**Grundgesamtheit:** 46 Studien, die sich mit der Interrater-Reliabilität im Rahmen der berufl. Leistungsdiagnostik auseinandersetzen **Anzahl der Rater (n_R)/Fallzahl (n):** k.A. **Methodik:** Korrelationskoeffizient nach Bravais Pearson	**Werte des Koeffizienten:** durchschnittlich 0.61 **Interpretation:** k.A.
13	Takahashi/ Tomita/ Higuchi/Inada (2004)	Psychologie	Untersuchung der Interrater-Reliabilität der japanischen Versi-on der Montgomo-ry-Asberg Depres-sion Rating Scale (MADRS)	**Grundgesamtheit:** Patienten mit Depressionen **Anzahl der Rater (n_R)/Fallzahl (n):** $n_R = 2$ bzw. 3 Psychologen; n = 7 Patienten **Methodik:** ICC_1	**Werte des Koeffizienten:** 2 Rater: 0.91 – 1.00 3 Rater: 0.85 – 1.00 **Interpretation:** hohe Interrater-Reliabilität
14	van der Laan/ Schimmel/ Heeren (2005)	Psychologie	Untersuchung der Interrater-Reliabilität der Comprehensive Psychopathological Rating Scale (CPRS)	**Grundgesamtheit:** Psychisch auffällige Personen **Anzahl der Rater (n_R)/Fallzahl (n):** $n_R = 2$ (1 Praktikant der klinischen Psychologie und 1 Sozialwissenschaft-ler); n = 62 Probanden **Methodik:** Cohens κ	**Werte des Koeffizienten:** 0.45 – 0.90 **Interpretation:** hohe Interrater-Reliabilität

Anhang II: Synopse einer vergleichenden Analyse von 34 Studien zum Einsatz der Retest-Reliabilität und der Ergebnis-interpretation[539]

Nr.	Autor(en)/Jahr	Bereich	Untersuchungs-schwerpunkt	Charakteristika der Untersuchung[540]	Befunde zur Retest-Reliabilität und deren Interpretation
1	Siegrist (1997)	Psychologie	Untersuchung der Retest-Reliabilität des Stroop-Tests	**Grundgesamtheit:** Student(innen) der Universität Zürich **Messzeitpunkte (n_T)/zeitliche Differenz (Δt)/Fallzahl (n):** $n_T = 2$; $\Delta t =$ unmittelbar nacheinander; $n = 45$ **Methodik:** Korrelationskoeffizient nach Bravais Pearson	**Werte des Koeffizienten:** 0.84 – 0.91 **Interpretation:** hohe Retest-Reliabilität
2	Eisen/Phillips/ Baer/Beer/ Atala/ Rasmussen (1998)	Psychologie	Untersuchung der Reliabilität und Validität des Brown Assessment of Beliefs Scale (BABS)	**Grundgesamtheit:** Patienten mit Zwangsneurose, Dysmorphophobie und manisch depressivem Verhalten **Messzeitpunkte (n_T)/zeitliche Differenz (Δt)/Fallzahl (n):** $n_T = 2$; $\Delta t = 6$ Tage; $n = 27$ **Methodik:** ICC[*]	**Werte des Koeffizienten:** 0.79 – 0.98 **Interpretation:** hohe Retest-Reliabilität

---

[539] Die Synopse umfasst ausschließlich wissenschaftliche Beiträge aus Peer Reviewed Journals die seit 1997 veröffentlicht wurden. Die verwendeten Suchbegriffe lauten: Test-Retest-Reliabilität, Test-Retest-Reliability, Test-Retest Reliabilität, Test-Retest Reliability, Test Retest Reliabilität, Test Retest Reliability, Testretest Reliabilität, Retest-Reliability, Retest-Reliabilität, Retest Reliability, Retest Reliabilität.

[540] Der mit einem Stern versehene ICC kennzeichnet Studien, aus denen nicht ersichtlich ist, welche Form des ICC eingesetzt wurde, um die Retest-Reliabilität zu bestimmen.

3	Psychologie	Untersuchung der Retest-Reliabilität des Fragebogens zur Evaluation von organisationaler Bildung	**Grundgesamtheit:** Vertriebsleiter aus 8 verschiedenen Organisationen in Hong Kong **Messzeitpunkte (n_T)/zeitliche Differenz (Δt)/Fallzahl (n):** $n_T = 2$; $\Delta t = 10$ Wochen; $n = 41$ **Methodik:** Korrelationskoeffizient nach Bravais Pearson	**Werte des Koeffizienten:** 0.59 **Interpretation:** mittlere Retest-Reliabilität
4	Psychologie	Untersuchung der Interrater- und Retest-Reliabilität der Behavioral and Emotional Rating Scale (BERS)	**Grundgesamtheit:** Studenten mit Verhaltensstörung und Störungen emotionaler Prozesse **Messzeitpunkte (n_T)/zeitliche Differenz (Δt)/Fallzahl (n):** $n_T = 2$; $\Delta t = 2$ Wochen; $n = 59$ **Methodik:** Korrelationskoeffizient nach Bravais Pearson	**Werte des Koeffizienten:** 0.85 – 0.99 (Signifikant auf dem Niveau von 0.0001) **Interpretation:** hohe Retest-Reliabilität
5	Psychologie	Untersuchung der Reliabilität und Validität der Sozialen-Erwünschtheits-Skala-17 (SES-17)	**Grundgesamtheit:** Psychologiestudenten einer Universität **Messzeitpunkte (n_T)/zeitliche Differenz (Δt)/Fallzahl (n):** $n_T = 2$; $\Delta t = 4$ Wochen; $n = 91$ **Methodik:** Korrelationskoeffizient nach Bravais Pearson	**Werte des Koeffizienten:** 0.82 **Interpretation:** hohe Retest-Reliabilität

Lam (1998)

Epstein/ Harniss/ Pearson/Ryser (1999)

Stöber (1999)

				Grundgesamtheit/Methodik	Werte des Koeffizienten/Interpretation
6	Bollini/Arnold/Keefe (2000)	Psychologie	Untersuchung der Retest-Reliabilität des Dot-Tests für menschlich räumliches Arbeitsgedächtnis	**Grundgesamtheit:** Schizophrenie-Patienten einer Klinik **Messzeitpunkte (n_T)/zeitliche Differenz (Δt)/Fallzahl (n):** $n_T = 2$; $\Delta t = 2$ Tage; $n = 48$ **Methodik:** Korrelationskoeffizient nach Bravais Pearson und ICC*	**Werte des Koeffizienten:** 0.41 – 0.72 (BP) 0.40 – 0.72 (ICC) **Interpretation:** hohe Retest-Reliabilität
7	Földényi/Giovanoli/Tagwerker-Neuenschwander/Schallberger/Steinhausen (2000)	Psychologie	Untersuchung der Retest-Reliabilität der Testbatterie zur Aufmerksamkeitsprüfung (TAP) bei 7-10 jährigen Schulkindern	**Grundgesamtheit:** Deutschschweizer Schulkinder aus den Kantonen Zürich und Basel **Messzeitpunkte (n_T)/zeitliche Differenz (Δt)/Fallzahl (n):** $n_T = 2$; $\Delta t = 81$ Tage; $n = 95$ **Methodik:** Korrelationskoeffizient nach Bravais Pearson	**Werte des Koeffizienten:** 0.16 – 0.71 **Interpretation:** Werte ≥ 0.50 werden als hohe Retest-Reliabilität interpretiert
8	Morrison/Sharkey/Allardyce/Kelly/McCreadie (2000)	Psychologie	Untersuchung der Retest-Reliabilität des National Reading Test (NART)	**Grundgesamtheit:** Schizophrenie-Patienten einer Klinik **Messzeitpunkte (n_T)/zeitliche Differenz (Δt)/Fallzahl (n):** $n_T = 2$; $\Delta t = 7$ Jahre; $n = 41$ **Methodik:** Korrelationskoeffizient nach Bravais Pearson	**Werte des Koeffizienten:** 0.91 (Signifikant auf dem Niveau von 0.0001) **Interpretation:** hohe Retest-Reliabilität

9	Backhaus/Junghans/Broocks/Hohagen (2002)	Psychologie	Untersuchung der Retest-Reliabilität und Validität des Pittsburgh Sleep Quality Index	**Grundgesamtheit:** Patienten mit Schlafstörungen **Messzeitpunkte (n_T)/zeitliche Differenz (Δt)/Fallzahl (n):** $n_T = 2$; $\Delta t = 2$ bis 18 Tage; n = 76 **Methodik:** Korrelationskoeffizient nach Bravais Pearson	**Werte des Koeffizienten:** 0.53 – 0.88 **Interpretation:** hohe Retest-Reliabilität
10	Eide/Kemp/Silberstein/Nathan/Stough (2002)	Psychologie	Untersuchung der Retest-Reliabilität des Stroop-Tests	**Grundgesamtheit:** Studenten und Universitäts-bedienstete **Messzeitpunkte (n_T)/zeitliche Differenz (Δt)/Fallzahl (n):** $n_T = 2$; $\Delta t = 1$ Woche; n = 33 **Methodik:** Korrelationskoeffizient nach Bravais Pearson	**Werte des Koeffizienten:** 0.77 – 0.80 **Interpretation:** hohe Retest-Reliabilität
11	Kelbetz/Schuler (2002)	Psychologie	Untersuchung des Einflusses der Vorerfahrung auf die Leistung im Assessment Center anhand der Retest-Reliabilität	**Grundgesamtheit:** AC-Wiederholer (Hochschulabsolvente der BWL) **Messzeitpunkte (n_T)/zeitliche Differenz (Δt)/Fallzahl (n):** $n_T = 2$; $\Delta t = 2$ Jahre; n = 47 **Methodik:** Korrelationskoeffizient nach Bravais Pearson	**Werte des Koeffizienten:** 0.41 **Interpretation:** Die Autoren schließen daraus, dass ein nur geringer Effekt aus der Vorerfahrung resultiert.

				Grundgesamtheit / Methodik	Werte des Koeffizienten / Interpretation
12	Paterson/Green/ Cary (2002)	Psychologie	Untersuchung der Reliabilität und Validität der Messung wahrgenommener Gerechtigkeit und Fairness bei Organisationsveränderungen	**Grundgesamtheit:** Gewerkschaftsmitglieder zweier Unternehmen **Messzeitpunkte (n_T)/zeitliche Differenz (Δt)/Fallzahl (n):** $n_T = 2$; $\Delta t = 3$ Monate; n = 81 **Methodik:** Korrelationskoeffizient nach Bravais Pearson	**Werte des Koeffizienten:** $0.59 - 0.89$ **Interpretation:** befriedigende Retest-Reliabilität, die in Abhängigkeit zu der Fragestellung steht.
13	Rinck/Bundschuh/ Engler/Müller/ Wissmann/Ellwart/Becker (2002)	Psychologie	Untersuchung der Reliabilität und Validität dreier Instrumente zur Messung von Arachnophobie	**Grundgesamtheit:** Studenten der Universität Dresden **Messzeitpunkte (n_T)/zeitliche Differenz (Δt)/Fallzahl (n):** $n_T = 2$; $\Delta t = 1$ Woche; n = 165 **Methodik:** Korrelationskoeffizient nach Bravais Pearson	**Werte des Koeffizienten:** $0.88 - 0.95$ **Interpretation:** hohe Retest-Reliabilität
14	Schmitz (2002)	Psychologie	Die Analyse psychischer Anforderungen und Belastungen in der Büroarbeit anhand des RHIA/VERA-Büro-Verfahrens	**Grundgesamtheit:** Mitarbeiter von 12 Industriebetrieben **Messzeitpunkte (n_T)/zeitliche Differenz (Δt)/Fallzahl (n):** $n_T = 2$; $\Delta t = 1$ Jahre; n = 71 **Methodik:** Korrelationskoeffizient nach Bravais Pearson	**Werte des Koeffizienten:** $0.67 - 0.84$ **Interpretation:** hohe Retest-Reliabilität
15	Arvidsson (2003)	Psychologie	Untersuchung der Retest-Reliabilität des Camberwell Assessment of Need (CAN)	**Grundgesamtheit:** Patienten mit Geisteskrankheit **Messzeitpunkte (n_T)/zeitliche Differenz (Δt)/Fallzahl (n):** $n_T = 2$; $\Delta t = 2$ bis 8 Wochen; n = 56 **Methodik:** ICC*	**Werte des Koeffizienten:** $0.67 - 0.72$ (Signifikant auf dem Niveau von 0.05) **Interpretation:** hohe Retest-Reliabilität

196

				Grundgesamtheit / Methodik	Werte des Koeffizienten / Interpretation
16	Kokai/Inada/ Ohara/Shimizu/ Iwado/Morita (2003)	Psychologie	Untersuchung der Interrater- und Retest-Reliabilität der japanischen Version der Subjective Deficit Syndrome Scale (SDSS)	**Grundgesamtheit:** Schizophrenie-Patienten einer Klinik **Messzeitpunkte (n_T)/zeitliche Differenz (Δt)/Fallzahl (n):** $n_T = 2$; $\Delta t = 3$ Monate; n = 9 **Methodik:** ICC_1	**Werte des Koeffizienten:** 0.72 – 1.00 **Interpretation:** hohe Retest-Reliabilität
17	Nevonen/Broberg/ Clinton/Norring (2003)	Psychologie	Untersuchung der Reliabilität und Validität des Interviews "Rating of Anorexia and Bulimia" (RAB-R)	**Grundgesamtheit:** Bulimie-Patienten **Messzeitpunkte (n_T)/zeitliche Differenz (Δt)/Fallzahl (n):** $n_T = 2$; $\Delta t = $ k.A.; n = 21 **Methodik:** Korrelationskoeffizient nach Bravais Pearson	**Werte des Koeffizienten:** 0.17 – 0.95 **Interpretation:** Werte ≥ 0.50 werden als hohe Retest-Reliabilität interpretiert
18	Remscheidt/ Hirsch/Mattejat (2003)	Psychologie	Untersuchung der Reliabilität und Validität von telefonisch erhobenen Evaluationsmaßnahmen anhand des katamnesischen Telefoninterviews	**Grundgesamtheit:** Ehemalige Patienten einer Klinik für Kinder- und Jugendpsychiatrie **Messzeitpunkte (n_T)/zeitliche Differenz (Δt)/Fallzahl (n):** $n_T = 2$; $\Delta t = 2$ Wochen; n = 32 **Methodik:** Korrelationskoeffizient nach Spearman	**Werte des Koeffizienten:** 0.64 – 0.81 (Signifikant auf dem Niveau von 0.001) **Interpretation:** hinreichende bis gute Retest-Reliabilität
19	Salgado/Moscoso/ Lado (2003)	Psychologie	Untersuchung der Retest-Reliabilität der Ratings von Managern bezüglich verschiedener Dimensionen von Arbeitsleistungen	**Grundgesamtheit:** Miarbeiter des mittleren Managements **Messzeitpunkte (n_T)/zeitliche Differenz (Δt)/Fallzahl (n):** $n_T = 2$; $\Delta t = 2$ Monate; n = 118 **Methodik:** Korrelationskoeffizient nach Bravais Pearson	**Werte des Koeffizienten:** 0.57 – 0.79 **Interpretation:** mittlere Retest-Reliabilität

			Grundgesamtheit: / Messzeitpunkte / Methodik	Werte des Koeffizienten: / Interpretation
20	Psychologie	Untersuchung der Reliabilität und Validität des Counterproductive Behaviour Index (CBI)	**Grundgesamtheit:** Studenten mit Arbeitserfahrung **Messzeitpunkte (n_T)/zeitliche Differenz (Δt)/Fallzahl (n):** $n_T = 2$; $\Delta t = 2$ bis 7 Tage; $n = 41$ **Methodik:** Korrelationskoeffizient nach Bravais Pearson	**Werte des Koeffizienten:** durchschnittlich 0.87 **Interpretation:** hohe Retest-Reliabilität
		Lanyon/Goodstein (2004)		
21	Psychologie	Untersuchung der Retest-Reliabilität des Cognitive Style Analysis Tests (CSA)	**Grundgesamtheit:** Studenten der Ingenieurswissenschaften **Messzeitpunkte (n_T)/zeitliche Differenz (Δt)/Fallzahl (n):** 1. Studie: $n_T = 2$; $\Delta t = 2$ Wochen; $n = 51$ 2. Studie: $n_T = 2$; $\Delta t = 23$ Monate; $n = 27$ **Methodik:** Korrelationskoeffizient nach Bravais Pearson	**Werte des Koeffizienten:** 1. Studie: 0.19 – 0.45 2. Studie: 0.23 – 0.54 **Interpretation:** unzureichende Retest-Reliabilität
		Peterson/ Parkinson/ Mullally/Redmond (2004)		
22	Psychologie	Untersuchung der Reliabilität und Validität der deutschsprachigen Schizotypie-Skalen von Chapman	**Grundgesamtheit:** Schizophrenie-Patienten **Messzeitpunkte (n_T)/zeitliche Differenz (Δt)/Fallzahl (n):** $n_T = 2$; $\Delta t = 3$ Monate; $n = 36$ **Methodik:** Korrelationskoeffizient nach Bravais Pearson	**Werte des Koeffizienten:** 0.54 – 0.87 (Signifikant auf dem Niveau von 0.05) **Interpretation:** moderate bis hohe Retest-Reliabilität
		Bailer/Volz/ Diener/Rey (2005)		

			Grundgesamtheit / Methodik	Werte des Koeffizienten / Interpretation
23	Soziologie	Untersuchung der Reliabilität eines Fragebogens über Kriminalität und Kriminalitätsfurcht	**Grundgesamtheit:** Wahlberechtigte Bevölkerung der Städte Dresden, Leipzig und Chemnitz **Messzeitpunkte (n_T)/zeitliche Differenz (Δt)/Fallzahl (n):** 1. Studie: $n_T = 2$; $\Delta t = 50$ Tage; $n = 71$ 2. Studie: $n_T = 2$; $\Delta t = 50$ Tage; $n = 123$ **Methodik:** Korrelationskoeffizient nach Bravais Pearson	**Werte des Koeffizienten:** durchschnittlich 0.67 **Interpretation:** hohe Retest-Reliabilität
Reuband/ Rastampour (1999)				
24	Wirtschafts-wissenschaften	Untersuchung der Reliabilität und Validität eines Instruments zur Messung der Endbenutzerzufriedenheit bei Decision Support Systems (DSS)	**Grundgesamtheit:** Mitglieder der Gesellschaft für Computersimulationen **Messzeitpunkte (n_T)/zeitliche Differenz (Δt)/Fallzahl (n):** $n_T = 2$; $\Delta t = 1$ Monat; $n = 74$ **Methodik:** Korrelationskoeffizient nach Bravais Pearson	**Werte des Koeffizienten:** 0.551 – 0.729 **Interpretation:** hohe Retest-Reliabilität
McHaney/ Hightower/White (1999)				
25	Medizin	Untersuchung der Reliabilität von 2 Asthma Symptom Diary Scales (ASDS)	**Grundgesamtheit:** Asthma-Patienten zweier Kliniken **Messzeitpunkte (n_T)/zeitliche Differenz (Δt)/Fallzahl (n):** $n_T = 2$; $\Delta t = 4$ bis 6 Wochen; $n = 346$ **Methodik:** ICC[*]	**Werte des Koeffizienten:** 0.69 – 0.87 **Interpretation:** akzeptable bis hohe Retest-Reliabilität
Santanello/Barber/ Reiss/Friedmann/ Juniper/Zhang (1997)				

			Grundgesamtheit / Methodik	Werte des Koeffizienten / Interpretation
26	Medizin	Untersuchung der Retest-Reliabilität der Multidimensionional Anxiety Scale for Children (MASC)	**Grundgesamtheit:** Schüler verschiedener Schulen im US-Bundesstaat North Carolina **Messzeitpunkte (n_T)/zeitliche Differenz (Δt)/Fallzahl (n):** $n_T = 2$; $\Delta t = 3$ Wochen; n = 142 **Methodik:** ICC^c	**Werte des Koeffizienten:** 0.52 – 0.92 **Interpretation:** hohe Retest-Reliabilität
		March/Sullivan (1999)		
27	Medizin	Untersuchung der Retest-Reliabilität des Tests für Eating Disorders (EDE)	**Grundgesamtheit:** Frauen mit Essstörungen **Messzeitpunkte (n_T)/zeitliche Differenz (Δt)/Fallzahl (n):** $n_T = 2$; $\Delta t = 2$ bis 7 Tage; n = 20 **Methodik:** Korrelationskoeffizient nach Spearman	**Werte des Koeffizienten:** 0.401 – 0.970 **Interpretation:** hohe Retest-Reliabilität
		Rizvi/Peterson/Crow/Agras (1999)		
28	Medizin	Untersuchung der Retest-Reliabilität eines Fragebogens zur Untersuchung der körperlichen Aktivitäten	**Grundgesamtheit:** Frauen mittleren Alters aus ländlichen Gebieten der USA **Messzeitpunkte (n_T)/zeitliche Differenz (Δt)/Fallzahl (n):** $n_T = 2$; $\Delta t = 7$ bis 20 Tage; n = 344 **Methodik:** ICC_1	**Werte des Koeffizienten:** 0.64 – 0.91 **Interpretation:** akzeptable Retest-Reliabilität
		Evenson/Eyler/Wilcox/Thompson/Burke (2003)		
29	Medizin	Untersuchung der Retest-Reliabilität des Alcohol Use Disorder Identification Test (AUDIT)	**Grundgesamtheit:** Alkoholabhängige Personen in Schweden **Messzeitpunkte (n_T)/zeitliche Differenz (Δt)/Fallzahl (n):** $n_T = 2$; $\Delta t = 1$ Woche; n = 457 **Methodik:** ICC_2	**Werte des Koeffizienten:** 0.29 – 0.80 **Interpretation:** Werte ≥ 0.50 werden als exzellente Retest-Reliabilität interpretiert
		Selin (2003)		

			Grundgesamtheit:	**Werte des Koeffizienten:**
30	Janssens/Héritier-Praz/Carone/ Burdet/Fitting/ Uldry/Tschopp/ Rochat (2004)	Medizin	Untersuchung der Reliabilität und Validität der französischen Version des MRF-28 Health-Related Quality of Life Fragebogens	**Grundgesamtheit:** Patienten mit einer chronischen Niereninsuffizienz (CRF) aus 4 verschiedenen Krankenhäusern **Messzeitpunkte (n_T)/zeitliche Differenz (Δt)/Fallzahl (n):** $n_T = 2$; $\Delta t = 2$ Woche; n = 63 **Methodik:** Korrelationskoeffizient nach Bravais Pearson	**Werte des Koeffizienten:** 0.80 (Signifikant auf dem Niveau von 0.0001) **Interpretation:** hohe Retest-Reliabilität
31	Puhan/Behnke/ Frey/Grueter/ Brandli/ Lichtenschopf/ Guyatt/ Schunemann (2004)	Medizin	Untersuchung der internen Konsistenz, der Paralleltest- und der Retest-Reliabilität des deutschen Chronic Respiratory Questionaire (CRQ)	**Grundgesamtheit:** Deutschsprachige Patienten mit chronischer Bronchitis **Messzeitpunkte (n_T)/zeitliche Differenz (Δt)/Fallzahl (n):** $n_T = 2$; $\Delta t = $ k.A.; n = 38 **Methodik:** ICC_2	**Werte des Koeffizienten:** 0.78 – 0.95 **Interpretation:** hohe Retest-Reliabilität
32	Kennedy/Stratford/ Wessel/Gollish/ Penney (2005)	Medizin	Untersuchung der Retest-Reliabilität von vier Messungen bezüglich der Auswirkungen von Kniegelenksplastiken	**Grundgesamtheit:** Patienten mit Kniebeschwerden **Messzeitpunkte (n_T)/zeitliche Differenz (Δt)/Fallzahl (n):** $n_T = 3$; $\Delta t = $ k.A.; n = 21 **Methodik:** ICC_2	**Werte des Koeffizienten:** 0.75 – 0.94 (Signifikant auf dem Niveau von 0.05) **Interpretation:** hohe Retest-Reliabilität

Nr.					
33	Scheurich/Müller/ Anghelescu/Lörch/ Dreher (2005)	Medizin	Untersuchung der Reliabilität und Validität des Form 90 Interviews	**Grundgesamtheit:** Alkoholabhängige Personen in psychiatrischer Behandlung **Messzeitpunkte (n_T)/zeitliche Differenz (Δt)/Fallzahl (n):** $n_T = 2$; $\Delta t = 1$ Woche; n = 30 **Methodik:** Korrelationskoeffizient nach Bravais Pearson und ICC[*]	**Werte des Koeffizienten:** 0.76 – 0.99 (BP) 0.74 – 0.99 (ICC) **Interpretation:** hohe Retest-Reliabilität
34	Schmidt/Mattis/ Adams/Nestor (2005)	Medizin	Untersuchung der Retest-Reliabilität der Skala zur Evaluation von Demenzerkrankungen	**Grundgesamtheit:** Über 60-jährige aus dem Raum Boston und Philadelphia **Messzeitpunkte (n_T)/zeitliche Differenz (Δt)/Fallzahl (n):** $n_T = 2$; $\Delta t = 2$ bis 4 Wochen; n = 48 **Methodik:** Korrelationskoeffizient nach Bravais Pearson	**Werte des Koeffizienten:** 0.68 – 0.90 (Signifikant auf dem Niveau von 0.001) **Interpretation:** akzeptable Retest-Reliabilität

Anhang III: Synopse zur prozessualen Wahrnehmung der Dienstleistungsqualität[541]

Nr.	Autoren	Branche	Untersuchungsschwerpunkt	Charakteristika der Empirie (Grundgesamtheit, Fallzahl, Methodik)	Empirische Befunde
1	Danaher/ Mattsson (1994)	Tourismus	Prozessorientierte Analyse des Zusammenhangs zwischen Dienstleistungsqualität und Kundenzufriedenheit	Konferenzteilnehmer in einem Hotel; (n = 110; repräsentativer Querschnitt von Konferenzteilnehmern), Faktoren- und logistische Regressionsanalyse	Die Qualitätsurteile über die einzelnen Dienstleistungsepisoden haben einen signifikant voneinander verschiedenen Einfluss auf die Gesamtzufriedenheit der Gäste. Die letzte Dienstleistungsepisode hat den signifikant stärksten Einfluss auf das Urteil über die Gesamtzufriedenheit. (Recency-Effekt)
2	Danaher/ Mattsson (1994)	Tourismus	Prozessorientierte Analyse des Zusammenhangs zwischen Dienstleistungsqualität und Kundenzufriedenheit	Hotelgäste der Kategorien: Privat, Geschäftlich, Konferenzteilnehmer und Gruppenreisende (n = 150; repräsentativer Querschnitt aller Hotelgäste), Faktoren- und logistische Regressionsanalyse	Das Gesamtzufriedenheitsurteil entwickelt sich im Prozessverlauf der Dienstleistung als Reaktion auf die Qualität der einzelnen Dienstleistungsepisoden. Die Qualitätsurteile über die einzelnen Dienstleistungsepisoden haben einen signifikant voneinander verschiedenen Einfluss auf die Gesamtzufriedenheit der Gäste. Die Kernleistungsepisode hat den signifikant stärksten Einfluss auf die Gesamtzufriedenheit.
3	Güthoff (1995)	Tourismus	Prozessorientierte Analyse der Dienstleistungsqualität	Gäste eines „4 Sterne"-Hotels (n = 160; repräsentativ für die Besucher des Hotels im Jahresverlauf), Zufriedenheitsorientiertes Qualitätsverständnis, aufbauend auf dem Konzep: der episodischen Informationsverarbeitung, mündliche Befragung, korfirmatorische Faktoren- und Regressionsanalyse	Es besteht eine signifikante korrelative Beziehung zwischen den einzeln identifizierten Dienstleistungsepisoden. (Halo-Effekt) Es unterbleibt jedoch eine Untersuchung des Einflusses der einzelnen Teilleistungen bzw. Episoden auf das Qualitätsgesamturteil.

---

[541] Die Synopse umfasst ausschließlich wissenschaftliche Beiträge aus Peer Reviewed Journals die seit 1994 veröffentlicht wurden. Die verwendeten Suchbegriffe lauten: Phasenmodell der Dienstleistungsqualität, prozessuale Informationsverarbeitung, prozessorientierte Dienstleistungsqualitätsmessung, prozessorientierte Analyse der Dienstleistungsqualität.

4	Stauss/ Weinlich (1997)	Tourismus	Prozessorientierte Analyse der Dienstleistungsqualität	Urlaubsreisende im Club Méditerranée (n = 60; repräsentativer Querschnitt der Bevölkerung), Service Blueprinting, SIT, FRAP und Regressionsanalyse	Konsumenten verfügen über eine episodische Wahrnehmung. Die Episodenqualität beeinflusst das Qualitätsgesamturteil. Die Episodenqualität wird von kritischen und gewöhnlichen Ereignissen beeinflusst.
5	Lingenfeder/ Wieseke/ Schmidt (2003)	Tourismus	Prozessorientierte Analyse der Dienstleistungsqualität	Testkäufe zur Beurteilung der Dienstleistungsqualität im Reisebüro (n = 78 Testkäufe mit je zwei Mystery Shoppern; n = 156 Dienstleistungsqualitätsurteile), Service Blueprinting, CIT und Kausalanalyse	Das Dienstleistungsqualitätsgesamturteil setzt sich aus signifikant unterschiedlichen Dienstleistungsepisoden zusammen. Es besteht ein positiver Einfluss einer zeitlich vorgelagerten Dienstleistungsepisode auf die Beurteilung nachfolgender Episoden. Den stärksten Einfluss auf das Dienstleistungsqualitätsgesamturteil besitzt die Hauptnutzungsphase. Es existiert ein Halo-Effekt der dazu führt, dass auch der Vornutzungsphase ein hoher Beitrag für das Zustandekommen des Qualitätsgesamturteils zugesprochen werden muss.
6	Siefke (1998)	Verkehrs- dienstleistung	Prozessorientierte Analyse der Kundenzufriedenheit	Fernreisende der Deutschen Bahn (n = 603; repräsentativ für die Fernreisekunden der Deutschen Bahn), aufbauend auf dem Konzept der episodischen Informationsverarbeitung und dem Script Konzept, Service Blueprinting, standardisierter Fragebogen und Verfahren der Dependenzanalyse	Die Gesamtzufriedenheit setzt sich aus signifikant unterschiedlichen Episodenzufriedenheiten zusammen. Die Kernleistungsepisode hat den signifikant stärksten Einfluss auf die Gesamtzufriedenheit. Die Zufriedenheit mit zeitlich vorgelagerten Episoden übt einen positiven Einfluss auf die Zufriedenheit mit darauf folgenden Episoden aus. (Halo-Effekt) Die Kundenzufriedenheit mit einer Episode setzt sich aus signifikant voneinander verschiedenen Kontaktpunktzufriedenheiten zusammen.

7	Woodside/ Frey/Daly (1989)	Gesundheitswesen	Prozessorientierte Analyse des Zusammenhangs zwischen Dienstleistungsqualität, Kundenzufriedenheit und Verhaltensabsicht	Patienten zweier Krankenhäuser (n = 392), Service Blueprinting, Telefon-Interview bzw. Schriftliche Befragung, Regressions- und Kausalanalyse	Kundenzufriedenheit ist ein Moderator zwischen Dienstleistungsqualität und Verhaltensabsicht. Die Qualität der Dienstleistungsmerkmale hat einen signifikanten Einfluss auf die Episodenzufriedenheit und diese wiederum hat einen signifikanten Einfluss auf die Gesamtzufriedenheit. Die Kernleistungsepisoden (Behandlung und Pflege) haben den signifikant größten Einfluss auf das Gesamtzufriedenheitsurteil. Es wurden Ausstrahlungseffekte zwischen den Qualitätsmerkmalen aber nicht zwischen den Episoden entdeckt. (Halo-Effekt)
8	Olandt (1998)	Gesundheitswesen	Prozessorientierte Analyse der Dienstlangsqualität	Patienten eines Krankenhauses (n = 468), Zufriedenheitsorientiertes Qualitätsverständnis, aufbauend auf dem Konzept der episodischen Informationsverarbeitung, mündliche und schriftliche Befragung, sowie explorative Faktorenanalyse	Es konnte nachgewiesen werden, dass die Qualitätswahrnehmung von Klinikpatienten episodenbezogen ist. Die Episodenqualität beeinflusst das Qualitätsgesamturteil. Es unterbleibt jedoch eine Untersuchung der Beziehung zwischen den einzeln identifizierten Dienstleistungsepisoden.

Anhang IV: „Drehbuch" der Testkaufsituation - Eine Städtereise nach Paris

1. Betreten des Reisebüros

Mystery Shopper:

a. Mit einem freundlichen Gruß an das Verkaufspersonal
b. Abwarten, bis Verkaufspersonal zum Gespräch einlädt, bzw. zum Warten auffordert
c. Beobachten der Reisebürogestaltung und der Mitarbeiter (Erscheinungsbild der Mitarbeiter, des Ladenlokals, des Schaufensters, der technischen Ausrüstung (PC u.ä.), der Präsentation von Verkaufsmaterial und Dekoration mit Werbematerial)

2. Beratungsgespräch

a. *Frage des Verkäufers:* Was kann ich für Sie tun/Wie kann ich Ihnen weiterhelfen?

Mystery Shopper:

- Information darüber geben, dass wir zu zweit eine Städtereise nach Paris unternehmen wollen, im Zeitraum von „xx." oder „xx." bis „xx." „Monat", ca. 4 Tage (entsprechend dem Szenario)

b. *Fragen des Verkäufers:* - Wie stellen Sie sich die Reisebetreuung vor Ort vor?
  - Soll es eine Aufenthaltsreise werden oder eine „betreute Reise"?

Mystery Shopper:

1. Informationen darüber geben, dass wir uns eine Reise wünschen mit organisiertem Reiseablauf, mit entsprechend der Destination geschultem deutsch- bzw. englischsprachigem Personal, da wir kein Französisch sprechen.

2. Information darüber geben, dass wir eine Städtereise in Paris machen möchten, in der wir die zentralen Attraktionen, wie eine Stadtrundfahrt (inkl. Eifelturm, Arc de Triomphe bzw. dem Louvre), ein Besuch im Moulin Rouge, Versailles, u.ä. auf jeden Fall sehen bzw. machen möchten.

c. Frage des Verkäufers: Wie wollen Sie die einzelnen Attraktionen erleben?

Mystery Shopper:

- Information darüber geben, dass wir bei einem Besuch der Attraktionen diese nicht nur besichtigen wollen, sondern auch etwas über das Land, die Leute und die Kultur sowie die Geschichte und das Zeitgeschehen in Frankreich bzw. Paris erfahren möchten.

d. Fragen des Verkäufers: - Erwarten Sie eine bestimmte Hotelkategorie?
                                     - Bevorzugen Sie eine bestimmte Fluggesellschaft?
                                     - Haben Sie sich ein preisliches Limit gesetzt?

Mystery Shopper:

- Informationen darüber geben, dass wir mindestens in einem ***-Sterne, lieber aber einem ****-Sterne-Hotel nächtigen möchten.

- Informationen darüber geben, dass wir Wert auf Sicherheit legen und aus diesem Grund gerne mit Lufthansa bzw. mit einer Maschine der Star Alliance fliegen möchten, aber auch um gegebenenfalls Meilen auf unserem miles&more-Konto sammeln zu können.

- Information darüber geben, dass wir uns eine preisliche Obergrenze von 1000 € (inkl. aller Aktivitäten vor Ort) pro Person gesetzt haben.

3. Abschluss des Beratungsgesprächs

Mystery Shopper:

a. Abschließend bittet Ihr den Verkäufer, die Vor- und Nachteile der einzelnen Angebote noch einmal gegeneinander abzuwägen unter Berücksichtigung dessen, was er bisher über Eure Vorstellungen zum Reiseablauf gehört hat.
b. Sich bedanken für den Vergleich und um drei Tage Bedenkzeit bitten.
c. Nachfragen, ob die Reiseunterlagen aufgrund der Bedenkzeit noch pünktlich kommen bzw. was zu tun ist, wenn die Unterlagen nicht pünktlich vor Reiseantritt eintreffen.

5. Verlassen des Reisebüros

Mystery Shopper:

a. Verabschieden
b. Beobachten der Reisebürogestaltung und der Mitarbeiter (Erscheinungsbild der Mitarbeiter, des Ladenlokals, des Schaufensters, der technischen Ausrüstung (PC u.ä.), der Präsentation von Verkaufsmaterial und der Dekoration mit Werbematerial)

6. Unmittelbare getrennte Beantwortung des Fragebogens

Anhang V: Interviewerleitfaden der Kundenbefragung

Interviewer:	Guten Tag!
	Hätten Sie einen kurzen Augenblick Zeit für mich?
Reisebürokunde:	Ja gerne!
Interviewer:	Mein Name ist XY ich komme von der Philipps-Universität in Marburg.
	Wir führen eine Befragung zum Thema: "Dienstleistungsqualität von Reisebüros" durch, zu dem ich ihnen gerne ein paar Fragen stellen würde!
Reisebürokunde:	Wie lange dauert das Ganze, ich habe nicht viel Zeit!
Interviewer:	Der Fragebogen ist 5 Seiten lang und dauert ca. 5-7 Minuten. Es handelt sich bei diesem Projekt um eine Doktorarbeit am Fachbereich Wirtschaftswissenschaften der Universität Marburg.
	Daher ist es besonders wichtig für uns, ihre ehrliche Meinung zu erfahren!
	Seien sie hierbei versichert, dass keine Rückschlüsse auf Ihre Person noch auf das von Ihnen bewertete Reisebüro möglich sind!
	Lassen sie uns beginnen!?

Literaturverzeichnis

Acklin, M.W./McDowell I.I., C.J./Verschell, M.S./Chan, D. (2000): Interobserver Agreement, Intraobserver Reliability, and the Rorschach Comprehensive System, in: Journal of Personality Assessment, Vol. 74, S. 15-47.

Albert, H. (2000): Kritischer Rationalismus, Tübingen 2000.

Albrecht, K. (1988): At America´s Service - How Corporations can Revolutionize the Way they Treat their Customers, Homewood 1988.

Amelang, M./Zielinski, W. (2002): Psychologische Diagnostik und Intervention, 3. Aufl., Berlin 2002.

Anderson, E.W./Fornell, C./Lehmann, D.R. (1994): Customer Satisfaction, Market Share, and Profitability: Findings from Sweden, in: Journal of Marketing, Vol. 58, S. 53-66.

Anderson, E.W./Mittal, V. (2000): Strengthening the Satisfaction-Profit Chain, in: Journal of Service Research, Vol. 3, S. 107-120.

Arbuckle, J.L./Wothke, W. (1999): Amos 4.0 User´s Guide, Chicago 1999.

Armstrong, S./Overton, T. (1977): Estimating Nonresponse Bias in Mail Surveys, in: Journal of Marketing Research, Vol. 14, S. 396-402.

Arthur Jr., W./Day, E.A./McNelly, T.L./Edens, P.S. (2003): A Meta-Analysis of the Criterion-Related Validity of Assessment Center Dimensions, in: Personnel Psychology, Vol. 56, S. 125-154.

Arvidsson, H. (2003): Test-retest reliability of the Camberwell Assessment of Need (CAN), in: Nordic Journal of Psychiatry, Vol. 57, No. 4, S. 279-283.

Asendorpf, J./Wallbott, H.G. (1979): Maße der Beobachterübereinstimmung: Ein systematischer Vergleich, in: Zeitschrift für Sozialpsychologie, 10. Jg., S. 243-252.

Augustyn, M./Ho, S.K. (1998): Service Quality and Tourism, in: Journal of Travel Research, Vol. 37, S. 71-75.

Babakus, E./Gregory W.B. (1992): An Empirical Assessment of the SERVQUAL Scale, in: Journal of Business Research, Vol. 24, S. 253-268.

Backhaus, J./Junghans, K./Broocks, D./Hohagen, F. (2002): Test-retest reliability and validity of the Pittsburgh Sleep Quality Index in primary insomnia, in: Journal of Psychosomatic Research, Vol. 53, S. 737-740.

Backhaus, K./Erichson, B./Plinke, W./Weiber, R. (2000): Multivariate Analysemethoden: Eine anwendungsorientierte Einführung, 9. Aufl., Berlin u.a. 2000.

Bagozzi, R.P. (1998): A prospectus for theory construction in Marketing: Revisited and revised, in: Hildebrandt, L./Homburg, Ch. (Hrsg.): Die Kausalanalyse, Stuttgart 1998.

Bailer, J./Volz, M./Diener, C./Rey, E.-R. (2005): Reliabilität und Validität der deutschsprachigen Schizotypie-Skalen von Chapman, in: Zeitschrift für Kinder- und Jugendpsychiatrie und Psychotherapie, 33. Jg., S. 15-23.

Balderjahn, I. (2003): Validität: Konzept und Methoden, in: WiSt, S. 130-135.

Bandilla, W./Hauptmanns, P. (2001): Internetbasierte Umfragen: Eine geeignete Datenerhebungstechnik für die empirische Forschung?, in: Fritz, W. (Hrsg.): Internet-Marketing. Marktorientiertes E-Business in Deutschland und den USA, 2. Aufl., Stuttgart 2001.

Bauer, F./Urbahn, J./Markart, V. (2003): Die zehn häufigsten Missverständnisse zum Thema Mystery Shopping, in: Planung & Analyse – Zeitschrift für Marketing, 30. Jg., S. 16-23.

Bentler, P.M. (1990): Comparative Fit Indices in Structural Models, in: Psychological Bulletin, Vol. 107, S. 238-246.

Berekoven, L./Eckert, W./Ellenrieder, P. (2004): Marktforschung. Methodische Grundlagen und praktische Anwendung, 10. Aufl., Wiesbaden 2004.

Betriebsverfassungsgesetz in der Fassung der Bekanntmachung vom 25. September 2001, in: BGBl. I, 2001, S. 2518. Geändert durch Gesetz vom 10. Dezember 2001, in: BGBl. I, 2001, S. 3443.

Bettencourt, L.A. (1997): Customer Voluntary Performance: Customers As Partners in Service Delivery, in: Journal of Retailing, Vol. 73, S. 383-406.

Beutin, N. (2003): Verfahren zur Messung der Kundenzufriedenheit im Überblick, in: Homburg, C. (Hrsg.), Kundenzufriedenheit: Konzepte – Methoden – Erfahrungen, 4. Aufl., Wiesbaden 2003, S. 87-122.

Bezold, T. (1997): Zur Messung der Dienstleistungsqualität, Frankfurt am Main 1997.

Bitner, M.J./Booms, B.H./Tetreault, M.S. (1990): The Service Encounter: Diagnosing Favorable and Unfavorable Incidents, in: Journal of Marketing, Vol. 54, S. 69-82.

Bitner, M.J./Hubbert, A.R. (1994): Encounter Satisfaction Versus Overall Satisfaction Versus Quality, in: Rust, R.T./Oliver, R.L. (Hrsg.), Service Quality: New Directions in Theory and Practice, Thousand Oaks 1994, S. 72-94.

Bollini, A.M./Arnold, M.C./Keefe, R.S.E. (2000): Test-retest Reliability of the Dot Test of Visuospatial Working Memory in Patients with Schizophrenia and Controls, in: Schizophrenia Research, Vol. 45, S. 169-173.

Bolton, R.N./Drew, J.H. (1991): A Logitudinal Analysis of the Impact of Service Changes on Customer Attidutes, in: Journal of Marketing, Vol. 55, S. 1-9.

Bolton, R.N./Drew, J.H. (1991): A Multistage Model of Customers´ Assessments of Service Quality and Value, in: Journal of Consumer Research, Vol. 17, S. 375-384.

Bortz, J. (1999): Statistik für Sozialwissenschaftler, 5. Aufl., Berlin et al., 1999.

Bortz, J./Döring, N. (2002): Forschungsmethoden und Evaluation: Für Human- und Sozial-wissenschaftler, 3. Aufl., Berlin, 2002.

Brady, M.K./Cronin, J.J. (2001): Some New Thoughts on Conceptualizing Percieved Service Quality: A Hierarchical Approach, in: Journal of Marketing, Vol. 65, S. 34-49.

Brady, M.K./Cronin, J.J./Brand, R.R. (2002): Performance-only measurement of service quality: A replication and extension, in: Journal of Business Research, Vol. 55, S. 17-35.

Braunstein, C. (2001): Einstellung und Kundenbindung: Zur Erklärung des Treueverhaltens von Konsumenten, Wiesbaden 2001 (zugl. Diss.-Schr. Univ.-Mainz 2000).

Brewer, M.B. (2000): Research Design and Issues of Validity, in: Reis, H.T./Judd, Ch.M. (Hrsg.): Handbook of Research Methods in Social and Personality Psychology, Cambridge 2000.

Brown, T.J./Churchill Jr., G.A./Peter, J.P. (1993): Research note: Improving the measurement of service quality, in: Journal of Retailing, Vol. 69, S. 127-140.

Bruhn, M. (1997): Qualitätsmanagement für Dienstleistungen: Grundlagen, Konzepte, Methoden, 2. Aufl., Berlin u.a. 1997.

Bruhn, M./Georgi, D. (1998): Kundenbezogene Wirtschaftlichkeitsanalyse des Qualitätsmanagements für Dienstleistungen: Konzept, Modellrechnung und Fallbeispiel, in: Marketing ZFP, Jg. 20, S. 98-108.

Bruhn, M./Henning, K. (1993): Selektion und Strukturierung von Qualitätsmerkmalen. Auf dem Weg zu einem umfassenden Qualitätsmanagement für Kreditinstitute, Teil 1, in: Jahrbuch der Absatz- und Verbrauchsforschung, Jg. 39, S. 214-238.

Bühl, A./Zöfel, P. (2005): SPSS 12: Einführung in die moderne Datenanalyse unter Windows, 9. Aufl., München 2005.

Bühner, M. (2004): Einführung in die Test- und Fragebogenkonstruktion, München 2004.

Carmines, E./Zeller, R. (1979): Reliability and Validity Assessment, Newbury Park et al. 1979.

Chadee, D.D./Mattsson, J. (1996): An Empirical Assessment of Customer Satisfaction in Tourism, in: The Service Industries Journal, Vol. 16, S. 305-320.

Churchill, G.A. (1979): A Paradigm for Developing Better Measures of Marketing Constructs, in: Journal of Marketing Research, Vol. 16, S. 64-73.

Cobanoglu, C./Warde, B./Moreo, P.J. (2001): A comparison of mail, fax and web-based survey methods, in: International Journal of Market Research, Vol. 43, S. 441-455.

Coderre, F./Mathieu, A./St-Laurent, N. (2004) : Comparison of the quality of qualitative data obtained through telephone, postal and email surveys, in: International Journal of Market Research, Vol. 46, S. 347-357.

Conway, J./Jako, R./Goodman, D. (1995): A Meta-Analysis of Internal Consistency Reliability of Selection Interviews, in: Journal of Applied Psychology, Vol. 80, S. 565-579.

Corsten, H. (2001): Dienstleistungsmanagement, 4. Aufl., München 2001.

Cronbach, L./Gleser, G.C./Nanda, H./Rajaratnam, N. (1972): The dependability of behavioral measurement. Theory of generalizability for scores and profiles, New York 1972.

Cronin, J.J./Brady, M./Hult, T. (2000): Assessing the Effects of Quality, Value, and Customer Satisfaction on Consumer Behavioral Intentions in Service Environments, in: Journal of Retailing, Vol. 76, S. 193-218.

Cronin, J.J./Taylor, St.A. (1992): Measuring Service Quality: A Reexamination and Extension, in: Journal of Marketing, Vol. 56, S. 55-68.

Cronin, J.J./Taylor, St.A. (1994): SERVPERF versus SERVQUAL, in Journal of Marketing, Vol. 58, S. 125-132.

Dabholkar, P./Shepherd, C./Thorpe, D. (2000): A Comprehensive Framework for Service Quality: An Investigation of Critical Conceptual and Measurement Issues Through a Longitudinal Study, in: Journal of Retailing, Vol. 76, S. 139-173.

Dabholkar, P.A. (1993): Customer Satisfaction and Service Quality: Two Constructs or One?, in: American Marketing Association, Summer 1993, S. 10-18.

Danaher, P.J./Mattsson, J. (1994): Cumulative Encounter Satisfaction in the Hotel Conference Process, in: International Journal of Service Industry Management, Vol. 5, S. 69-80.

Danaher, P.J./Mattsson, J. (1994): Customer Satisfaction during the Service Delivery Process, in: European Journal of Marketing, Vol. 28, S. 5-16.

Dawson, J./Hillier, J. (1995): Competitor mystery shopping: methodological considerations and implications for the MRS Code of Conduct, in: Journal of the Market Research Society, Vol. 37, S. 417-427.

Day, R.L. (1983): The Next Step: Commonly Accepted Constructs for Satisfaction Research, in: Day, R.L./Hunt, H.K. (Hrsg.): International Fare in Consumer Satisfaction and Complaining Behaviour, Bloomington 1983.

de Ruyter, K./Bloemer, J./Peeters, P. (1997): Merging service quality and service satisfaction: An empirical test of an integrative model, in: Journal of Economic Psychology, Vol. 18, S. 387-406.

Deckers, R. (2003): Taking the Mystery out of Mystery Shopping – Qualitätskriterien für das Testkauf-Verfahren, in: Planung & Analyse – Zeitschrift für Marketing, 30. Jg., S. 34-38.

Deges, F. (1992): Der Einsatz von Testkunden im Einzelhandel, in: Jahrbuch der Absatz- und Verbrauchsforschung, Jg. 38, S. 85-100.

Deppisch, C.G. (1997): Dienstleistungsqualität im Handel, Wiesbaden 1997 (zugl. Diss.-Schr. Univ. Köln 1996).

Deutsches Institut für Normung e.V. (2005): Begriffe der Qualitätssicherung und Statistik: Grundbegriffe der Qualitätssicherung, DIN EN ISO 9000:2005, Berlin 2005.

Diehl, J.M./Staufenbiel, T. (2001): Statistik mit SPSS: Version 10.0, Eschborn 2001.

Diekmann, A. (2002): Empirische Sozialforschung: Grundlagen, Methoden, Anwendungen, 8. Aufl., Hamburg 2002.

Dierdorff, E.C./Wilson, M.A. (2003): A Meta-Analysis of Job Analysis Reliability, in: Journal of Applied Psychology, Vol. 88, S. 635-646.

Domsch, M./Gerpott, T.J. (1986): Zum Problem der Bestimmung der Reliabilität von Organisationsklimamessungen, in: Zeitschrift für Arbeits und Organisationspsychologie, 30. Jg., S. 116-124.

Donabedian, A. (1980): The Definition of Quality and Approaches to its Assessment and Monitoring, Ann Arbor u.a. 1980.

Dorman, K.G. (1994): Mystery Shopping: Results can shape your future, in: Bank Marketing, Vol. 26, S. 17-21.

Dwek, R. (1996): Magic of mystery shopping, in: Marketing, 17. October 1996, S. 41-43.

Ecken, Ch. (1998): Mystery-Shopping für eine neue Servicequalität: Marktforschungsinstitut Shop´n Check bringt Methode zur Qualitätskontrolle nach Deutschland, in: Horizont, S. 34.

Eide, P./Kemp, A./Silberstein, R.B./Nathan, P.J./Stough, C. (2002): Test-Retest Reliability of the Emotional Stroop Task: Examining the Paradox of Measurement of Change, in: The Journal of Psychology, Vol. 136, S. 514-520.

Eisen, J.L./Phillips, K.A./Baer, L./Beer, D.A./Atala, K.D./Rasmussen, S.A. (1998): The Brown Assessment of Beliefs Scale: Reliability and Validity, in: American Journal of Psychiatry, Vol. 155, S. 102-108.

Endicott, J./Tracy, K./Burt, D./Olson, E./Coccaro, E.F. (2002): A novel approach to assess inter-rater reliability in the use of the overt aggression scale-modified, in: Psychiatry Research, Vol. 112, S. 153-159.

Epstein, M.H./Harniss, M.K./Pearson, N./Ryser, G. (1999): The Behavioral and Emotional Rating Scale: Test-Retest and Inter-Rater Reliability, in: Journal of Child and Familiy Studies, Vol. 8, S. 319-327.

Esch, F.R./Billen, P. (1994): Ansätze zum Zufriedenheitsmanagement: Das Zufriedenheits-portfolio, in: Tomczak, T./Belz, Ch. (Hrsg.): Kundennähe realisieren, St. Gallen 1994.

Evenson, K.R./Eyler, A.A./Wilcox, S./Thompson, J.L./Burke, J.F. (2003): Test-Retest Reliability of a Questionnaire on Physical Activity and Its Correlates Among Women from Diverse Racial and Ethnic Groups, in: Amercian Journal of Preventive Medicine, Vol. 25, S. 15-22.

Fan, X./Thompson, B./Wang, L. (1999): Effects of Sample Size, Estimation Methods, and Model Specification on Structural Equation Modeling Fit Indexes, in: Structural Equation Modeling, Vol. 6, S. 56-83.

Fechner, H.J. (1999): Die Messung von Dienstleistungsqualität: Am Fallbeispiel der externen Führungskräfte-Weiterbildung, Hanau 1999 (zugl. Diss.-Schr. Univ. Bayreuth 1999).

Fick, G.R./Brent Ritchie, J.R. (1991): Measuring Service Quality in the Travel and Tourism Industry, in: Journal of Travel Research, S. 2-9.

Finn, A. (2001): Mystery Shopper Benchmarking of Durable-Goods Chains and Stores, in: Journal of Service Research, Vol. 3, S. 310-320.

Finn, A./Kayandé, U. (1999): Unmasking a Phantom: A Psychometric Assessment of Mystery Shopping, in: Journal of Retailing, Vol. 75, S. 195-217.

Fischer, L./Wiswede, G. (1997): Grundlagen der Sozialpsychologie, München 1997.

Flanagan, J.C. (1954): The Critical Incident Technique, in: Psychological Bulletin, Vol. 51, S. 327-357.

Fleiss, J.L./Cohen, J. (1973): The equivalence of weighted kappa and the intraclass correlation coefficient as measures of reliability, in: Educational and Psychological Measurement, Vol. 20, S. 613-619.

Földényi, M./Giovanoli, A./Tagwerker-Neuenschwander, F./Schallberger, U./ Steinhausen, H.-C. (2000): Reliabilität und Retest-Stabilität der Testleistungen von 7-10jährigen Kindern in der computerunterstützten TAP, in: Zeitschrift für Neuropsychologie, 11. Jg., S. 1-11.

Frick, T./Semmel, M.I. (1978): Observer Agreement and Reliabilities of Classroom Observational Measures, in: Review of Educational Research, Vol. 48, S. 157-184.

Friede, K.C. (1981): Verfahren zur Bestimmung der Intercoderreliabilität für nominalskalierte Daten, in: Zeitschrift für empirische Pädagogik, 5. Jg., S. 1-25.

Friedrichs, J. (1990): Methoden empirischer Sozialforschung, 14. Aufl., Opladen 1990.

Fritz, W. (2001): Internet-Marketing und Electronic Commerce: Grundlagen - Rahmenbedingungen - Instrumente, 2. Aufl., Wiesbaden 2001.

Gabler Wirtschaftslexikon Taschenbuch – Kassette mit 10 Bd., 14. Aufl., Wiesbaden 1997.

Gampenrieder, A./Riedmüller, F. (2001): Marktforschung via Internet, in: Albers, S./Hermanns, A./Sauter, M. (Hrsg.): Management-Handbuch Electronic Commerce, 2. Aufl., München 2001.

Gatewood, R./Thornton, G.C. III/Hennessey, H.W. Jr. (1990): Reliability of exercise ratings in the leaderless group discussion, in: Journal of Occupational Psychology, Vol. 63, S. 331-342.

Giering, A. (2000): Der Zusammenhang zwischen Kundenzufriedenheit und Kundenloyalität: Eine Untersuchung moderierender Effekte, Wiesbaden 2000 (zugl. Diss.-Schr. Univ. Mannheim 2000).

Gierl, H./Helm, R. (1998): Die Messung der Dienstleistungsqualität - Befunde aus dem Einsatz von Servqual und des zugrundeliegenden Gap-Modells, in: Jahrbuch der Absatz- und Verbrauchsforschung, 44. Jg., S. 356-372.

Girtler, R. (1992): Methoden der qualitativen Sozialforschung: Anleitung zur Feldarbeit, 3. Aufl., Wien 1992.

Grayson, K./Rust, R. (2001): Interrater Reliability, in: Journal of Consumer Psychology, Vol. 10, S. 71-73.

Green, S.B. (2003): A coefficient alpha for test-retest data, in: Psychological Methods, Vol. 8, S. 88-101.

Greve, W./Wentura, D. (1997): Wissenschaftliche Beobachtungen. Eine Einführung, Weinheim, 1997.

Grove, S.J./Fisk, R.P. (1992): Observational data collection methods for services marketing: An overview, in: Journal of the Academy of Marketing Science, Vol. 20, S. 217-224.

Gulnerits, K./Karner, M. (1998): Anonyme Testkäufer überprüfen Verkäufer. Schlechter Service und mangelhafte Beratung sind zu 68 Prozent der Grund, warum Kunden verloren gehen. Die Zufriedenheit der Kunden entscheidet bei gesteigertem Konkurrenzdruck den Kampf im Handel, in: WirtschaftsBlatt, Nr. 772, 05.12.1998, S. E23-28.

Güthoff, J. (1995): Qualität komplexer Dienstleistungen: Konzeption und empirische Analyse der Wahrnehmungsdimensionen, Wiesbaden 1995 (zugl. Diss.-Schr. Univ. Rostock 1995).

Haas, A. (2002): Analyse von Verkaufssituationen mit Mystery Shopping, in: Jahrbuch der Absatz- und Verbrauchsforschung, Jg. 48, S. 277-294.

Haas, A. (2003): Wie valide sind Urteile von Mystery Shoppern?, in: Planung & Analyse – Zeitschrift für Marketing, 30. Jg., S. 24-29.

Hackmann, C./Schäbe, H. (1996): Testkunden statt Kundenumfragen: Ein System zur Messung der Dienstleistungsqualität bei der Deutschen Post AG, in: QZ, Jg. 41, S. 1136-1140.

Haist, F./Fromm, H. (1991): Qualität im Unternehmen: Prinzipien - Methoden – Techniken, 2. Aufl., München u.a. 1991.

Haller, S. (1995): Beurteilung von Dienstleistungsqualität: Dynamische Betrachtung des Qualitätsurteils im Weiterbildungsbereich, Wiesbaden 1995.

Hammann, P./Erichson, B. (1994): Marktforschung, 3. Aufl., Stuttgart 1994.

Hartung, J. (1999): Statistik: Lehr- und Handbuch der angewandten Statistik, 12. Aufl., München 1999.

Henning-Thurau, T./Klee, A. (1997): The Impact of Customer Satisfaction and Relationship Quality on Customer Retention: A Critical Reassessment and Model Development, in: Psychologie & Marketing, Vol. 14, S. 737-764.

Hentschel, B. (1992): Dienstleistungsqualität aus Kundensicht: Vom merkmals- zum ereignisorientierten Ansatz, Wiesbaden 1992 (zugl. Diss.-Schr. Kath. Univ. Eichstätt 1992).

Hentschel, B. (1995): Multiattributive Messung von Dienstleistungsqualität, in: Bruhn, M./Stauss, B. (Hrsg.): Dienstleistungsqualität: Konzepte, Methoden, Erfahrungen, 2. Aufl., Wiesbaden 1995.

Hermann, A. (1995): Produktqualität, Kundenzufriedenheit und Unternehmensrentabilität: Eine branchenübergreifende Analyse, in: Bauer, H.H./Diller, H. (Hrsg.): Wege des Marketing: Festschrift zum 60. Geburtstag von Erwin Dichtl, Berlin 1995.

Hermann, A./Homburg, C. (2000): Marktforschung: Ziele, Vorgehensweise und Methoden, in: Hermann, A./Homburg, C. (Hrsg.): Marktforschung, 2. Aufl., Wiesbaden 2000.

Herzberg, F. (1964): The Motivation-Hygiene Concept and Problems of Manpower, in: Personal Administration, Vol. 27, S. 3-7.

Hildebrandt, L. (1998): Kausalanalytische Validierung in der Marketingforschung, in: Hildebrandt, L./Homburg, C. (Hrsg.), Die Kausalanalyse – Instrument der empirischen betriebswirtschaftlichen Forschung, Stuttgart, 1998.

Hinterhuber, H.H./Handlbauer, G./Matzler, K. (1997): Kundenzufriedenheit durch Kernkompetenzen: Eigene Potentiale erkennen - entwickeln - umsetzen, München u.a. 1997.

Hollenbeck, A.R. (1978): Problems of reliability in observational research, in: Sackett, G.P. (Hrsg.): Observing Behaviour, Bd. 2: Data Collection and Analysing Methods, Baltimore, S. 79-98.

Homburg, Ch. (1992): Die Kausalanalyse: Eine Einführung, in: WiSt, Jg. 21, S. 499-508.

Homburg, Ch. (1998): Kundennähe von Industriegüterunternehmen, 2. Aufl., Wiesbaden 1998.

Homburg, Ch./Baumgartner, H. (1995): Beurteilung von Kausalmodellen: Bestandsaufnahme und Anwendungsempfehlungen, in: Marketing ZFP, Jg. 17, S. 162-176.

Homburg, Ch./Giering, A. (1996): Konzeptualisierung und Operationalisierung komplexer Konstrukte, in: Marketing ZFP, Jg.18, S. 5-24.

Homburg, Ch./Krohmer, H. (2003): Marketingmanagement: Strategie – Instrumente – Umsetzung – Unternehmensführung, Wiesbaden 2003.

Homburg, Ch./Pflesser, C. (2000): Konfirmatorische Faktorenanalyse, in: Hermann, A./Homburg, C. (Hrsg.): Marktforschung, 2. Aufl., Wiesbaden 2000.

Homburg, Ch./Rudolph, B. (1995): Theoretische Perspektiven zur Kundenzufriedenheit, in: Simon, H./Homburg, Ch. (Hrsg.): Kundenzufriedenheit: Konzepte, Methoden, Erfahrungen, Wiesbaden 1995.

Homburg, Ch./Rudolph, B./Werner, H. (1995): Messung und Management von Kundenzufriedenheit in Industriegüterunternehmen, in: Simon, H./Homburg, Ch. (Hrsg.): Kundenzufriedenheit: Konzepte, Methoden, Erfahrungen, Wiesbaden 1995.

Hopkinson, G.C./Hogarth-Scott, S. (2001): "What happened was …" Broadening the Agenda for Storied Research, in: Journal of Marketing Management, Vol. 17, S. 27-47.

Hornik, J./Zaig, T./Shadmon, D. (1991): Reducing Refusals in Telephon Surveys on Sensitive Topics, in: Journal of Advertising Research, Vol. 31, S. 49-56.

Hribek, G. (1999): Messung der Patientenzufriedenheit mit stationärer Versorgung: Entwicklung multiattributiver Messinstrumente für Krankenhäuser und Rehabilitationseinrichtungen, Hamburg 1999 (zugl. Diss.-Schr. Univ. Passau 1999).

Hubert, L. (1977): Kappa revisited, in: Psychological Bulletin, Vol. 84, S. 289-297.

Jacobsen, D./Kloss, M./Hand, I./Moritz, S. (2003): Reliabilität der deutschen Version der Yale-Brown Obsessive Compulsive Scale, in: Verhaltenstherapie, Vol. 13, S. 111-113.

Janich, P. (2000): Was ist Wahrheit?: Eine philosophische Einführung, 2. Aufl., München 2000.

Janssens, J.-P./Héritier-Praz, A./Carone, M./Burdet, L./Fitting, J.-W./Uldry, C./Tschopp, J.-M./Rochat, T. (2004): Validity and Reliability of a French Version of the MRF-28 Health-Related Quality of Life Questionnaire, in: Respiration, Vol. 71, S. 567-574.

Johnston, R./Heineke, J. (1998): Exploring the Relationship between Perception and Performance: Priorities for Action, in: The Service Industries Journal, Vol. 18, S. 101-112.

Kelbetz, G./Schuler, H. (2002): Verbessert Vorerfahrung die Leistung im Assessment Center?, in: Zeitschrift für Personalpsychologie, 1. Jg., S. 4-18.

Kennedy, D.B./Stratford, P.W./Wessel, J./Gollish, J.D./Penney, D. (2005): Assessing stability and change of four performance measures: A longitudinal study evaluating outcome following total hip and knee arthroplasty, in: BMC Musculoskeletal Disorders, Vol. 6, Online.

Keppler, G. (1996): Qualitative Marktforschung, 2. Aufl., Wiesbaden 1996.

Koch, J. (2001): Marktforschung: Begriffe und Methoden, 3. Aufl., München et al. 2001.

Kohlbacher, J./Egloff, N. (2003): Mystery Shopping als Instrument Strategischer Unternehmensführung, in: Planung & Analyse – Zeitschrift für Marketing, 30. Jg., S. 70-74.

Kokai, M./Inada, T./Ohara, K./Shimizu, M./Iwado, H./Morita, Y. (2003): Inter-rater and test-retest reliability of the Japanese version of the subjective deficit syndrome scale, in: Human Psychopharmacology, Vol. 18, S. 145-149.

Kolb, S. (2004): Verlässlichkeit von Inhaltsanalysedaten – Reliabilitätstest, Errechnen und Interpretieren von Reliabilitätskoeffizienten für mehr als zwei Codierer, in: Medien & Kommunikationswissenschaft, 52. Jg., S. 335–354.

Kranz, H.T. (2001): Einführung in die klassische Testtheorie, 5. Aufl., Eschborn 2001.

Krauth, J. (1995): Testkonstruktion und Testtheorie, Weinheim 1995.

Krohmer, H. (1999): Marktorientierte Unternehmenskultur als Erfolgsfaktor der Strategieimplementierung, Wiesbaden 1999 (zugl. Diss.-Schr. Univ. Mannheim 1999).

Kromrey, H. (1998): Empirische Sozialforschung: Modelle und Methoden der Datenerhebung und Datenauswertung, 8. Aufl., Opladen 1998.

Kromrey, H. (2002): Empirische Sozialforschung, 10. Aufl., Opladen, 2002.

Kronhardt, M. (2004): Erfolgsfaktoren des Managements medizinischer Versorgungsnetze, Wiesbaden 2004 (zugl. Diss.-Schr. Univ. Marburg 2004).

Krüger-Strohmayer, S. (2000): Profitabilitätsorientierte Kundenbindung durch Zufriedenheitsmanagement. Kundenzufriedenheit und Kundenwert als Steuerungsgröße für die Kundenbindung in marktorientierten Dienstleistungsunternehmen, München 2000 (zugl. Diss.-Schr. Univ. München 1997).

Laan, N.C. van der/Schimmel, A./Heeren, T.J. (2005): The applicability and the inter-rater reliability of the Comprehensive Psychopathological Rating Scale in an elderly clinical population, in: International Journal of Geriatric Psychiatry, Vol. 20, S. 35-40.

Lam, S.S.K. (1998): Test-Retest Reliability of the Organizational Commitment Questionnaire, in: The Journal of Social Psychology, Vol. 138, S. 787-788.

Lam, S.S.K./Woo, K.S. (1997): Measuring service quality: a test-retest reliability investigation of SERVQUAL, in: Journal of the Market Research Society, Vol. 39, S. 381-396.

Lammers, M./Schubert, A. (2003): Am Puls der Dienstleistungsqualität mit Mystery Shopping, in: Planung & Analyse – Zeitschrift für Marketing, 30. Jg., S. 56-61.

Lamnek, S. (1995): Qualitative Sozialforschung: Bd. 1 Methodologie, 3. Aufl., Weinheim 1995.

Landgraf, P. (1995): Ansätze zur Verbesserung der Dienstleistungsqualität am Beispiel der Schalterdienste der Deutsche Post AG, Göttingen 1995 (zugl. Diss.-Schr. Univ. München 1995).

Lanyon, R.I./Goodstein, L.D. (2004): Validity and Reliability of a preemployment screening test: The counterproductive behaviour index (CBI), in: Journal of Business and Psychology, Vol. 18, S. 533-553.

Lauer, A. (2001): Vertriebschienenprofilierung durch Handelsmarken: Theoretische Analyse und empirische Bestandsaufnahme im deutschen Lebensmitteleinzelhandel, Wiesbaden 2001 (zugl. Diss.-Schr. Univ. Marburg 2001).

LeBlanc, G. (1992): Factors Affecting Customer Evaluation of Service Quality in Travel Agencies. An Investigation of Customer Perceptions, in: Journal of Travel Research, S. 10-16.

Leeds, B. (1995): Mystery Shopping: From Novelty to Necessity, in: Bank Marketing, June 1995, S. 17-23.

Levine, P./Ahlhauser, B./Kulp, D./Hunter, R. (1999): Pro and Con: Internet Interviewing, in: Marketing Research, Vol. 11, S. 33-36.

Lienert, G.A./Raatz, U. (1998): Testaufbau und Testanalyse, 6. Aufl., Weinheim 1998.

Lievens, F. (2001): Assessor Training Strategies and Their Effects on Accuracy, Interrater Reliability, and Discriminant Validity, in: Journal of Applied Psychology, Vol. 86, S. 255-264.

Lingenfelder, M./Lauer, A./Groh, S. (2000): Kundenzufriedenheit im Business-to-Business-Marketing, in: Bruhn, M./Stauss, B. (Hrsg.): Dienstleistungsmanagement Jahrbuch 2000: Kundenbeziehungen im Dienstleistungsbereich, Wiesbaden 2000.

Lingenfelder, M./Schneider, W. (1991): Die Kundenzufriedenheit: Bedeutung, Meßkonzepte und empirische Befunde, in: Marketing ZFP, Jg. 13, S. 109-119.

Lingenfelder, M./Schmidt, K./Wieseke, J. (2006): Mitarbeiter-Performance im Servicekontakt - Modellierung und Messung mittels Mystery Shopping im Tourismus, in: Bruhn, M./Stauss, B. (Hrsg.): Dienstleistungscontrolling, Wiesbaden 2006.

Lingenfelder, M./Wieseke, J./Schmidt, K. (2003): Dienstleistungsqualität von Reisebüro-Unternehmen, in: Tourismus Journal, 7. Jg., S. 283-306.

Linsky, A.S. (1975): Stimulating Responses to Mailed Questionnaires, in Public Opinion Quarterly, Vol. 39, S. 137-162.

Loevenich, P. (2002): Substitutionskonkurrenz durch E-commerce: Messung - Determinanten - Auswirkungen, Wiesbaden 2002 (zugl. Diss.-Schr. Univ. Marburg 2002).

March, J.S./Sullivan, K. (1999): Test-Retest Reliability of the Multidimensional Anxiety Scale for Children, in: Journal of Anxiety Disorders, Vol. 13, S. 349-358.

Marcoulides, G.A. (1989): The application of generalizability analysis to observational studies, in: Quality and Quantity, Vol. 23, S. 115-127.

Marcoulides, G.A. (1990): An alternative method for estimating variance components in generalizability theory, in Psychological reports, Vol. 66, S. 379-386.

Matzler, K. (1997): Kundenzufriedenheit und Involvement, Wiesbaden 1997 (zugl. Diss.-Schr. Univ. Innsbruck 1997).

Matzler, K./Kittinger-Rosanelli, Chr. (2000): Mystery Shopping als Instrument zur Messung der wahrgenommenen Dienstleistungsqualität von Banken, in: Jahrbuch der Absatz- und Verbrauchsforschung, Jg. 46, S. 220-241.

Matzler, K./Pechlaner, H./Kohl, M. (2000): Formulierung von Servicestandards für touristische Dienstleistungen und Überprüfung durch den Einsatz von „Mystery Guests", in: Tourismus Journal, Jg. 4, S. 157-176.

Matzler, K./Stahl, H.K. (2000): Kundenzufriedenheit und Unternehmenswertsteigerung, in: DBW, Jg. 60, S. 626-641.

Maurer, P. (2003): Luftverkehrsmanagement: Basiswissen, 3. Aufl., Oldenbourg 2003.

McAlexander, J.H./Kaldenburg, D.O./Koenig, H.F. (1994): Service Quality Measurement, in: Journal of Health Care Management, Vol. 14, S. 34-39.

McGraw, K.O./Wong, S.P. (1996): Forming Inferences About Some Intraclass Correlation Coefficients, in: Psychological Methods, Vol.1, S. 30-46.

McHaney, R./Hightower, R./White, D. (1999): EUCS test-retest reliability in representational model decision support systems, in: Information & Management, Vol. 36, S. 109-119.

Meffert, H. (1994): Marktorientierte Führung von Dienstleistungsunternehmen, neuere Entwicklungen in Theorie und Praxis, in: Die Betriebswirtschaft, Jg. 54, S. 519-541.

Meffert, H./Birkelbach, R. (1995): Qualitätsmanagement in Dienstleistungszentren: Konzeptionelle Grundlagen und typenspezifische Ausgestaltung, in: Bruhn, M./Stauss, B. (Hrsg.): Dienstleistungsqualität: Konzepte, Methoden, Erfahrungen, 2. Aufl., Wiesbaden 1995.

Meffert, H./Bruhn, M. (1997): Dienstleistungsmarketing: Grundlagen, Konzepte, Methoden; mit Fallbeispielen, 2. Aufl., Wiesbaden 1997.

Meffert, H./Bruhn, M. (2003): Dienstleistungsmarketing: Grundlagen – Konzepte – Methoden, 4. Aufl., Wiesbaden 2003.

Meyer, A./Westerbarkey, P. (1995): Zufriedenheit von Hotelgästen - Entwurf eines selbstregulierenden Systems, in: Simon, H./Homburg, Ch. (Hrsg.): Kundenzufriedenheit: Konzepte, Methoden, Erfahrungen, Wiesbaden 1995.

Meyer, H. (2004): Theorie und Qualitätsbeurteilung psychometrischer Tests, Stuttgart 2004.

Miles, L. (1993): Rise of the Mystery Shopper: The voice of the customer can no longer be ignored and many organisations are reacting accordingly, in: Marketing, 29. July 1993, S. 19-20.

Moosbrugger, H. (1999): Testtheorie: Klassische Ansätze, in: Jäger, R.S./Petermann, F. (Hrsg.): Psychologische Diagnostik, Weinheim 1999.

Moosbrugger, H. (2002): Item-Response-Theorie (IRT), in: Amelang, M./Zielinski, W. (Hrsg.): Psychologische Diagnostik und Intervention, 3. Aufl., Heidelberg 2002.

Morrall, K. (1994): Mystery Shopping: Tests Service and Compliance, in: Bank Marketing, Vol. 26, S. 13-22.

Morrison, G./Sharkey, V./Allardyce, J./Kelly,R.C./McCreadie, R.G. (2000): Nithsdale Schizophrenia Surveys 21: a longitudinal study of National Adult Reading Test stability, in: Psychological Medicine, Vol. 30, S. 717-720.

Morrison, L.J./Colman, A.M./Preston, C.C. (1997): Mystery customer research: cognitive processes affecting accuracy, in: Journal of the Market Research Society, Vol. 39, S. 349-361.

Muffatto, M./Panizzolo, R. (1995): A Process-Based View for Customer Satisfaction, in: International Journal of Quality & Reliability Management, Vol. 12, S. 154-169.

Murray, D.M./Blitstein, J.L. (2003): Methods to reduce the impact of intraclass correlation in group-randomized trials, in: Evaluation Review, Vol. 27, S. 79-103.

Mutz, R. (2003): Multivariate Reliabilitäts- und Generalisierbarkeitstheorie in der Lehrevaluationsforschung, in: Zeitschrift für Pädagogische Psychologie, Jg. 17, S. 245-254.

Nerdinger, F.W. (1994): Zur Psychologie der Dienstleistung: Theoretische und empirische Studien zu einem wirtschaftspsychologischen Forschungsgebiet, Stuttgart 1994.

Nevonen, L./Broberg, A.G./Clinton, D./Norring, C. (2003): A measure for the assessment of eating disorders: Reliability and validity studies of the Rating of Anorexia and Bulimia interview – revised version (RAB-R), in: Scandinavian Journal of Psychology, Vol. 44, S. 303-310.

Nieschlag, R./Dichtl, E./Hörschgen, H. (1997): Marketing, 18. Aufl., Berlin 1997.

Nunnally, J.C. (1978): Psychometric theory, 2nd ed., New York, 1978.

o.V. (2003): Mystery Shopping - Mysteriöse Suche nach dem zufriedenen Kunden?, in: Wirtschaftswoche, Nr. 4, S. 34.

Ölander, F. (1977): Consumer Satisfaction: A Sceptic´s View, in: Hunt, H.K. (Hrsg.): Conceptualization and Measurement of Consumer Satisfaction and Dissatisfaction, Cambridge 1977.

Olandt, H. (1998): Dienstleistungsqualität in Krankenhäusern: Operationalisierung und Messung der Patientenwahrnehmung, Wiesbaden 1998 (zugl. Diss.-Schr. Univ. Rostock 1998).

Oliver, R.L. (1980): A Cognitive Model of the Antecedents and Consequences of Satisfaction Decisions, in: Journal of Marketing Research, Vol. 17, S. 460-486.

Oliver, R.L. (1989): Processing the satisfaction response in consumption: A suggested framework and research proposition, in: Journal of Consumer Satisfaction/Dissatisfaction and Complaining Behaviour, Vol. 2, S. 1-16.

Oliver, R.L. (1993): A Conceptual model of Service Quality and Service Satisfaction: Compatible Goals, Different Concepts, in: Swartz, T.A./Bowen, D.E./Brown, St.W. (Hrsg.): Advances in Service Marketing and Management: Research and Practice, 2., Aufl., London 1993.

Oliver, R.L. (1996): Satisfaction: A behavioural perspective on the consumer, Boston u.a. 1996.

Orth, B. (1974): Einführung in die Theorie des Messens, Stuttgart 1974.

Orth, B. (1999): Meßtheoretische Grundlagen der Diagnostik, in: Jäger, R.S./Petermann, F. (Hrsg.): Psychologische Diagnostik, Weinheim 1999.

Parasuraman, A./Zeithaml, V.A./Berry, L. (1985): A Conceptional Model of Service Quality and Ist Implications for Future Research, in: Journal of Marketing, Vol. 49, S. 41-50.

Parasuraman, A./Zeithaml, V.A./Berry, L.L. (1988): SERVQUAL: A Multiple-Item Scale for Measuring Consumer Perceptions of Service Quality, in: Journal of Retailing, Vol. 64, S. 13-40.

Parasuraman, A./Zeithaml, V.A./Berry, L.L. (1994): Reassessment of expectations as a comparison standard in measuring service quality: Implications for further research, in: Journal of Marketing, Vol. 70, S. 111-124.

Paterson, J.M./Green, A./Cary, J. (2002): The measurement of organizational justice in organizational change programmes: A reliability, validity and context-sensitivity assessment, in: Journal of Occupational and Organizational Psychology, Vol. 75, S. 393-408.

Patterson, P./Johnson, L. (1993): Disconfirmation of Expectations and the Gap Model of Service Quality: An integrated Paradigm, in: Journal of Consumer Satisfaction/Dissatisfaction and Complaining Behaviour, Vol. 6, S. 90-99.

Perreault, W.D./Leigh, L.E. (1989): Reliability of Nominal Data Based on Qualitative Judgements, in: Journal of Marketing Research, Vol. 26, S. 135-148.

Peter, J.P. (1979): Reliability: A Review of Psychometric Basics and Recent Marketing Practices, in: Journal of Marketing Research, Vol. 16, S. 6-17.

Peter, S.I. (1997): Kundenbindung als Marketingziel: Identifikation und Analyse zentraler Determinanten, Wiesbaden 1997 (zugl. Diss.-Schr. Univ. Mannheim 1996).

Peterson, E.R./Parkinson, A./Mullally, A.A.P./Redmond, J.A. (2004): Test-retest reliability of Riding's cognitive styles analysis test, in: Personality and Individual Differences, Vol. 37, S. 1273-1278.

Peterson, R.A. (1994): A Meta-Analysis of Cronbach´s Coefficient Alpha, in: Journal of Consumer Research, Vol. 21, S. 381-391.

Platzek, T. (1997): Mystery Shopping: „Verdeckte Ermittler" im Kampf um mehr Kundenorientierung, in: WiSt, Jg. 26, S. 364-366.

Poganatz, F. (2002): Fragebogen zur Arbeitsanalyse (FAA), in: Kanning, U.P./Holling, H. (Hrsg.): Handbuch personaldiagnostischer Instrumente, Göttingen 2002, S. 104-109.

Popper, K. (1994): Logik der Forschung, 10. Aufl., Tübingen 1994.

Puhan, M.A./Behnke, M./Frey, M./Grueter, T./Brandli, O./Lichtenschopf, A./Guyatt, G.H./Schunemann, H.J. (2004): Selfadministration and interviewer-administration of the German Chronic Respiratory Questionnaire: Instrument development and assessment of validity and reliability in two randomised studies, in: Health and Quality of Life Outcomes, Vol. 2, online.

Quartapelle, A.Q./Larsen, G. **(1996):** Kundenzufriedenheit: Wie Kundentreue im Dienstleistungsbereich die Rentabilität steigert, Berlin u.a. 1996.

Remscheidt, H./Hirsch, O./Mattejat, F. **(2003):** Reliabilität und Validität von telefonisch erhobenen Evaluationsmaßnahmen, in: Zeitschrift für Kinder und Jugendpsychiatrie und Psychotherapie, 31. Jg., S. 35-49.

Reuband, K.-H./Rastampour, P. **(1999):** Wie reliabel sind Fragen zur Kriminalität und Kriminalitätsfurcht? Ergebnisse einer Test-Retest-Studie, in: Soziale Probleme, 10. Jg., S. 166-178.

Rinck, M./Bundschuh, S./Engler, S./Müller, A./Wissmann, J./Ellwart, T./Becker, E.S. **(2002):** Reliabilität und Validität dreier Instrumente zur Messung von Angst vor Spinnen, in: Diagnostica, Vol. 48, S. 141-149.

Rizvi, S.R./Peterson, C.B./Crow, S.J./Agras, W.S. **(1999):** Test-Retest Reliability of the Eating Disorder Examination, in: International Journal of Eating Disorders, Vol. 28, S. 311-316.

Rost, J. **(2004):** Lehrbuch Testtheorie – Testkonstruktion, 2. Aufl., Bern, 2004.

Rousson, V./Gasser, T./Seifert, B. **(2003):** Confidence Intervals for Intraclass Correlation in Inter-Rater Reliability, in: Scandinavian Journal of Statistics, Vol. 30, S. 617-624.

Rust, R./Oliver, R. **(1994):** Service Quality: Insights and Managerial Implications From the Frontier, in: Rust, R./Oliver, R.: Service Quality, New Directions in Theory and Practice, Thousand Oaks u.a. 1994.

Rust, R.T./Cooil, B. **(1994):** Reliability Measures for Qualitative Data: Theory and Implications, in: Journal of Marketing Research, Vol. 31, S. 1-14.

Rust, R.T./Zahorik, A.J./Keiningham, T.L. **(1995):** Return on Quality (ROQ): Making Service Quality Financially Accountable, in: Journal of Marketing, Vol. 59, S. 58-70.

Salgado, J.F./Moscoso, S./Lado, M. (2003): Test-Retest Reliability of Ratings of Job Performance Dimensions in Managers, in: International Journal of Selection and Assessment, Vol. 11, S. 98-101.

Sander, I. (2000): Who watches the watchers?: Biasreduzierung bei Testkundenuntersuchungen (Mystery Shopping) durch den Einsatz von Normcontrollern, in: planung&analyse, Nr. 5, S. 30-36.

Santanello, N.C./Barber, B.L./Reiss, T.F./Friedmann, B.S./Juniper, E.F./Zhang, J. (1997): Measurement characteristics of two asthma symptom diary scales for use in clinical trials, in: European Resipiratory Journal, Vol. 10, S. 646-651.

Scharitzer, D. (1994): Dienstleistungsqualität - Kundenzufriedenheit, Wien 1994.

Scheurich, A./Müller, M.J./Anghelescu, I./Lörch, B./Dreher, M. (2005): Reliability and Validity of the Form 90 Interview, in: European Addiction Research, Vol. 11, S. 50-56.

Schiel, F. (2004): Sind auch testtheoretisch schwache Verfahren diagnostisch relevant? – Ein Beitrag zur Fundierung einer breiten Vorgehensweise in der Managementdiagnostik, Bochum 2004 (zugl. Diss.-Schr. Ruhr-Univ. Bochum 2004).

Schmickler, M. (2001): Management strategischer Kooperationen zwischen Hersteller und Handel. Konzeption und Realisierung von Efficient Consumer Response-Projekten, Wiesbaden 2001.

Schmidt, K.S./Mattis, P.J./Adams, J./Nestor, P. (2005): Test-Retest Reliability of the Dementia Rating Scale-2: Alternate Form, in: Dementia and Geriatric Cognitive Disorders, Vol. 20, S. 42-44.

Schmitt, N. (1977): Interrater Agreement in Dimensionality and Combination of Assessment Center Judgments, in: Journal of Applied Psychology, Vol. 62, S. 171-176.

Schmitz, M. (2002): Analyse psychischer Anforderungen und Belastungen in der Büroarbeit – Das RHIA/VERA-Büro-Verfahren, in: Kanning, U.P./Holling, H. (Hrsg.): Handbuch personaldiagnostischer Instrumente, Göttingen 2002, S. 101-103.

Schnell, R./Hill, P.B./Esser, E. (1999): Methoden der empirischen Sozialforschung, 6. Aufl., Oldenburg, 1999.

Schütze, R. (1992): Kundenzufriedenheit, Wiesbaden 1992.

Selin, K.H. (2003): Test-Retest Reliability of the Alcohol Use Disorder Identification Test in a General Population Sample, in: Alcoholism: Clinical and Experimental Research, Vol. 27, S. 1428-1435.

Semler, G./Wittchen, H.-U./Joschke, K./Zaudig, M./Geiso, T. von/Kaiser, S./Cranch, M. von/Pfister, H. (1987): Test-Retest Reliability of a Standardized Psychiatric Interview (DIS/CIDI), in: European Archives of Psychiatry and Neurological Sciences, Vol. 236, S. 214 ff.

Shostack, G.L. (1984): Designing Services that Deliver, in: Harvard Business Review, Vol. 62, S. 133-139.

Shostack, G.L. (1984): How to Design a Service, in: European Journal of Marketing, Vol. 18, S. 49-63.

Shostack, G.L. (1985): Planning the Service Encounter, in: Czepiel, J.A./Solomon, M.R./Surprenant, C.F. (Hrsg.): The Service Encounter: Managing Employee/Customer Interaction in Service Businesses, Lexington 1985.

Shostack, G.L. (1987): Service Positioning through Structural Change, in: Journal of Marketing, Vol. 51, S. 34-43.

Siefke, A. (1998): Zufriedenheit mit Dienstleistungen: Ein phasenorientierter Ansatz zur Operationalisierung und Erklärung der Kundenzufriedenheit im Verkehrsbereich auf empirischer Basis, Frankfurt a.M. u.a. 1998 (zugl. Diss.-Schr. Univ. Münster (Westfalen) 1997).

Siegrist, M. (1997): Test-Retest Reliability of Different Versions of the Stroop Test, in: The Journal of Psychology, Vol. 131, S. 299-306.

Spreng, R.A./Mackoy, R.D. (1996): An Empirical Examination of a Model of Perceived Service Quality and Satisfaction, in: Journal of Retailing, Vol. 72, S. 201-214.

Staufenbiel, T./Rösler, F. (1999): Personalauswahl, in: Hoyos Graf, C./Frey, D. (Hrsg.): Arbeits- und Organisationspsychologie, Weinheim 1999.

Stauss, B. (1989): Beschwerdepolitik als Instrument des Dienstleistungsmarketing, in: Jahrbuch der Absatz- und Verbrauchsforschung, Jg. 35, S. 41-62.

Stauss, B. (1995): „Augenblick der Wahrheit" in der Dienstleistungserstellung, in: Bruhn, M./Stauss, B. (Hrsg.): Dienstleistungsqualität: Konzepte, Methoden, Erfahrungen, 2. Aufl., Wiesbaden 1995.

Stauss, B. (1995): Kundenprozessorientiertes Qualitätsmanagement im Dienstleistungsbereich, in: Preßmar, D.B.: Total Quality Management II, Wiesbaden 1995.

Stauss, B. (1999): Kundenzufriedenheit, in: Marketing ZFP, Jg. 21, S. 5-24.

Stauss, B./Hentschel, B. (1990): Verfahren der Problemdeckung und -analyse im Qualitätsmanagement von Dienstleistungsunternehmen, in: Jahrbuch der Absatz- und Verbrauchsforschung, Jg. 36, S. 238-244.

Stauss, B./Seidel, W. (1995): Prozessuale Zufriedenheitsermittlung und Zufriedenheitsdynamik bei Dienstleistungen, in: Simon, H./Homburg, Ch. (Hrsg.): Kundenzufriedenheit: Konzepte, Methoden, Erfahrungen, Wiesbaden 1995.

Stauss, B./Weinlich, B. (1996): Die Sequentielle Ereignismethode - ein Instrument der prozessorientierten Messung von Dienstleistungsqualität, in: Der Markt, Jg. 35, S. 49-58.

Stauss, B./Weinlich, B. (1997): Process-oriented measurement of service quality: Applying the sequential incident technique, in: European Journal of Marketing, Vol. 31, S. 33-55.

Steiner, D.D./Rain, J.S. (1989): Immediate and Delayed Primacy and Recency Effects in Performance Evaluation, in: Journal of Applied Psychology, Vol. 74, S. 136-142.

Stöber, J. (1999): Die Soziale-Erwünschtheits-Skala-17 (SES-17): Entwicklung und erste Befunde zu Reliabilität und Validität, in: Diagnostica, 45. Jg., S. 173-177.

Streimelweger, M. (2001): Internetstudie: Die Ergebnisse der zwölften W3B-Erhebung, in: Net-Business, 8. Juni 2001, S. 34.

Stücken, M. (2003): Mystery Research oder Kundenzufriedenheitsbefragung? – Eine Analyse der Methoden, in: Planung & Analyse – Zeitschrift für Marketing, 30. Jg., Nr. 5, S. 45-50.

Stumpf, H. (1996): Klassische Testtheorie, in: Erdfelder, E./Mausfeld, R./Meiser, T./Rudinger, G. (Hrsg.): Handbuch Quantitative Methoden, Weinheim 1996.

Sturman, M.C./Cheramie, R.A./Cashen, L.H. (2005): The Impact of Job Complexity and Performance Measurement on the Temporal Consistency, Stability, and Test-Retest Reliability of Employee Job Performance Ratings, in: Journal of Applied Psychology, Vol. 90, S. 269-283.

Sutton, R.I./Rafaeli, A. (1988): Untangling the Relationship Between Displayed Emotions and Organizational Sales: The Case of Convenience Stores, in: Academy of Management Journal, Vol. 31, S. 461-489.

Takahashi, N./Tomita, K./Higuchi, T./Inada , T. (2004): The inter-rater reliability of the Japanese version of the Montgomery–Asberg depression rating scale (MADRS) using a structured interview guide for MADRS (SIGMA), in: Human Psychopharmacology, Vol. 19, S. 187-192.

Taylor, Sh. (1994): Waiting for Service: The Relationship Between Delays and Evaluation of Services, in: Journal of Marketing, Vol. 58, S. 56-69.

Taylor, St.A./Baker, T.L. (1994): An Assessment of the Relationship Between Service Quality and Customer Satisfaction in the Formation of Consumers´ Purchase Intentions, in: Journal of Retailing, Vol. 70, S. 163-178.

Taylor, St.A./Cronin, J.J. (1994): Modeling patient satisfaction and service quality, in: Journal of Health Care Marketing, Vol. 14, S. 34-45.

Trommsdorf, V. (1993): Konsumentenverhalten, 2. Aufl., Stuttgart u.a. 1993.

Trost, A. (2001): Die Messung und Analyse lateraler Kooperation bei Mitarbeiterbefragungen: Eine Anwendung der Generalisierbarkeitstheorie zur Überprüfung von Konzepten der sozialen Netzwerkanalyse, München 2001 (zugl. Diss.-Schr. Univ. Mannheim 2001).

Tse, D./Wilton, P.C. (1988): Models of Consumer Satisfaction Formation: An Extension, in: Journal of Marketing Research, Vol. 24, S. 204-212.

van Dyke, T.P./Kappelman, L.A./Prybutok, V.R. (1997): Measuring information systems service quality: Concerns on the use of the SERVQUAL questionnaire, in: MIS Quarterly, Vol. 21, S. 195-209.

Viglione, D.J./Taylor, N. (2003): Empirical Support for Interrater Reliability of Rorschach Comprehensive System Coding, in: Journal of Clinical Psychology, Vol. 59, S. 111-121.

Voss, C.A./Aleda, V./Roth, E.D./Rosenzweig, K.B./Richard B.C. **(2004):** A Tale of Two Countries' Conservatism, Service Quality, and Feedback on Customer Satisfaction, in: Journal of Service Research, Vol. 6, S. 212-230.

Wadlinger, Ch. **(2000):** Mystery Shopping: Wo günstige Preise den Käufer nicht mehr vom Hocker reißen, muss der Supermarkt zum Spaßmarkt umfunktioniert werden, meint Unternehmensberater Marc Bergmann, in: w&v Direkt, Nr. 6/7, 23.06.2000, S. 18.

Westerbarkey, P. **(1996):** Methoden zur Messung und Beeinflussung der Dienstleistungs- qualität durch Feedback- und Anreizsystem: Theoretische Fundierung und empirische Untersuchung am Beispiel von Beherbergungsunternehmen, Wiesbaden 1996 (zugl. Diss.-Schr. Univ. Mainz 1995).

Wieseke, J. **(2004):** Implementierung innovativer Dienstleistungsmarken: Erfolgsfaktoren und Gestaltungsvorschläge auf Basis einer empirischen Mehrebenenanalyse, Wiesba- den 2004 (zugl. Diss.-Schr. Univ. Marburg 2004).

Wieseke, J./Lingenfelder, M. **(2003):** Kundenzufriedenheit als Steuerungsgröße für die Kundenbindung in Dienstleistungsunternehmen, Kongress für Arbeits- und Organisa- tionspsychologie, 22.-24. September 2003, Mannheim.

Wieseke, J./Schmidt, K./Lingenfelder, M. **(2006):** „Was leistet Mystery Shopping?", in: Absatzwirtschaft - Zeitschrift für Marketing, Nr. 5, S. 42-44.

Wilson, A.M. **(1998):** The Use of Mystery Shopping in the Measurement of Service Deliv- ery, in: The Service Industries Journal, Vol. 18, S. 148-163.

Wilson, A.M. **(2001):** Mystery Shopping: Using Deception to Measure Service Performance, in: Psychology & Marketing, Vol. 18, S. 721-734.

Wilson, A.M./Gutmann, J. **(1998):** Public Transport: The Role of Mystery Shopping in In- vestment Decisions, in: Journal of the Market Research Society, Vol. 40, S. 285-293.

Wirtz, M./Casper, F. (2002): Beurteilerübereinstimmung und Beurteilerreliabilität, Göttingen et al., 2002.

Wirtz, M./Nachtigall, C. (1998): Deskriptive Statistik, Weinheim 1998.

Woehr, D.J./Arthur, W. (2003): The construct-related validity of assessment center ratings: A review and meta-analysis of the role of methodological factors, in: Journal of Management, Vol. 29, S. 231-258.

Woodside, A.G./Frey, L.L./Daly, R.T. (1989): Linking Service Quality, Customer Satisfaction, and Behavioral Intention, in: Journal of Health Care Marketing, Vol. 9, No. 4, S. 5-17.

Yi, Y. (1989): A Critical Review of Customer Satisfaction, in: Zeithaml, V.A. (Hrsg.): Review of Marketing, Chicago 1989.

Yousfi, S. (2003): Multivariate Methoden der Testkonstruktion, Heidelberg 2003 (zugl. Diss.-Schr. Univ. Heidelberg 2003)

Zenker, C.A. (2006): Relationship Equity im Private Banking, Schaan 2006 (zugl. Diss.-Schr. Univ. St. Gallen 2006).

Zhou, L. (2004): A dimension-specfic analysis of performance-only measurement of service quality and satisfaction in China's retail banking, in: The Journal of Services Marketing, Vol. 18, S. 534-546.